Finanzbuchführung mit DATEV
Mit Übungen und Musterklausuren

Peter Stasch, Monika Lübeck

Finanzbuchführung mit DATEV - Mit Übungen und Musterklausuren

Hinweis: In dieser Druckversion wird mit der Software Kanzlei-Rechnungswesen pro V 5.05 gearbeitet.

Autoren:
Peter Stasch, Dipl. Betriebswirt (FH)
*Langjähriger Mitarbeiter der DATEV eG
und freiberuflicher Dozent für Finanzbuchführung mit DATEV-Programmen*

Monika Lübeck
*Sparkassenbetriebswirtin und freiberufliche Dozentin für Rechnungswesen und Personalwirtschaft
mit DATEV-Programmen, seit 2008 u. a. Autorin für DATEV e. G.*

Herausgeber:
Dr. Bernd Arnold
Leiter Xpert Business Deutschland

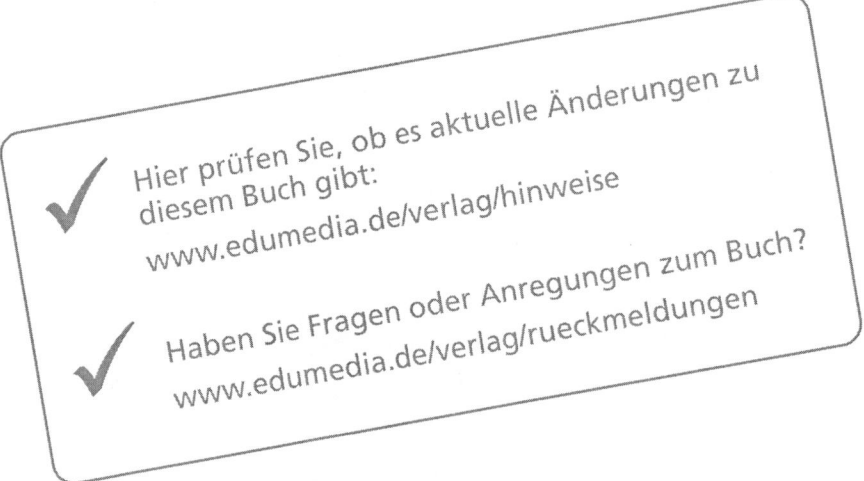

1. Auflage, Druckversion vom 29.02.2016, POD-10.0

Verlag: EduMedia GmbH, Augustenstraße 22/24, 70178 Stuttgart
Redaktion: Maria Balk, M. A.
Layout, Satz und Druck: Educational Consulting GmbH, Ziegelhüttenweg 4, 98693 Ilmenau
Printed in Germany

© 2007 - 2016 EduMedia GmbH, Stuttgart
Alle Rechte, insbesondere das Recht zur Vervielfältigung, Verbreitung oder Übersetzung, vorbehalten. Kein Teil des Werkes darf ohne schriftliche Genehmigung des Verlages in irgendeiner Form reproduziert oder unter Verwendung elektronischer Systeme gespeichert, verarbeitet, vervielfältigt oder verbreitet werden. Der Verlag haftet nicht für mögliche negative Folgen, die aus der Anwendung des Materials entstehen.

Internetadresse: http://www.edumedia.de

ISBN 978-3-86718-**592**-9

Lernen leicht gemacht!

Für Ihren optimalen Lernerfolg enthält dieses Buch ...

Basiswissen zur Programmbedienung:
Erklärt alle wichtigen Programmfunktionen des DATEV pro-Programms.

authentische Übungsszenarien:
Wenden Sie das erworbene Wissen in ausführlichen Übungsszenarien aus der Berufspraxis an.
Mit Musterdatenbeständen als Download.

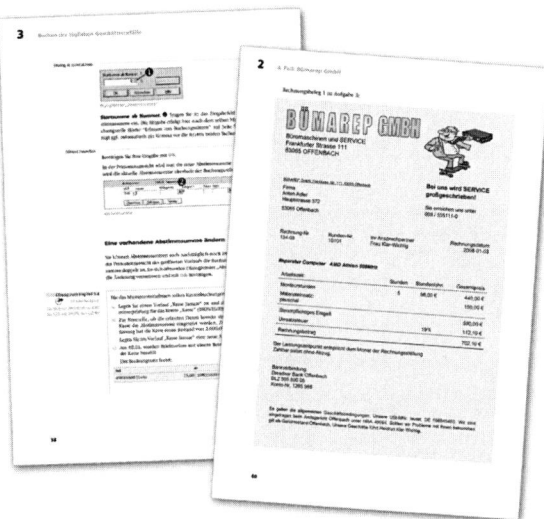

Musterklausuren:
Bereiten Sie sich anhand authentischer, von der Prüfungszentrale freigegebener Musterklausuren optimal auf die Zertifikatsprüfung vor.

Lösungen:
Überprüfen Sie Ihre Ergebnisse der Übungen und Musterklausuren anhand der Lösungsdarstellungen.

kostenfreier Download:
Zusätzliches Material als Download:
www.edumedia.de/verlag/592

Kontenrahmen:
Übungs- und Lehrkontenrahmen sowie Original DATEV-Kontenrahmen

Exkurse:
Praxisrelevante Themen, die über den Lernzielkatalog hinausgehen.

Was Sie wissen sollten ...

Damit unsere Unterrichtsmaterialien lebendig und lesbar bleiben, haben wir in dem vorliegenden Band auf Wortungetüme wie „LeserInnen" u. ä. verzichtet und stattdessen die männliche Form verwendet. Bitte haben Sie Verständnis für unser Vorgehen, liebe Leserin. Sie sind selbstverständlich ebenso gemeint, wenn wir z. B. von „dem Unternehmer" oder „dem Kaufmann" sprechen.

So kommen Sie weiter:

Dieses Buch führt Sie zum Xpert Business Zertifikat

Finanzbuchführung 3 (EDV)

Dies ist u.a. Bestandteil folgender Abschlüsse:

Geprüfte Fachkraft Finanzbuchführung
- Finanzbuchführung 1 ☐
- Finanzbuchführung 2 ☐
- Finanzbuchführung 3 (EDV) DATEV oder Lexware ☑

Buchhalter/in (XB) Finanzbuchhalter/in
- Finanzbuchführung 2 ☐
- Finanzbuchführung 3 (EDV) DATEV oder Lexware ☑
- Finanzwirtschaft ☐
- Kosten- und Leistungsrechnung ☐

Buchhalter/in (XB) Finanz- und Lohnbuchhalter/in
- Finanzbuchführung 2 ☐
- Finanzbuchführung 3 (EDV) DATEV oder Lexware ☑
- Finanzwirtschaft ☐
- Kosten- und Leistungsrechnung ☐
- Lohn und Gehalt 2 ☐
- Lohn und Gehalt 3 (EDV) DATEV oder Lexware ☐

	Xpert Business Abschlüsse | Betriebswirtschaft								
	Geprüfte Fachkraft (XB)				Buchhalter/in (XB)			Manager/in (XB) Betriebswirtschaft	
	Finanz-buchführung	Internes Rechnungswesen	Externes Rechnungswesen	Lohn und Gehalt	Finanzbuch-halter/in	Personal- und Lohnbuchhalter/in	Finanz- und Lohnbuchhalter/in	Rechnungswesen und Controlling	Rechnungswesen | Lohn | Controlling
Finanzbuchführung (1)	●	●							●
Finanzbuchführung (2)	●		●		●		●	●	●
Finanzbuchführung (3) EDV	●				●		●		●
Bilanzierung			●		● alternativ		● alternativ	●	●
Finanzwirtschaft		●			●		●	●	●
Kosten- und Leistungsrechnung		●			●		●	●	●
Controlling		●						●	●
Betriebliche Steuerpraxis			●					●	●
Lohn und Gehalt (1)				●				●	●
Lohn und Gehalt (2)					●	●	●		●
Lohn und Gehalt (3) EDV					●	●	●		●
Personalwirtschaft						●			
Personale Kompetenzen	Teamentwicklung, Projektmanagement, Moderationstraining, Wirksam vortragen								●

Kooperierende Hochschulen und Handwerkskammern rechnen Xpert Business Abschlüsse als Studienleistung an. Nähere Informationen dazu finden Sie unter www.xpert-business.eu.

Bitte informieren Sie sich bei Ihrer Volkshochschule oder der Xpert Business Prüfungszentrale Deutschland.

Xpert Business Prüfungszentrale Deutschland
Sofia Kaltzidou

Tel. 0711 - 7590036
E-Mail: kaltzidou@vhs-bw.de
Web: www.xpert-business.eu

Xpert Business
Kurs- und Zertifikatssystem

Xpert Business (XB) ist das bundeseinheitliche Kurs- und Zertifikatssystem für kaufmännische und betriebswirtschaftliche Weiterbildung an Volkshochschulen und vielen weiteren Bildungsinstituten. XB-Kurse vermitteln seit über 10 Jahren fundierte Kompetenzen vom Einstieg bis zum Hochschulniveau.

Bundesweit anerkannt. Praxisnah. Aktuell.

Die Kurse zeichnen sich durch ihre besondere Praxisnähe und Aktualität aus: Von Anfang an lernen Sie anhand von aktuellen Beispielen und entwickeln Fähigkeiten, die Sie direkt im beruflichen Alltag einsetzen können. Dabei unterstützen Sie die vorliegenden Lehr- und Übungsmaterialien, welche passgenau auf die Xpert Business-Lernzielkataloge und Prüfungen abgestimmt sind.

www.xpert-business.eu/lernzielkataloge

Die XB-Zertifikate und Abschlüsse werden an kooperierenden Kammern und Hochschulen als Studienleistungen anerkannt.

Modular. Flexibel. Zukunftssicher.

Die Kursmodule können Sie je nach Interesse und schon vorhandenen Kenntnissen auswählen und kombinieren. Nach jedem Kurs besteht die Möglichkeit, eine standardisierte Prüfung abzulegen. Bei Erfolg erhalten Sie ein bundesweit anerkanntes Zertifikat. Durch Kombinationen von Zertifikaten erreichen Sie übergeordnete Abschlüsse.

Das modulare System und die bundesweit hohe Flächendeckung mit XB-Bildungsinstituten ermöglicht es Ihnen, Aufbaukurse nahtlos anzuschließen wann und wo Sie wollen: Einen in München absolvierten Buchhaltungs-Grundkurs können Sie z.B. später in Rostock durch einen Aufbaukurs ergänzen und zu einem Fachkraft-Abschluss führen.

Viele positive Erfahrungen.

Wir haben mit XB-Absolventinnen und Absolventen gesprochen: Sie berichten, was sie beim Lernen unterstützt hat, wie sie es geschafft haben, sich berufsbegleitend weiterzuqualifizieren, und wie sie mit Xpert Business ihre Karriere fördern konnten.

www.xpert-business.eu/erfahrungsberichte

Ich wünsche Ihnen viel Spaß und Erfolg in Ihrem Xpert Business-Kurs.

Dr. Bernd Arnold
Leiter Xpert Business Deutschland

Das Zusatzmaterial zum Buch

Mit diesem Lehrbuch wird Ihnen ein Link bereitgestellt, unter dem Sie folgendes Zusatzmaterial online herunterladen können:

- **Muster-Datenbestände**, die Sie zum Bearbeiten der im Buch enthaltenen Übungen in das auf Ihrem Computer installierte DATEV-Programm einspielen können. Neben jeder Übung finden Sie einen Hinweis auf den einzuspielenden Datenbestand.

- **Lösungen** zu den Übungen im Lehrbuch und zu den Musterprüfungen.

- Hilfreiche **Informationen** von der DATEV eG und dem EduMedia Verlag.

Inhaltsverzeichnis

1 Einführung in die Programme „Rechnungswesen pro" und „Kanzlei-Rechnungswesen pro" 11

1.1 **Zusammenspiel der DATEV-Rechnungswesen-Programme mit dem DATEV-Rechenzentrum** 12

1.2 **Starten des Programms** 13
    Öffnen des Arbeitsplatzes 13
    Der unternehmensbezogene Einstieg ins „Rechnungswesen pro" 13
    Der mandantenbezogene Einstieg ins „Kanzlei-Rechnungswesen pro" 14

1.3 **Das Programmfenster am Beispiel von „(Kanzlei)-Rechnungswesen pro"** 14
    Titel-, Menü- und Symbolleiste 15
    Symbolleisten ein- und ausblenden 15
    Der Navigationsbereich 16
    Der Arbeitsbereich 16
    Der Zusatzbereich 16
    Individuelle Anpassung von Navigations-, Arbeits- und Zusatzbereich 17

1.4 **Die Programmhilfe von „(Kanzlei-)Rechnungswesen pro"** 18
    Die Hilfethemen 18
    Die kontextbezogene Direkthilfe 19

1.5 **Die Bestands-Manager** 19
    Öffnen der Bestands-Manager 19
    Der Bestands-Manager Standard 20
    Der Bestands-Manager Mandant 21
    Der Bestands-Manager Kanzlei 23

1.6 **Die Datenhaltung in „(Kanzlei-)Rechnungswesen pro"** 24

2 Das Anlegen und Ändern von Mandanten- und Unternehmensdaten 25

2.1 **Was sind Mandanten- und Unternehmensdaten?** 26

2.2 **Unternehmen / Mandanten anlegen** 26

2.3 **Das Bearbeiten eines Mandanten** 36
    Mandanten öffnen 36
    Übersicht aus- und einblenden 37

Inhaltsverzeichnis

2.4 Mandantendaten ändern **38**
Öffnen des Stammdatendienstes über DATEV Mittelstand pro bzw. den DATEV Arbeitsplatz 38
Öffnen des Stammdatendienstes aus dem Programm „(Kanzlei-)Rechnungswesen pro" 38
Die Eingabe der Änderungen 39
Das nachträgliche Anlegen von neuen Leistungen 39

2.5 Änderungsprotokoll der Mandantendaten erzeugen **40**

2.6 Das Ändern von Konten im Kontenplan **41**
Kontenplan anzeigen 41
Ändern von Sachkontenbeschriftungen im Kontenplan 42
Anlegen von Sachkonten 43
Hinterlegen von Kontenfunktionen 44
Anlegen von Debitoren- und Kreditorenkonten 46

3 Buchen der täglichen Geschäftsvorfälle 49

3.1 Die Buchungsarten in „(Kanzlei-)Rechnungswesen pro" **50**

3.2 Grundlagen des Buchens mit „(Kanzlei-) Rechnungswesen pro" **50**
Anlegen eines Buchungsstapels 50
Der Aufbau des Arbeitsbereiches „Belege buchen" 52
Buchungszeile anpassen 53
Wichtige Funktionstasten beim Buchen 55
Soll- und Haben-Buchungen mit der Buchungszeile.......................... 55

3.3 Das Buchen mit „(Kanzlei-)Rechnungswesen pro" **56**
Erfassen von Buchungssätzen 56
Korrigieren eines erfassten Buchungssatzes 58
Summen und Salden einer Buchung kontrollieren 58
Anlegen und Ändern von Kontenbeschriftungen 59

3.4 Besonderheiten beim Buchen der Kasse **62**
Kassenminusprüfung aktivieren 62
Saldenanzeige nutzen 63

3.5 Das Buchen von Vor- und Umsatzsteuer **65**
Das Buchen der Vor- und Umsatzsteuer über Automatikkonten 65
Das Buchen von Vor- und Umsatzsteuer über Steuerschlüssel 66

3.6 Das Buchen über Personenkonten (Offene-Posten-Buchführung) **70**
Der Ausgleich eines offenen Postens 70
Hinterlegung der Rechnungsfälligkeit 70
Zahlungsbedingungen anlegen 71

Zahlungsbedingung in den OPOS-Stammdaten zuordnen 72

Zahlungsbedingung in den Debitoren- bzw. Kreditoren-Stammdaten zuordnen. 73

3.7 Buchen von digitalen Eingangsrechnungen **75**

3.7.1 Dokumentenkorb 75

So öffnen Sie den Dokumentenkorb 75

So indizieren Sie Dokumente 77

3.7.2 Buchen digitaler Belege 77

Exkurs: Eigenschaften Digitale Belege 78

3.7.3 Lösen der Verbindung Buchungssatz-Beleg 79

3.7.4 Dokumente nachträglich mit Buchungssätzen verbinden 80

3.7.5 Buchungsinformationen an Dokumentenverwaltung übergeben 81

So stellen Sie die automatische Übergabe beim Schließen des Buchungsstapels ein 81

So übergeben Sie die Buchungsinformationen aus der Finanzbuchführung
in die Dokumentenablage 82

3.8 Buchen von Ausgangsrechnungen **84**

3.8.1 Belege an die Finanzbuchführung weitergeben 84

So geben Sie die Belege an die Finanzbuchführung weiter 84

3.8.2 Belege in der Finanzbuchführung verarbeiten 85

**3.9 Das Buchen von Ein- und Ausgangsrechnungen im
Buchungsmodus „Rechnungen buchen"** **88**

3.10 Das Buchen von Warenrücksendungen **92**

3.11 Das Erfassen von aufzuteilenden Belegen **93**

3.12 Buchen elektronischer Bankkontoumsätze **97**

3.12.1 Bankenstammdaten ergänzen 98

3.12.2 Erzeugen von Buchungsvorschlägen 99

3.12.3 Bearbeiten von Buchungsvorschlägen 101

So bearbeiten Sie als sicher erkannte Buchungsvorschläge 101

So bearbeiten Sie Belege, die zu einem Buchungssatz vervollständigt
wurden, aber nicht eindeutig sind. 102

So bearbeiten Sie Belege, deren Gegenkonten nicht erkannt wurden. 102

3.12.4 Erstellen von Lerndateieinträgen 103

3.13 Das manuelle Buchen von Zahlungen **104**

Das manuelle Buchen von Zahlungseingängen über den
Buchungsmodus „Zahlungen buchen" 104

Zahlungen mit Skontoabzug buchen. 107

Skontibuchung mit Blick auf die E-Bilanz 108

Buchen von Sammelzahlungen 109

Das Aufteilen einer Sammelzahlung auf mehrere Konten. 110

Inhaltsverzeichnis

3.14 Das Buchen von Anlagegütern ... 112

Den Einkauf eines Anlagegutes buchen ... 112

Skontoabzug bei einem Anlagekauf buchen ... 112

3.15 Besondere Buchungen der laufenden Buchungsperiode ... 114

Einrichten eines individuellen Steuerschlüssels für Bewirtungskosten ... 114

Buchen einer innergemeinschaftlichen Lieferung ... 116

Buchen eines innergemeinschaftlichen Erwerbs ... 116

Steuerschuldnerschaft nach § 13b UStG ... 117

Erfassen einer Rechnung in Fremdwährung ... 119

Erfassen von Zahlungen einer in Fremdwährung gebuchten Rechnung ... 120

So buchen Sie eine Zahlung in Euro, deren Rechnung in einer Fremdwährung eingegeben wurde ... 120

So buchen Sie Kursgewinne/-verluste ... 121

3.16 Erhaltene Anzahlungen ... 123

Komfortfunktion „Anzahlungen" einrichten ... 123

Erhaltene Anzahlungen bearbeiten ... 126

3.17 Wiederkehrende Buchungen ... 129

Wiederkehrende Buchungen erfassen ... 129

Wiederkehrende Buchungen verarbeiten ... 130

4 Abstimmung der Buchführung und Drucken von Auswertungen 131

4.1 Das Abstimmen der FIBU-Konten im Buchungsmodus ... 132

Die Buchungsansicht „FIBU-Konto" ... 132

Kontenbezug ausschalten ... 133

Aufwandskonten kontrollieren ... 134

Buchungen korrigieren ... 134

Kontoblätter ausgeben ... 135

4.2 Das Abstimmen der offenen Posten im Buchungsmodus ... 137

4.3 Der Kassen-/Bankbericht ... 137

4.4 Die Summen- und Saldenliste als Kontrollinstrument ... 139

Die Summen- und Saldenliste aufrufen ... 139

4.5 Die Programmfunktion „Buchführung abstimmen" ... 140

4.6 Die Kontenabstimmliste ... 141

4.7 Der Arbeitsbereich Umsatzsteuer-Voranmeldung (UStVA) ... 143

Die Umsatzsteuer-Voranmeldung ... 143

Die Umsatzsteuer-Verprobung ... 144

4.8	**Die Offenen-Posten-Auswertungen**	**145**
	OPOS-Konto anzeigen und drucken	145
	OPOS-Liste anzeigen und drucken	147
4.9	**Die Ausgabe der Betriebswirtschaftlichen Auswertung (BWA)**	**148**
	Anlegen einer BWA	148
	Aufrufen einer BWA	150
	Die kurzfristige Erfolgsrechnung	151
	Die Vergleichsauswertungen der BWA	152
	Die Zeitreihen der BWA	153
	Der Betriebswirtschaftliche Kurzbericht der BWA	153
	Die BWA-Grafiken	154

5 Exkurs: Mahnwesen und Zahlungsvorschlag 155

5.1	**Das Mahnwesen vorbereiten**	**156**
	Mahn- und Kontoauszugstexte eingeben	156
	Das Mahnwesen einrichten	157
	Konten für „Diverse Kunden" anlegen	159
	Stammdaten einzelner Debitoren anpassen	160
5.2	**Arbeiten mit Mahnvorschlägen**	**161**
	Mahnvorschlag erstellen	161
	Mahnvorschlag bearbeiten	163
	Mahnvorschlagsliste sortieren	164
	Mahnvorschlag überschreiben	164
	Mahnungen löschen	165
	Mahnstufen ändern, Posten sperren	165
	Mahnungen ausgeben	166
5.3	**Mahnzinsen und -gebühren automatisch buchen**	**169**
5.4	**Der Zahlungsvorschlag in „(Kanzlei-) Rechnungswesen pro"**	**170**
	Den Zahlungsvorschlag in Mandantendaten einrichten	170
	Hinterlegen einer Bank für den Zahlungsvorschlag	171
	Eingabe der abweichenden Zahlungsstammdaten im Kreditorensatz	172
	Zahlungsvorschlag erstellen	173
	Zahlungsvorschlag ansehen und prüfen	174
	Zahlungsvorschlag bearbeiten	174
	Zahlungsvorschlag löschen	175

Die Übergabe des Zahlungsvorschlags an das Modul Zahlungsverkehr 175

Die Zahlungsbelege im Modul Zahlungsverkehr ausgeben 176

6 Der Periodenabschluss 177

6.1 Buchungsstapel festschreiben 178

6.2 Die Ausgabe der amtlichen Formulare 179

Umsatzsteuervoranmeldung an die Finanzverwaltung senden. 179

Zusammenfassende Meldung erstellen 181

Datei für ELSTER-Online erzeugen. 182

6.3 Ausgabe von Auswertungen, die dem Nachweis der GoB dienen 183

Buchungsjournale ausgeben. 183

Infodaten ausgeben 184

7 Übungsfälle zur Vorbereitung des Jahresabschlusses 187

8 Musterprüfungen 195

Einführung in die Programme „Rechnungswesen pro" und „Kanzlei-Rechnungswesen pro"

Dieses Kapitel stellt Ihnen den grundlegenden Aufbau und die Arbeitsweise der DATEV-Programme „Rechnungswesen pro" und „Kanzlei-Rechnungswesen pro" im Zusammenspiel mit dem DATEV-Rechenzentrum vor. Es führt in die Nutzung der programminternen Hilfe ein und erläutert das Arbeiten mit dem Bestands-Manager.

Inhalt

- Zusammenspiel der DATEV-Rechnungswesen-Programme mit dem DATEV-Rechenzentrum
- Starten des Programms
- Das Programmfenster am Beispiel von „(Kanzlei-)Rechnungswesen pro"
- Die Programmhilfe von „(Kanzlei-)Rechnungswesen pro"
- Die Bestands-Manager
- Die Datenhaltung in „(Kanzlei-)Rechnungswesen pro"

1 Einführung in die Programme „Rechnungswesen pro" und „Kanzlei-Rechnungswesen pro"

1.1 Zusammenspiel der DATEV-Rechnungswesen-Programme mit dem DATEV-Rechenzentrum

Die DATEV e.G. bietet unter anderem die Programme **Rechnungswesen pro** und **Kanzlei-Rechnungswesen pro** an. Rechnungswesen pro ist für den Einsatz im Unternehmen vorgesehen, während Kanzlei-Rechnungswesen pro in den Kanzleien von Steuerberatern Anwendung findet.

Die Funktionsweise beider Programme ist gleich - bis auf die Komponente Jahresabschluss, die nur bei Kanzlei-Rechnungswesen pro verfügbar ist. Außerdem wird in dieser Version von „Mandanten" gesprochen, die angelegt und bearbeitet werden. Bei Rechnungswesen pro ist stattdessen die Rede von „Unternehmen". Für die Arbeit mit den Programmen können Sie diese Begriffe weitestgehend als Synonyme betrachten.

In beiden Programmen können alle relevanten Buchungen direkt am PC eingegeben und verarbeitet werden. Es können alle nötigen Auswertungen gedruckt und Datenbestände entsprechend gesichert werden. Darüber hinaus bieten sie die Möglichkeit der **Arbeitsteilung** mit dem DATEV-Rechenzentrum.

Das DATEV-Rechenzentrum unterstützt Sie dabei mit zentralen Funktionen, wie z.B.

- der Datensicherung und Archivierung,
- der Nutzung als Datendrehscheibe mit Behörden, Banken und anderen Unternehmen und
- der Nutzung als Druck- und Ausgabemedium.

Datensicherung und Archivierung. Hierbei übernimmt das DATEV-Rechenzentrum die Datenarchivierung über die gesetzlich vorgeschriebene Aufbewahrungspflicht von zehn Jahren. Die Datenarchivierung im DATEV-Rechenzentrum ist sicher, aufwandsarm und entspricht den Grundsätzen ordnungsmäßiger Buchführung (GoB). Das DATEV-Rechenzentrum bietet Ihnen dabei auch die Möglichkeit, eine Rechnungswesen-Archiv-CD über den Zeitraum der gesetzlichen Aufbewahrungspflicht anzufordern. Sie enthält alle, für eine Betriebsprüfung notwendigen Daten. Sollte einmal Ihr Datenbestand defekt oder vernichtet sein, so gelangen Sie über das DATEV-Rechenzentrum jederzeit an die gesicherten Daten und können diese wieder in das Programm einspielen.

Datendrehscheibe. Das DATEV-Rechenzentrum bietet Ihnen die Möglichkeit, Daten an Behörden zu übermitteln. Hierzu zählen z.B. die Datenübermittlung der UStVA oder der Zusammenfassenden Meldung (ZM). Darüber hinaus können Sie Ihre Kontoumsätze von den Banken an das DATEV-Rechenzentrum übermitteln lassen und sich diese zum Buchen elektronischer Bankbelege in „Kanzlei-Rechnungswesen pro" einspielen (siehe Seite 114). Aus diesen eingespielten Kontoumsätzen werden im Programm automatisch Buchungsvorschläge erzeugt. Dies ermöglicht Ihnen ein sehr schnelles und komfortables Buchen der Banken.

Druck- und Ausgabemedium. Sie können sämtliche gewünschte Auswertungen Ihrer Buchführungsdaten direkt vom DATEV-Rechenzentrum erstellen lassen. Es nimmt Ihnen - gerade zum Jahresabschluss - das Drucken von Massendaten wie z.B. Kontenblättern ab. Die Ausdrucke werden Ihnen dann per Post zugestellt. Sie können z.B. ein Kontenbuch bestellen, in dem alle Jahreskonten des Unternehmens in gebundener Form enthalten sind.

Einführung in die Programme „Rechnungswesen pro" und „Kanzlei-Rechnungswesen pro" **1**

1.2 Starten des Programms

Um zum Programm „Rechnungswesen pro" oder „Kanzlei-Rechnungswesen pro" zu gelangen, öffnen Sie zunächst den Arbeitsplatz, der für Unternehmen „DATEV Mittelstand pro"und für Kanzleien „DATEV Arbeitsplatz pro" heißt. Dieser ist der zentrale Einstieg in alle Aufgaben und Prozesse.

Öffnen des Arbeitsplatzes

Funktion aktivieren

Öffnen Sie den Arbeitsplatz

- durch Anklicken der Desktopverknüpfung oder
- mit der App DATEV Arbeitsplatz pro

Nach dem Programmstart sehen Sie das Programmfenster des Arbeitsplatzes; dieser wird in zwei Varianten angeboten. Wenn Sie z. B. das Programmpaket „Mittelstand Faktura und Rechnungswesen pro" nutzen, öffnet sich der Arbeitsplatz in der für selbstbuchende Mandanten optimierten Version. Dieser Arbeitsplatz wird auch als Unternehmensarbeitsplatz bezeichnet. Nutzen Sie ein Programmpaket, das für den Einsatz in einer Kanzlei vorgesehen ist, öffnet sich der sogenannte Kanzlei-Arbeitsplatz.

Der unternehmensbezogene Einstieg ins „Rechnungswesen pro"

Im DATEV Mittelstand pro wird Ihnen das Register **Startseite** angezeigt. Wechseln Sie ggf. über ❶ das Unternehmen und klicken Sie auf dem Register Startseite im Bereich **Rechnungswesen/Zahlungsverkehr** auf das Symbol 🗐 **Buchführung starten**. Das Unternehmen öffnet sich im „Rechnungswesen pro".

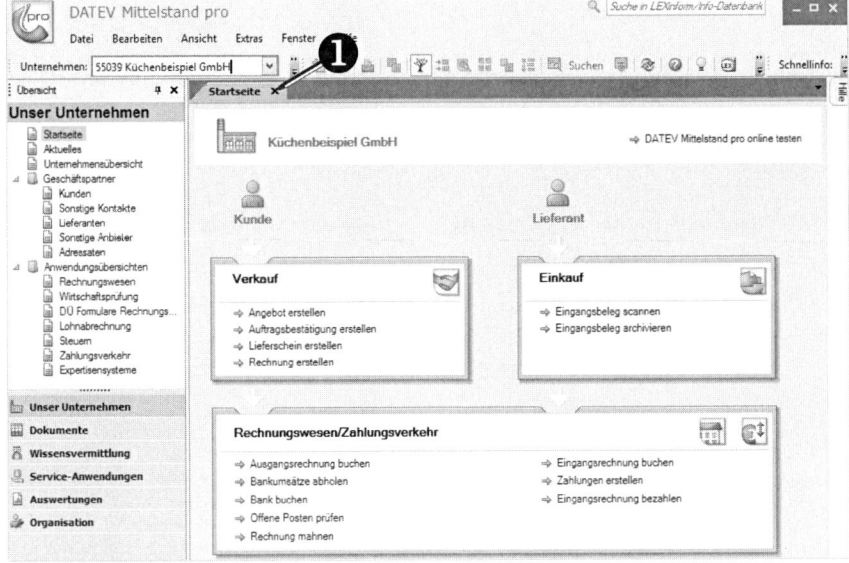

Der Unternehmensarbeitsplatz

1 Einführung in die Programme „Rechnungswesen pro" und „Kanzlei-Rechnungswesen pro"

Hinweis: Sie können das Erscheinungsbild des Unternehmensarbeitsplatzes an den Kanzlei-Arbeitsplatz angleichen. Doppelklicken Sie dazu in der Übersicht im Ordner **Anwendungsübersichten** auf Rechnungswesen. Im Arbeitsbereich werden Ihnen alle Unternehmen angezeigt, für die bereits die Buchführung eingerichtet ist.

Der mandantenbezogene Einstieg ins „Kanzlei-Rechnungswesen pro"

Doppelklicken Sie in der Übersicht unter **Geschäftsfeldübersichten** im Ordner **Rechnungswesen** auf den Eintrag Buchführung. ❶ Wählen Sie anschließend den gewünschten Mandanten per Doppelklick aus ❷. Die Buchführung des gewählten Mandanten öffnet sich im „Kanzlei-Rechnungswesen pro".

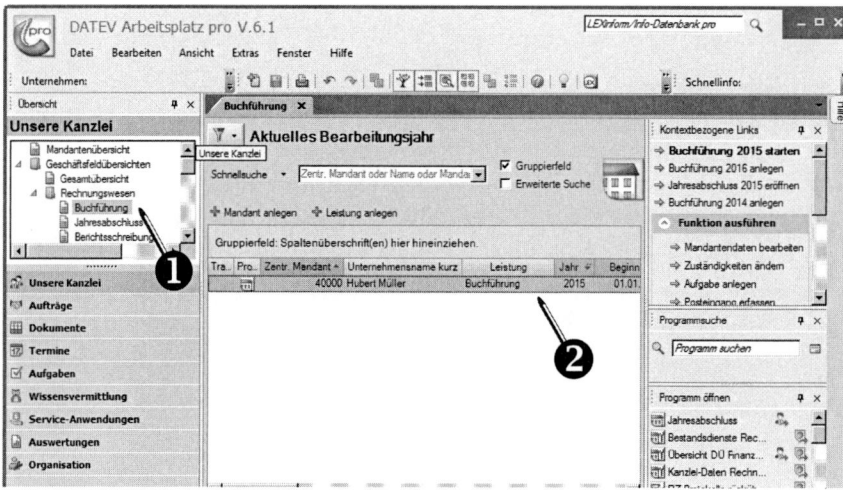

1.3 Das Programmfenster am Beispiel von „(Kanzlei)-Rechnungswesen pro"

Im Folgenden lernen Sie den Aufbau, wichtige Bestandteile und Funktionen des Programmfensters von „(Kanzlei)-Rechnungswesen pro" kennen[1]. Wie alle DATEV pro-Programme ist auch „(Kanzlei)-Rechnungswesen pro" nach folgendem Schema aufgebaut:

- unter der Titelleiste befinden sich die Menü- und Symbolleiste
- links befindet sich der Navigationsbereich
- zentriert sehen Sie den Arbeitsbereich
- unterhalb des Arbeitsbereiches und rechts davon finden Sie den Zusatzbereich

---

[1] Wenn Sie mit dem Mittelstandspaket für Bildungsträger arbeiten, steht Ihnen das Programm Kanzlei-Rechnungswesen pro zur Verfügung, damit Sie auch den Jahresabschluss schulen können. Im „echten" Mittelstandspaket ist das Programm Rechnungswesen pro integriert.

Einführung in die Programme „Rechnungswesen pro" und „Kanzlei-Rechnungswesen pro"

Titel-, Menü- und Symbolleiste

Die Titelleiste ❶. Sie enthält den Programmnamen und die aktuell installierte Version.

Die Menüleiste ❷. Sie enthält die jeweils gültigen Menüpunkte. Diese ändern sich je nach Programmteil in dem Sie sich befinden. Durch die Tastenkombination `Alt` + **unterstrichener Buchstabe** können Sie die einzelnen Menüs schnell öffnen.

Die Symbolleisten ❸. Über die Symbolleisten können Programmfunktionen durch das Anklicken von Symbolen schnell ausgeführt werden. Einzelne Symbolleisten können nach Bedarf aus- oder eingeblendet werden.

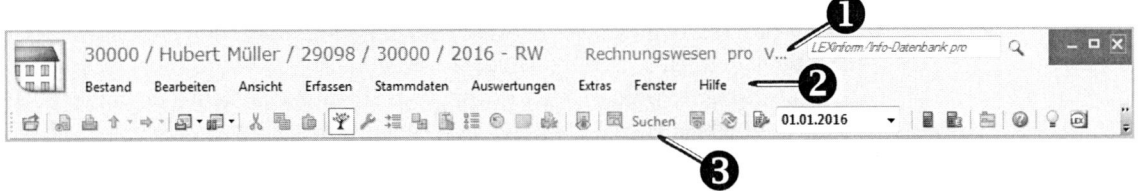

Symbolleisten ein- und ausblenden

Je nach individuellem Bedarf können Sie angezeigte Symbolleisten ausblenden oder zusätzliche Symbolleisten einblenden.

Funktion aktivieren

Klicken Sie in der Menüleiste auf **Ansicht → Symbolleisten**. Im angezeigten Untermenü werden alle vorhandenen Symbolleisten angezeigt. Die mit einem Haken markierten Symbolleisten sind aktuell eingeblendet. Klicken Sie auf die einzelnen Symbolleisten, um sie ein- bzw. auszublenden.

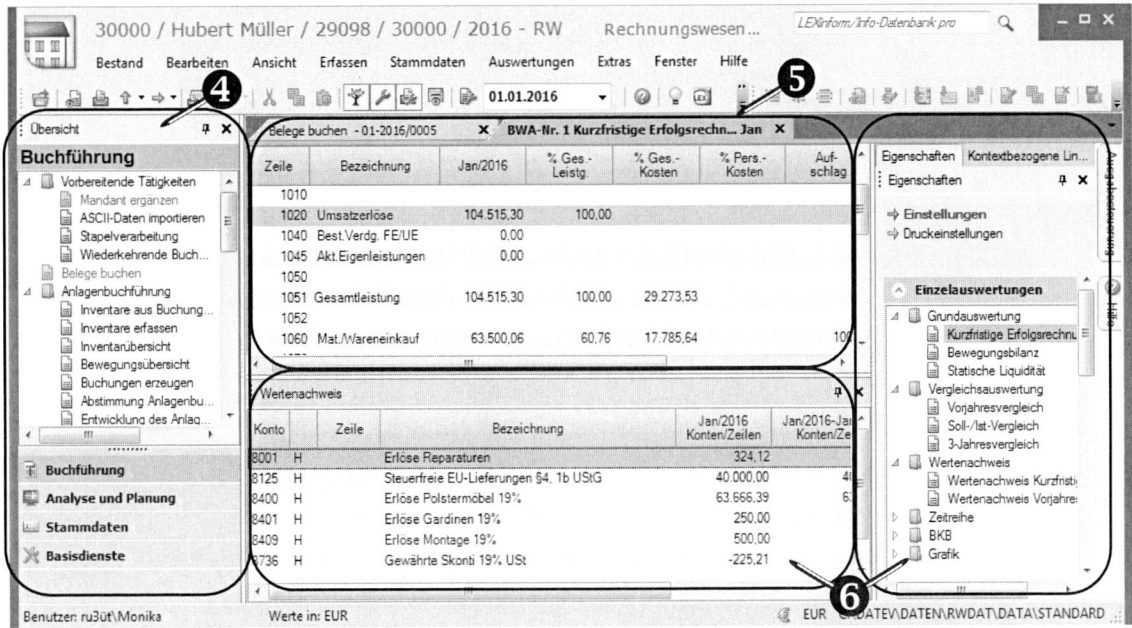

Der Navigationsbereich

Der **Navigationsbereich** ❹ besteht aus zwei Teilen. Im oberen Teil finden Sie die Übersicht Buchführung in Form einer Baumstruktur. Diese ist ablauforientiert am Buchführungsprozess aufgebaut und unterstützt Sie so bei der Bearbeitung der laufenden Buchführung. Im unteren Teil des Navigationsbereichs finden Sie Schaltflächen über die Sie weitere Aufgabengebiete (z.B. Jahresabschluss) aufrufen können.

Der Arbeitsbereich

Im **Arbeitsbereich** ❺ öffnen sich die von Ihnen im Navigationsbereich aufgerufenen Programmfunktionen und Auswertungen in Form von Arbeitsblättern. Hier findet die eigentliche Arbeit mit dem Programm statt. Sie erfassen im Arbeitsbereich Daten oder prüfen aufgerufene Auswertungen.
Die Arbeitsblätter werden in Form von Registerkarten nebeneinander angeordnet, womit ein schneller und komfortabler Wechsel gewährleistet ist. So haben Sie die Möglichkeit, Ihre Arbeitsumgebung einzurichten, wie es für Sie am effizientesten ist. Änderungen in einem Arbeitsblatt des Arbeitsbereiches wirken sich in der Regel sofort auf andere geöffnete Arbeitsblätter aus.

Der Zusatzbereich

Im **Zusatzbereich** ❻ finden Sie weitere Einstellungsmöglichkeiten und Funktionen. Die Anzeige variiert mit den geöffneten Registern im Arbeitsbereich. Die häufigsten Zusatzbereiche sind:

- **Eigenschaften:**
  Über die Eigenschaften können Sie z.B. die Einstellungen einer Betriebswirtschaftlichen Auswertung (BWA, siehe Kapitel 4.9) ändern. Die Eingaben werden im Arbeitsbereich direkt umgesetzt.

- **Kontextbezogene Links:**
  Hier finden Sie die passenden Links zu Ihrer aktuellen Arbeitssituation. Die darüber aktivierten Funktionen und Programme öffnen sich in einem eigenen Fenster.

- **Hilfe:**
  Hier werden Ihnen passend zum momentan geöffneten Arbeitsbereich die Hilfen aus dem Programm als Link angeboten. Beim Buchungsmodus „Belege buchen" können Sie von hier aus z.B. auf die Tastenbelegung beim Buchen zugreifen.

- **Details:**
  Hier finden Sie passend zum aktiven Register im Arbeitsbereich weitere Informationen. Zum Beispiel wird Ihnen in der BWA angezeigt, welche Konten mit welchen Werten in die markierte Zeile der BWA eingeflossen sind. Auf die Nutzung des Zusatzbereichs wird in den folgenden Kapiteln themenbezogen eingegangen.

Einführung in die Programme „Rechnungswesen pro" und „Kanzlei-Rechnungswesen pro"

Individuelle Anpassung von Navigations-, Arbeits- und Zusatzbereich

Sie können den Navigationsbereich und die Zusatzbereiche aus- und einblenden, verschieben, minimieren und ihre Größe ändern. Die vorgenommenen Einstellungen sind beim nächsten Programmstart wieder aktiv.

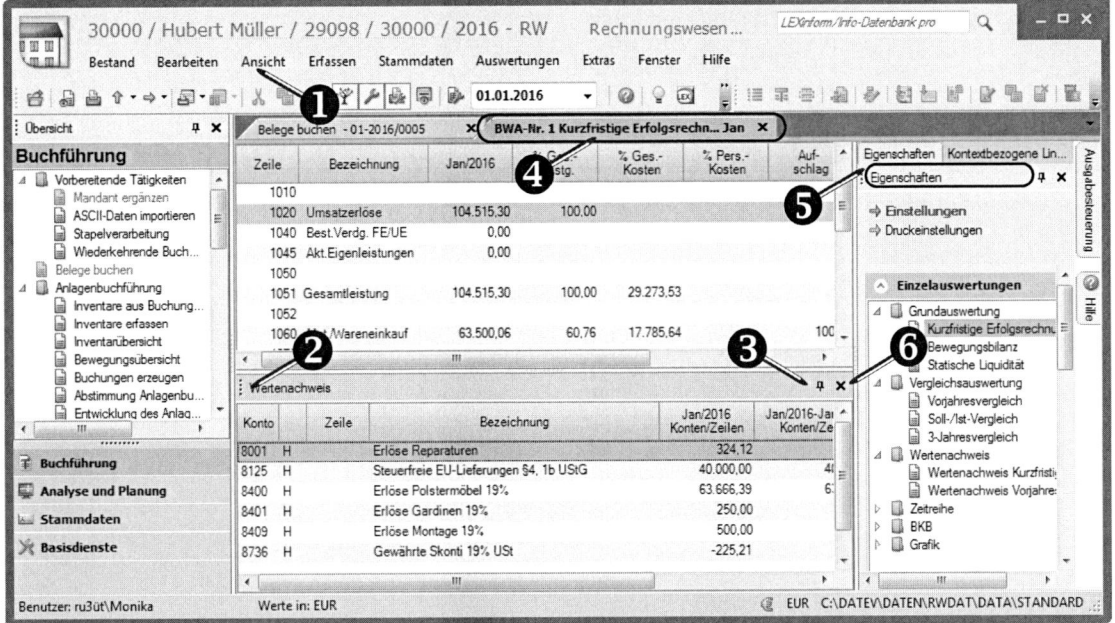

Einblenden ❶. Über den Menüpunkt Ansicht → Übersicht blenden Sie den Navigationsbereich ein. Der Menüpunkt Ansicht → Eigenschaften blendet den rechten Zusatzbereich ein.

Größe ändern ❷. Ziehen Sie mit der linken Maustaste den Rand des Bereiches auf die gewünschte Größe.

Minimieren ❸. Klicken Sie auf das Symbol ⇧ Automatisch einklappen um den gewünschten Bereich zu minimieren. Der minimierte Bereich wird anschließend als Reiter angezeigt und wird wieder aufgeklappt, wenn Sie den Mauszeiger über den Reiter fahren. Wenn Sie den Mauszeiger aus dem aufgeklappten Bereich heraus ziehen, wird der Bereich automatisch wieder minimiert.

Reihenfolge der Registerkarten ändern ❹. Wenn im Arbeitsbereich mehrere Registerkarten geöffnet sind, können Sie die Reihenfolge verändern, indem Sie die Titelleiste der Registerkarte an die gewünschte Position ziehen.

Bereich verschieben ❺. Ziehen Sie die Titelleiste eines Bereiches mit der linken Maustaste auf die sich öffnenden Positionssymbole um einen Bereich zu verschieben.

Ausblenden ❻. Klicken Sie auf das Symbol ✕ Schließen um den gewünschten Bereich auzublenden.

1 Einführung in die Programme „Rechnungswesen pro" und „Kanzlei-Rechnungswesen pro"

1.4 Die Programmhilfe von „(Kanzlei-)Rechnungswesen pro"

Die Programmhilfe bietet Ihnen an jeder beliebigen Stelle des Programms Hilfestellungen zur Programmbedienung an. Dabei steht eine Vielzahl von Hilfemöglichkeiten zur Verfügung. Im Folgenden werden diese wichtigen Hilfen erläutert:

- Die Hilfethemen
- Die kontextbezogene Direkthilfe

Die Hilfethemen

Funktion aktivieren

Öffnen Sie die Programmhilfe über den Menüpunkt **Hilfe → Inhalt, Index und Suchen**. Im Dialogfenster befinden sich die Registerkarten **Inhalt**, **Index** und **Suchen**.

Dialog & Interaktion

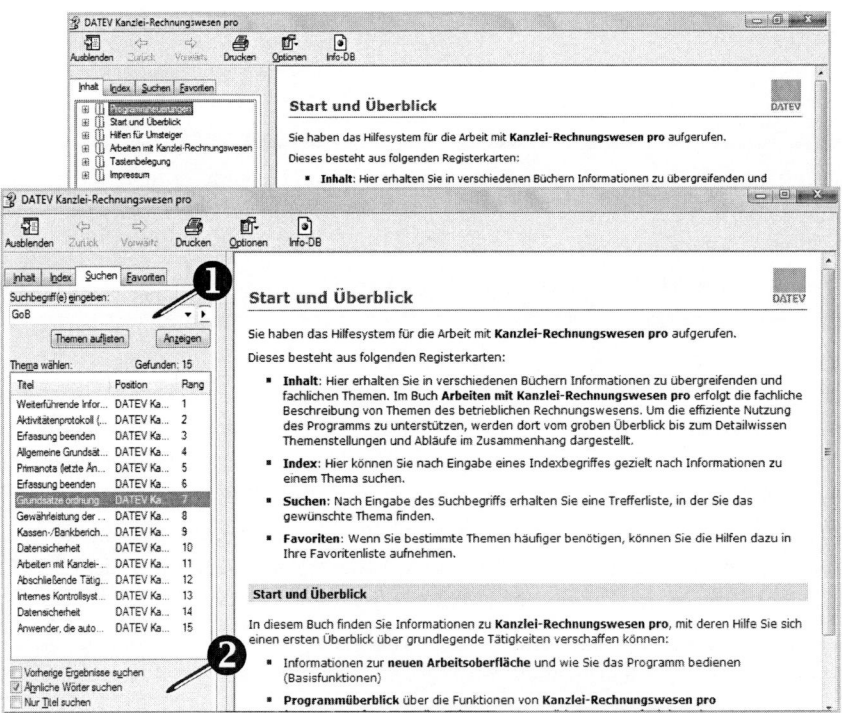

Die Registerkarte **Inhalt** bietet Ihnen eine thematisch geordnete Liste von Hilfethemen. Der Unterpunkt **Start und Überblick** bietet z.B. eine gute Möglichkeit zur Einarbeitung in das Programm.

Die Registerkarte **Index** bietet Ihnen eine alphabetisch geordnete Liste der Hilfethemen.

Die Registerkarte Suchen hilft Ihnen, gezielt nach einem Hilfestichwort zu suchen.

Suchwörter ❶. Über diese Funktion können Sie Begriffe eingeben, zu denen Sie Hilfe benötigen.

Suche eingrenzen ❷. Das Programm bietet Ihnen in diesem Feld automatisch einige Begriffe an, die zu Ihrem Suchwort passen. Per Doppelklick auf das gewünschte Thema, lässt sich die Suche weiter eingrenzen und anschließend der Text mit allen wichtigen Informationen anzeigen.

Die kontextbezogene Direkthilfe

Befinden Sie sich in einem Dialogfenster, so können Sie sich direkt zu diesem Fenster Programmhilfen (kontextbezogene Hilfe) anzeigen lassen.

Funktion aktivieren

Aktivieren Sie die kontextbezogene Direkthilfe zum aktuellen Dialogfenster über die Taste F1.

1.5 Die Bestands-Manager

Die Bestands-Manager enthalten Programmfunktionen, mit denen Datenbestände am PC verwaltet und repariert werden können. Das Programm „(Kanzlei-)Rechnungswesen pro" enthält drei Bestands-Manager:

- Bestands-Manager **Standard** zum Verwalten der Standarddaten
- Bestands-Manager **Mandant** zum Verwalten der Mandantendaten
- Bestands-Manager **Kanzlei** zum Verwalten der kanzleiweiten Daten

Öffnen der Bestands-Manager

Um mit den Bestands-Managern arbeiten zu können, müssen zunächst die Bestandsdienste Rechungswesen aufgerufen werden.

Voraussetzung

Der DATEV-Arbeitsplatz pro ist geöffnet.

Funktion aktivieren

Doppelklicken Sie im linken Navigationsbereich im Ordner Anwendungsübersichten den Eintrag Rechnungswesen ❶ und klicken Sie anschließend im rechten Zusatzbereich auf den Eintrag Bestandsdienste Rechnungswesen ❷.

1 Einführung in die Programme „Rechnungswesen pro" und „Kanzlei-Rechnungswesen pro"

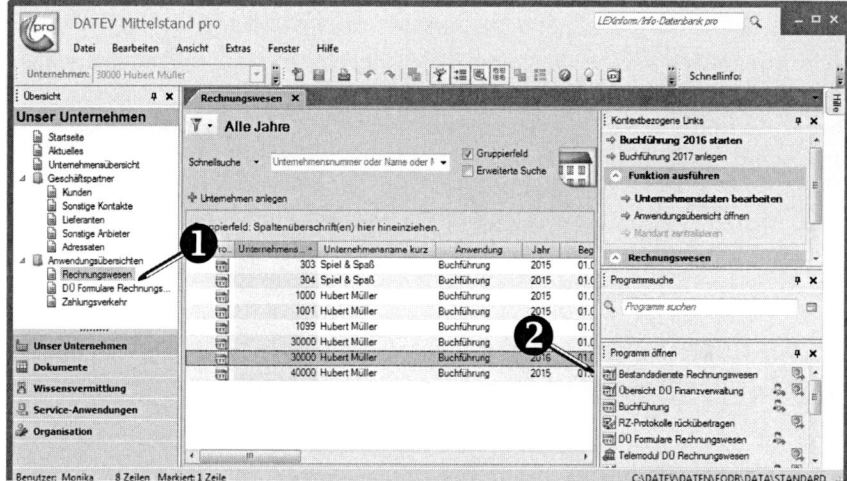

- **Hinweis:** Sollte der Eintrag **Basisdienste Rechungswesen** nicht im rechten Zusatzbereich enthalten sein, aktivieren Sie ihn über den Menüpunkt **Ansicht → Programm öffnen**.

Der Bestands-Manager Standard

Der Bestands-Manager Standard bietet Programmfunktionen, die Sie zur Organisation und Verwaltung z.B. folgender Standarddaten benötigen:

- Die **Standardkontenrahmen** sind jahresbezogen und enthalten neben den Kontenbeschriftungen auch Kontenfunktionen und BWA-Schemata. Kontenfunktionen benötigen Sie z.B. für das automatische Berechnen der Umsatzsteuer (siehe Kapitel 3.5). Die BWA-Schemata beinhalten den Aufbau der Betriebswirtschaftlichen Auswertungen (siehe Kapitel 4.9).

- Die **Zuordnungstabellen** beinhalten die Schemata für die Erstellung der Jahresabschlussauswertungen, also den Aufbau der Bilanz oder der Gewinn- und Verlustrechnung.

- Die **Auswertungssteuerungsdaten** legen das „Layout" der Jahresabschlussauswertungen fest, also Umfang, Reihenfolge und Aussehen der Auswertungen.

Voraussetzung	
	Die Bestandsdienste Rechungswesen sind geöffnet.
Voraussetzung	
	Wählen Sie im Navigationsbereich den Eintrag **Bestands-Manager → Standard** mit Doppelklick.
Dialog & Interaktion	
	In der Liste ❶ werden Ihnen die Standarddaten angezeigt, die bereits auf dem oben angezeigten Datenpfad ❷ eingespielt sind.

Einführung in die Programme „Rechnungswesen pro" und „Kanzlei-Rechnungswesen pro" 1

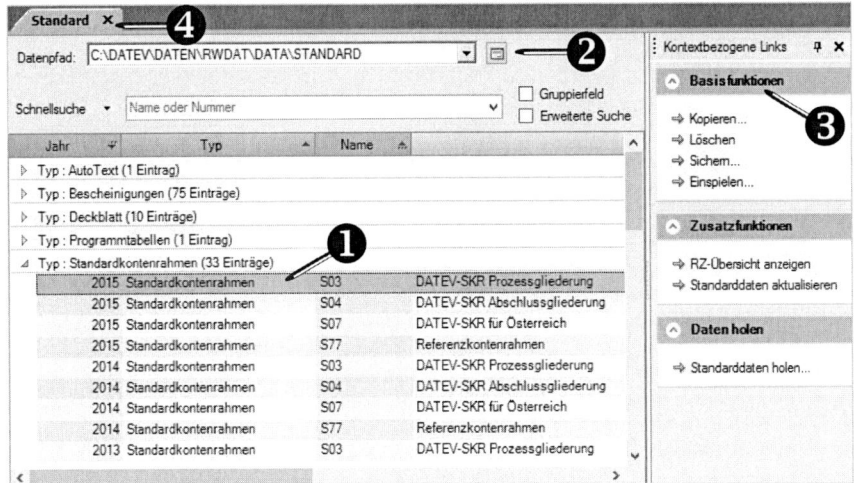

Wenn Sie eine Position in der Liste markieren, können Sie für die entsprechenden Daten folgende Funktionen ausführen ❸:

- **Kopieren.** Haben Sie in „(Kanzlei-)Rechnungswesen pro" mehrere Datenpfade angelegt, so können Sie einzelne Standarddaten von einem Datenpfad auf einen anderen kopieren. Die Daten auf dem ursprünglichen Datenpfad bleiben erhalten.

- **Löschen.** Über diese Schaltfläche können Sie einzelne oder mehrere Standarddaten vom oben angezeigten Datenpfad löschen.

- **Sichern.** Mit dieser Schaltfläche können Sie einzelne oder mehrere Standarddaten in ein beliebiges Datenverzeichnis sichern.

- **Einspielen.** Hier können Sie Standarddaten wieder einspielen, die im Programm „(Kanzlei-)Rechnungswesen pro" gesichert wurden oder auf der Programm-DVD enthalten sind.

Aktion beenden

Schließen Sie das Arbeitsblatt **Bestands-Manager Standard** ❹.

Der Bestands-Manager Mandant

Im Bestands-Manager Mandant sind Programmfunktionen enthalten, die zur Organisation der Mandantenbestände benötigt werden. Sie können Mandantendaten kopieren, löschen, sichern, einspielen, transferieren, Bestandspflege vornehmen oder Musterdatenbestände einspielen.

Funktion aktivieren

Wählen Sie im Navigationsbereich den Eintrag Bestands-Manager → Mandant mit Doppelklick.

Dialog & Interaktion

In der Liste ❶ werden Ihnen alle Mandanten angezeigt, die auf dem oben angezeigten Datenpfad ❷ eingespielt sind.

1 Einführung in die Programme „Rechnungswesen pro" und „Kanzlei-Rechnungswesen pro"

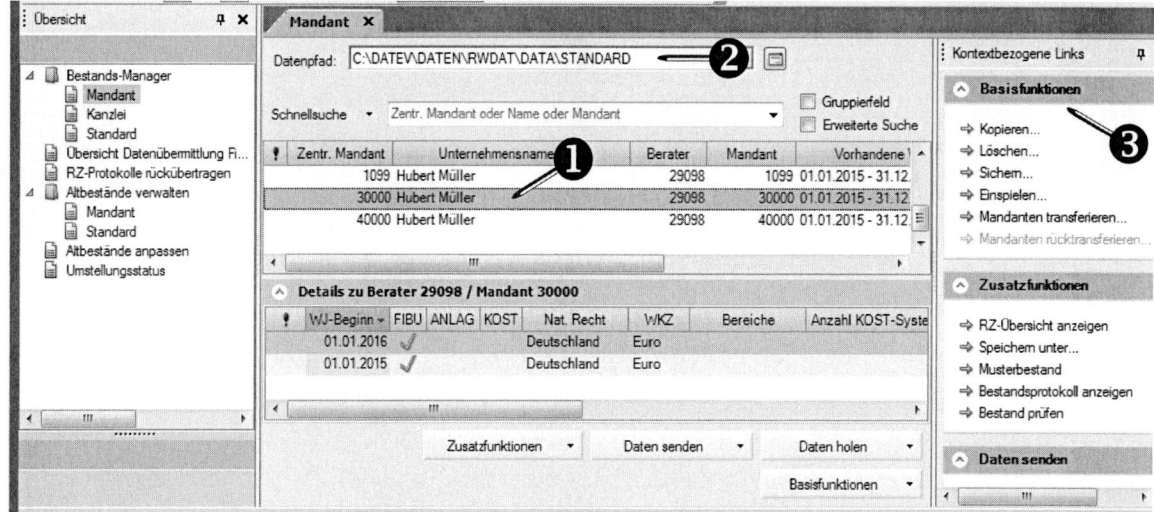

Wenn Sie eine Position in der Liste markieren, können Sie für den entsprechenden Mandanten folgende Funktionen ausführen ❸:

- **Kopieren.** Haben Sie in „(Kanzlei-)Rechnungswesen pro" mehrere Datenpfade angelegt, so können Sie einzelne Mandanten von einem Datenpfad auf einen anderen kopieren. Die Daten auf dem ursprünglichen Datenpfad bleiben erhalten.

- **Löschen.** Über diese Schaltfläche können Sie Mandantendaten vom oben angezeigten Datenpfad löschen. Die gelöschten Daten werden zunächst in einen programminternen „Papierkorb" verschoben und können von dort zu einem späteren Zeitpunkt ggf. wiederhergestellt werden.

- **Sichern.** Mit dieser Schaltfläche können Sie einzelne oder mehrere Mandantendaten in einem beliebigen Datenverzeichnis sichern. Schützen Sie die Datensicherung vor unberechtigten Zugriffen in dem Sie ein Passwort vergeben. Wenn Sie auf diesen Schutz verzichten wollen, deaktivieren Sie das entsprechende Kontrollkästchen.
  Im Unterschied zum Kopieren werden beim Sichern die Daten komprimiert ❹.

- **Einspielen.** Hier können Sie einen Datenbestand wieder einspielen, der im Programmen „(Kanzlei-)Rechnungswesen pro" gesichert wurde. Damit ein Datenbestand eingespielt werden kann, müssen beide Sicherungsdateien vorliegen.

- **Mandanten transferieren.** Beim Datentransfer werden ein oder mehrere Datenbestände auf ein anderes Laufwerk kopiert. Dabei werden die Daten aber auf dem Ursprungslaufwerk gesperrt und können dort nicht geöffnet werden. Diese Funktionalität empfiehlt sich vor allem, wenn Datenbestände kurzfristig z.B. auf einen Laptop gespielt und auf dem Ursprungsrechner nicht weiter bearbeitet werden sollen. Nach dem Rücktransferieren können die Daten auf dem Ursprungsrechner wieder bearbeitet werden.

- **Musterbestand.** Über diese Schaltfläche öffnen Sie das Dialogfenster **Musterbestand einspielen**. Blenden Sie die Details zum Auftrag ein und wählen den Mustermandanten, dessen Datenbestand Sie einlesen möchten ❺.

Einführung in die Programme „Rechnungswesen pro" und „Kanzlei-Rechnungswesen pro"

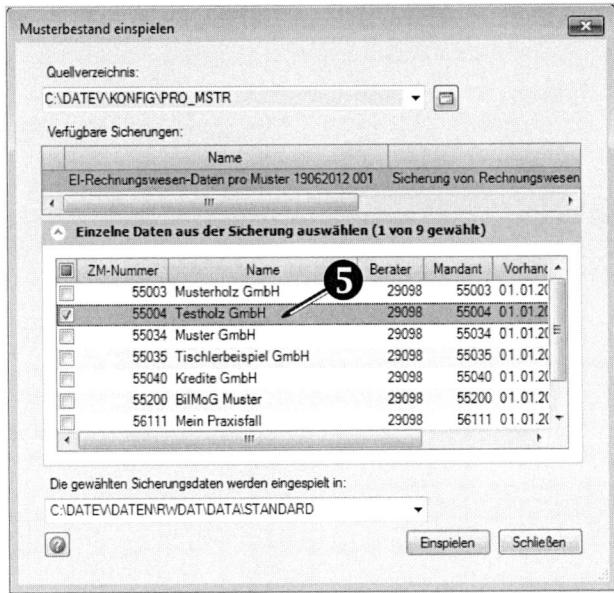

Der Datenbestand wird nun in den aktiven Datenpfad eingespielt. Bestätigen Sie die anschließende Erfolgsmeldung ❻ mit **OK** und schließen Sie das Dialogfenster **Musterbestand einspielen** über die Schaltfläche **Schließen**.

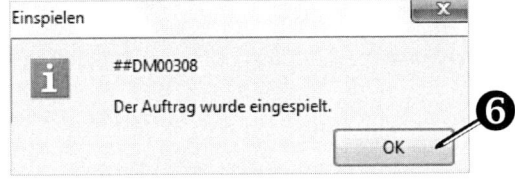

Aktion beenden

Schließen Sie das Arbeitsblatt **Bestands-Manager Mandant**.

Der Bestands-Manager Kanzlei

Über den Bestands-Manager Kanzlei können Sie die auf dem PC gespeicherten Kanzleidaten verwalten. Unter Kanzleidaten versteht man Stammdaten, die übergreifend für alle Mandanten innerhalb dieser Beraternummer gelten. Dazu gehören z.B.:

- **Berateradressdaten**: Name und Anschrift der Kanzlei. Diese können bei Mandanten der Beraternummer auf amtlichen Auswertungen mit angedruckt werden.

- **Kanzleikontenbeschriftungen**: Individuell angelegte Kontenbeschriftungen, die für alle Mandanten der Beraternummer gelten können.

- **Kanzlei-Schemata für BWA und Jahresabschlussauswertungen**: Auswertungsschemata, die für Mandanten der Beraternummer zusätzlich zu den Standardschemen für die BWA und die Jahresabschlussauswertungen herangezogen werden können.

Über den Bestands-Manager Kanzlei können Sie Kanzleidaten kopieren, löschen, sichern, einspielen, transferieren oder die Bestandspflege der Kanzleidaten vornehmen. Aufbau und Bedienung des Arbeitsblatts entspricht dem des Bestands-Managers Mandant.

1 Einführung in die Programme „Rechnungswesen pro" und „Kanzlei-Rechnungswesen pro"

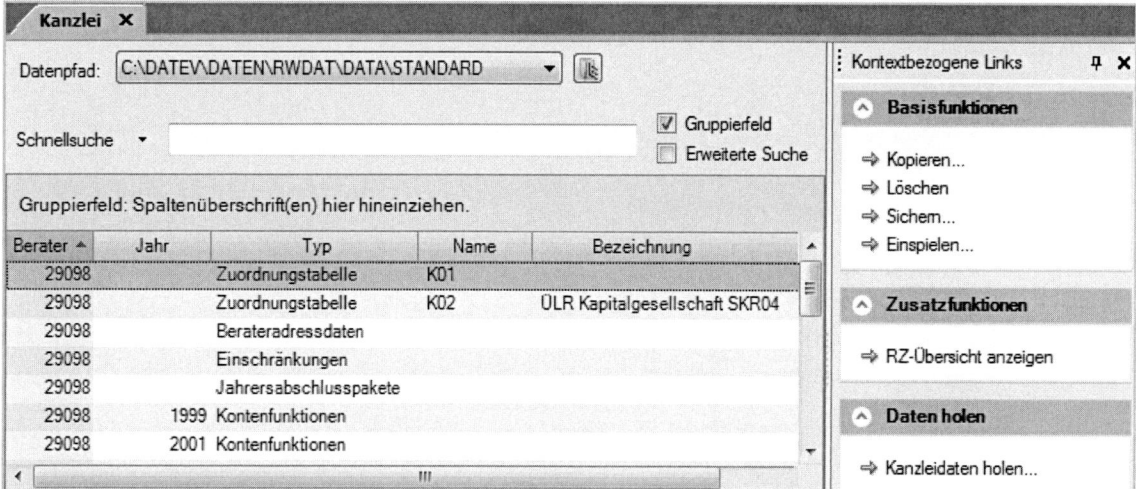

Übung zum Kapitel 1.5

a) Spielen Sie den Musterbestand „Musterholz GmbH 29098/55003/2016" in „(Kanzlei-)Rechnungswesen pro" ein.

b) Sichern Sie den eingespielten Musterbestand 29098/55003/2016 auf Laufwerk c:\Test.

c) Notieren Sie, welche Datei sich in dem Verzeichnis c:\Test nach dem Sichern des Mandanten befindet.

d) Löschen Sie den eingespielten Musterbestand aus „(Kanzlei-)Rechnungswesen pro".

e) Spielen Sie den gesicherten Bestand von Laufwerk c:\Test erneut ein.

1.6 Die Datenhaltung in „(Kanzlei-)Rechnungswesen pro"

Bei der Installation von „(Kanzlei-)Rechnungswesen pro" können Sie festlegen, auf welchem Laufwerk die Daten des Programms abgelegt werden sollen. Über die Datenpfadverwaltung, die über den Bestandsmanager aufrufbar ist, können Sie hierzu bei Bedarf auch ein anderes Verzeichnis anlegen.

2

Das Anlegen und Ändern von Mandanten- und Unternehmensdaten

Dieses Kapitel macht Sie mit der Verwaltung von Mandanten- und Unternehmensdaten in „(Kanzlei-)Rechnungswesen pro" vertraut. Sie lernen, ein Unternehmen bzw. einen Mandanten neu anzulegen, Stammdaten nachträglich zu ändern und Kontenbeschriftungen zu bearbeiten oder Konten anzulegen.

Inhalt

- Was sind Mandanten- und Unternehmensdaten?
- Unternehmen / Mandanten anlegen
- Das Bearbeiten eines Mandanten
- Mandantendaten ändern
- Änderungsprotokoll der Mandantendaten erzeugen
- Das Ändern von Konten im Kontenplan

2 Das Anlegen und Ändern von Mandanten- und Unternehmensdaten

2.1 Was sind Mandanten- und Unternehmensdaten?

Als „Mandanten" bezeichnet man den Kunden eines Steuerberaters. Beim Arbeiten mit dem DATEV-Programm „Kanzlei-Rechnungswesen pro" ist der Mandant also das Unternehmen, für welches die Finanzbuchführung erfolgen soll. In „Rechnungswesen pro" wird überwiegend die Bezeichnung Unternehmen verwendet. Für die Arbeit mit den beiden Rechnungswesenprogrammen können sie die Begriffe Mandant und Unternehmen als Synonyme betrachten. Alle relevanten Daten, die dieses Unternehmen betreffen, werden als Mandantendaten bezeichnet. Sie beinhalten u.a. so genannte **Zentrale Mandantendaten** und die **Mandantendaten Rechnungswesen**.

- **Zentrale Mandantendaten** sind die firmenspezifischen Angaben, auf die alle DATEV-Programme zugreifen, um beispielsweise Namen und Anschrift des Unternehmens auf den Auswertungen erscheinen zu lassen.

- Die **Mandantendaten Rechnungswesen** sind die firmenspezifischen Angaben, die das Programm „(Kanzlei-)Rechnungswesen pro" benötigt, um die Buchführungsdaten korrekt zu verarbeiten. Mit Hilfe dieser Daten werden gewissermaßen die Regeln festgelegt, nach denen das Programm arbeitet. Dazu gehören neben den FIBU-, BWA- oder OPOS-Daten auch der Kontenplan oder die BWA-Schemata.

2.2 Unternehmen / Mandanten anlegen

Um mit einem neuen Mandanten in „(Kanzlei-)Rechnungswesen pro" arbeiten zu können, sind eine Vielzahl von Daten einzugeben. Dabei werden mehrere Arbeitsblätter und Dialogfenster zur Eingabe geöffnet. Jedes Arbeitsblatt verfügt über **farblich hinterlegte Pflichtfelder**, die für die Neuanlage eines Mandanten notwendig sind. Im Folgenden wird die Neuanlage eines Mandanten Schritt für Schritt beschrieben:

- Schritt 1: **Unternehmen / Mandant** anlegen
- Schritt 2: **Leistung / Anwendung** anlegen
- Schritt 3: **Zentrale Mandantendaten** eingeben
- Schritt 4: **Branchenschlüssel** festlegen
- Schritt 5: **Grunddaten Rechnungswesen** hinterlegen
- Schritt 6: **Offene-Posten-Buchführung (OPOS)** einrichten

Das Anlegen und Ändern von Mandanten- und Unternehmensdaten 2

Funktion aktivieren

Öffnen Sie im Arbeitsplatz das Register **Buchführung** bzw. **Rechnungswesen**.

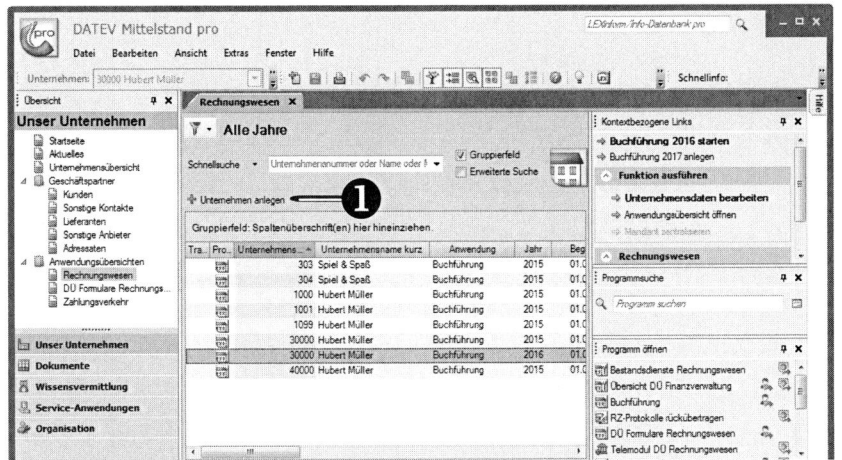

Klicken Sie im Register **Rechnungswesen** bzw. **Buchführung** auf den Link **Unternehmen anlegen** bzw. **Mandant anlegen** ❶.

Dialog & Interaktion

In „Rechnungswesen pro" erfassen Sie die entsprechenden Daten im Register **Unternehmen/Vereinigung**.

Schritt 1 von 6
Unternehmen anlegen in „Rechnungswesen pro"

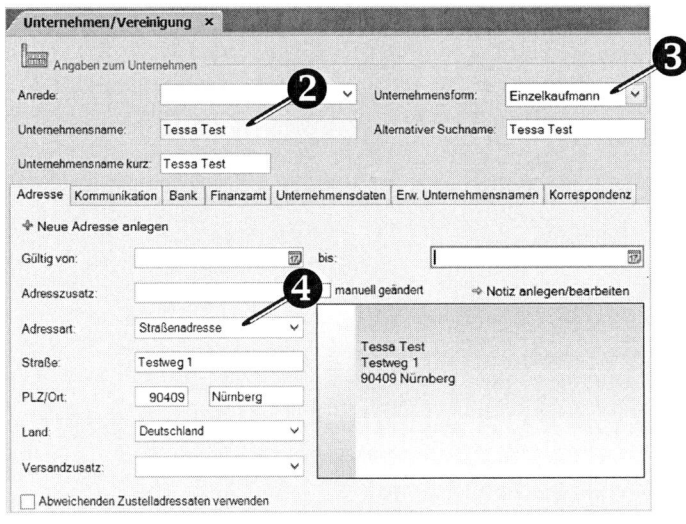

Unternehmensname ❷. Geben Sie hier den Namen des Unternehmens ein.

Unternehmensform ❸. Über das Auswahlmenü in diesem Feld können Sie die Unternehmensform des anzulegenden Mandats auswählen.

Über das Auswahlmenü bei **Adressart** ❹ legen Sie fest, welche Adresse Sie in den folgenden Feldern erfassen wollen. Weitere Adressen können Sie erfassen, indem Sie einen anderen Eintrag unter Adressart anwählen.

Die übrigen Daten sind nicht erforderlich, da das Programm die Mandanten und Unternehmensnummer automatisch vergibt und es sich naturgemäß nicht um ein Unternehmen handelt.

Speichern Sie die Daten über das Symbol 💾.

2 Das Anlegen und Ändern von Mandanten- und Unternehmensdaten

Schritt 1 von 6
Mandat anlegen in Kanzlei-Rechnungswesen pro

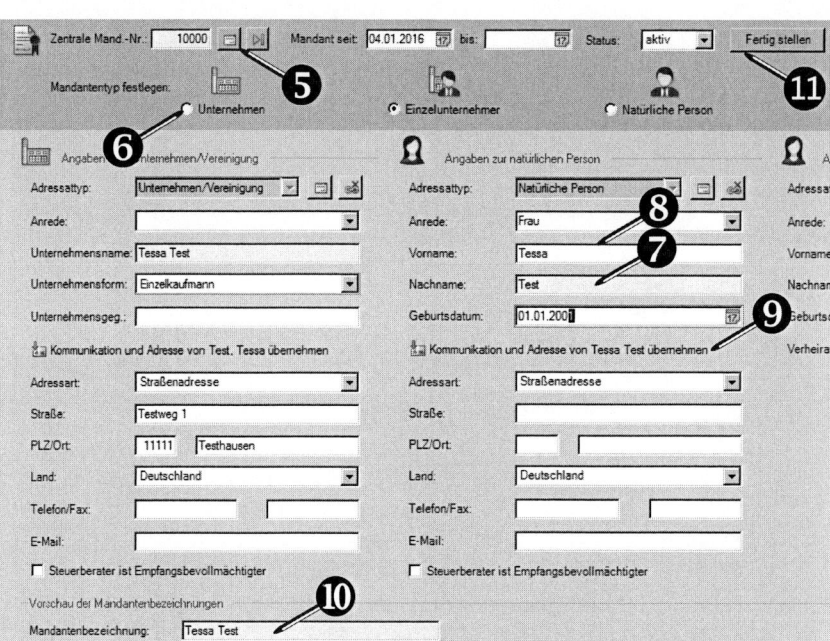

Zentrale Mandantennummer ❺. Diese Nummer wird dem anzulegenden Mandanten zugeordnet. Jede Mandantennummer kommt im Stammdatendienst nur einmal vor. Die Kombination aus Berater- und Mandantennummer dient in allen DATEV pro-Programmen der eindeutigen Zuordnung der Datensätze zu einem Mandanten. Bei der Neuanlage eines Mandanten ist dieses Feld mit einer freien Nummer vorbelegt.

Mandantentyp ❻. Aktivieren Sie hier den Mandantentypen. Zur Auswahl stehen:

- **Unternehmen:** Personen- und Kapitalgesellschaften, Haus-, Grundstücks- und Erbengemeinschaften, aber auch Einzelunternehmen.
- **Einzelunternehmen[1]:** Mandanten mit Einkünften aus Land- und Forstwirtschaft, Gewerbebetrieb und selbstständiger Arbeit.
- **Natürliche Person[1]:** Mandanten ohne Einkünfte aus Land- und Forstwirtschaft, Gewerbebetrieb und selbstständiger Arbeit.

Nachname ❼. Hier ist der Nachname der natürlichen Person einzugeben.

Vorname ❽. In diesem Feld erfolgt die Eingabe des Vornamens der natürlichen Person.

Wenn Sie den Link **Kommunikation und Adresse von ... übernehmen** betätigen ❾, werden die entsprechenden Daten aus dem Bereich Unternehmen in den Bereich Natürliche Person übernommen.

Mandantenbezeichnung ❿. Dieses Feld wird vom Programm automatisch mit den Eingaben aus den Feldern Unternehmensname bzw. bei natürlichen Personen mit Vorname und Nachname vorbelegt.

Über die Schaltfläche **Fertig stellen** ⓫ kommen Sie in das nächste Fenster. Betätigen Sie diese Schaltfläche mit einem Mausklick. Das Programm prüft die eingegebenen Daten und gibt Hinweise, wenn nicht alle notwendigen Daten erfasst wurden. Anschließend öffnet sich das Dialogfenster **Anwendung anlegen**.

---

[1] Im Kanzleiarbeitsplatz stehen Ihnen bei dieser Option auch Eingabefelder für die Daten von Ehepartner und Kindern zur Verfügung.

2 Das Anlegen und Ändern von Mandanten- und Unternehmensdaten

Dialog & Interaktion

Schritt 2 von 6
Anwendung anlegen

Um die Buchführung bearbeiten zu können, muss im Dialogfenster **Anwendung bzw. Leistung anlegen** das Kontrollkästchen **Buchführung** aktiviert werden.

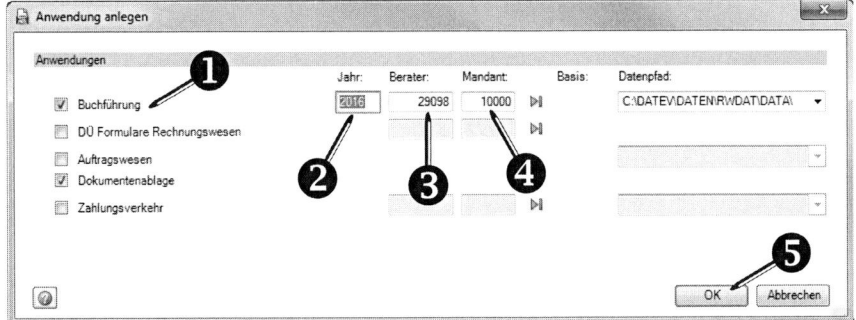

Anwendung ❶. Aktivieren Sie das Kontrollkästchen **Buchführung**. Die nachstehenden Felder **Jahr**, **Berater**, **Mandant** und **Datenpfad** werden dadurch automatisch vorbelegt. Sollte eines der Felder nicht vorbelegt werden, so muss dieses manuell befüllt werden.

Jahr ❷. In diesem Feld wird das aktuelle Jahr vorbelegt. Wenn der Mandant für ein anderes Jahr angelegt werden soll, kann das Feld überschrieben werden.

Berater ❸. Im Feld **Berater** ist die durch die DATEV vergebene Beraternummer für die Kanzlei oder das Unternehmen einzutragen. Tragen Sie in diesem Feld die Schulauswertungsnummer ein, wenn Sie das Programm für Schulungszwecke einsetzen.

Mandant ❹. Das Feld ist mit der zentralen Mandantennummer vorbelegt.

Aktion beenden

Klicken Sie auf die Schaltfläche **OK** ❺, um Ihre Eingaben zu bestätigen.

Dialog & Interaktion

Schritt 3 von 6
Zentrale Mandantendaten anlegen

Für die Eingabe der zentralen Mandanten- bzw. Unternehmensdaten wechseln Sie das Arbeitsblatt **Unternehmen/Vereinigung**. Alle DATEV pro-Programme greifen auf diesen zentralen Stammdatendienst zu. Die Erfassung der zentralen Mandanten- bzw. Unternehmensdaten erfolgt somit einmalig und muss lediglich bei Änderung der Mandantendaten, beispielsweise durch Sitzverlegung oder Zuteilung einer neuen Steuernummer, geändert werden.

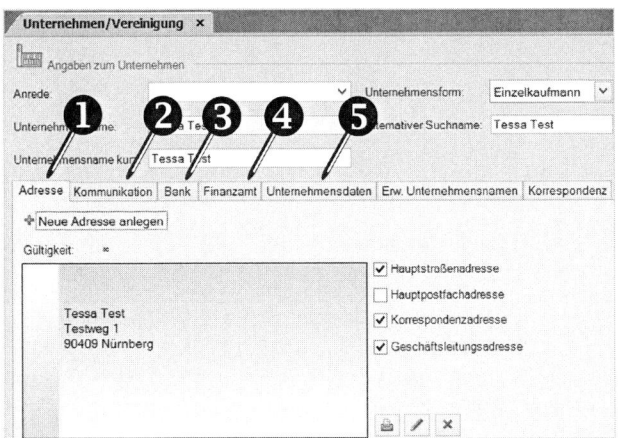

Öffnen Sie die einzelnen Registerkarten im Arbeitsbereich und tragen Sie die notwendigen Stammdaten ein.

2 Das Anlegen und Ändern von Mandanten- und Unternehmensdaten

Registerkarte **Adresse** ❶. Sie können im Stammdatendienst alle Adressen des Mandanten eintragen und entscheiden, welche Adresse z.B. für die Korrespondenz verwendet wird.

Registerkarte **Kommunikation** ❷. Tragen Sie in dieser Registerkarte alle Kommunikationsverbindungen des Mandanten ein.

Registerkarte **Bank** ❸. Für die Eintragung der Bankverbindung werden die wesentlichen Daten (Name, Bankleitzahl, SWIFT/BIC) aller deutschen Banken standardmäßig zur Verfügung gestellt. Die individuellen Informationen wie Kontonummer und IBAN müssen manuell erfasst werden.

Registerkarte **Finanzamt** ❹. In DATEV pro werden die Finanzamtverbindungen des Mandanten im Stammdatendienst zentral erfasst. Alle DATEV pro-Anwendungen greifen auf die zentral hinterlegten Daten des Mandanten zu.

Registerkarte **Unternehmensdaten** ❺. In dieser Registerkarte tragen Sie weitere Grunddaten des Unternehmens wie Unternehmensgegenstand und Branchenschlüssel ein.

Sie rufen mit dem Symbol [✎] bereits angelegte Daten zur Bearbeitung auf. Löschen können Sie markierte Daten mit dem Symbol [✗]. Mit dem Symbol [🖨] können Sie die jeweiligen Daten drucken.

Dialog & Interaktion

Schritt 4 von 6
Branchenschlüssel festlegen

Über den Branchenschlüssel wird der Mandant einer bestimmten Branche zugeordnet. Dies ist bei Neuanlage Pflicht und dient dazu, die Mandantendaten für anonymisierte Branchenauswertungen verwenden zu können, die das DATEV-Rechenzentrum erstellt. Diese Auswertungen können wiederum in das Programm „(Kanzlei-)Rechnungswesen pro" geladen werden und geben somit einen schnellen Überblick der eigenen Unternehmensdaten im Verhältnis zum Branchendurchschnitt.

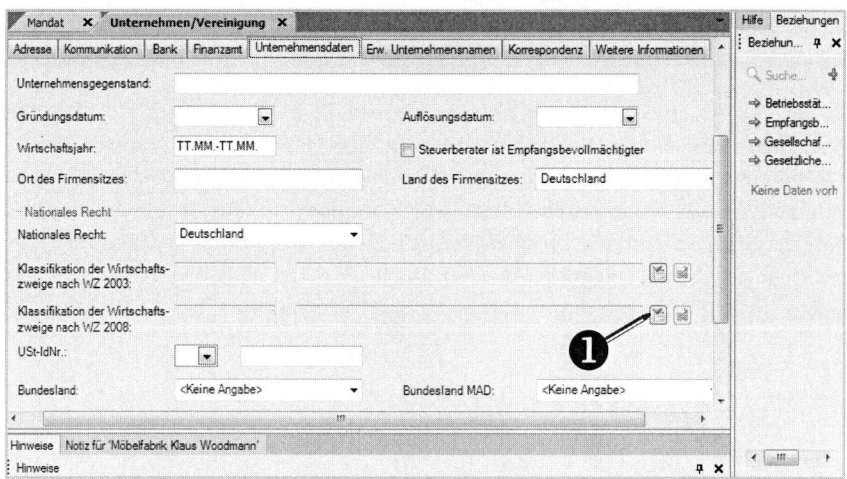

Funktion aktivieren

Blenden sie in der geöffneten Registerkarte **Unternehmensdaten** das Dialogfenster zur Festlegung des Branchenschlüssels über die Schaltfläche ❶ neben dem Feld **Klassifikation der Wirtschaftszweige nach WZ 2008** ein.

Das Anlegen und Ändern von Mandanten- und Unternehmensdaten 2

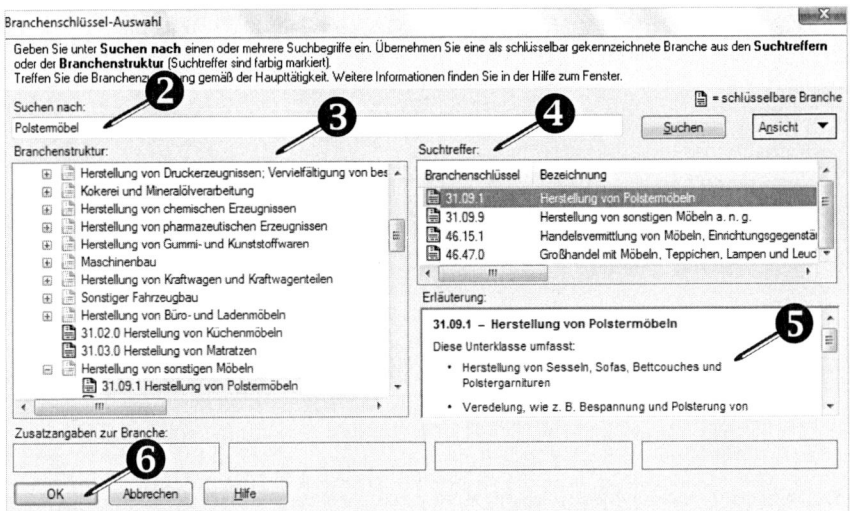

Suchen nach ❷. Durch Eingabe des Branchenbegriffes in dieses Feld können Sie nach einer Branche suchen. Starten Sie die Suche über die Schaltfläche Suchen.

Branchenstruktur ❸. In dieser hierarchisch geordneten Liste werden alle Branchen angezeigt, die das Programm akzeptiert. Über die Symbole ⊞ können Sie die jeweilige Branche immer weiter differenzieren. Markieren Sie die Branche, die für das Unternehmen zutrifft.

Suchtreffer ❹. Dieses Feld zeigt die Suchergebnisse an. Markieren Sie ggf. die gewünschte Branche. Im Feld ❺ wird für die markierte Branche eine Erläuterung angezeigt.

Aktion beenden

Wenn Sie die passende Branche gefunden und markiert haben, schließen Sie das Dialogfenster **Branchenschlüssel-Auswahl** mit der Schaltfläche OK ❻ und kehren in die Registerkarte **Unternehmensdaten** zurück. Der gewählte Branchenschlüssel wird in das Feld **Klassifikation der Wirtschaftszweige nach WZ 2008** übernommen.

Dialog & Interaktion

In den **Mandantendaten Rechnungswesen Grunddaten** werden die Stammdaten hinterlegt, die das Programm „(Kanzlei-)Rechnungswesen pro" zur Verarbeitung der Finanzbuchführung benötigt. Hierzu zählen auch die **Grunddaten Rechnungswesen**. Zum Arbeitsblatt **Grunddaten Rechnungswesen** gelangen Sie durch Mausklick auf den entsprechenden Eintrag ❶ im Navigationsbereich. Die farbig markierten Felder sind Pflichtangaben.

*Schritt 5 von 6
Grunddaten ReWe
hinterlegen*

2 Das Anlegen und Ändern von Mandanten- und Unternehmensdaten

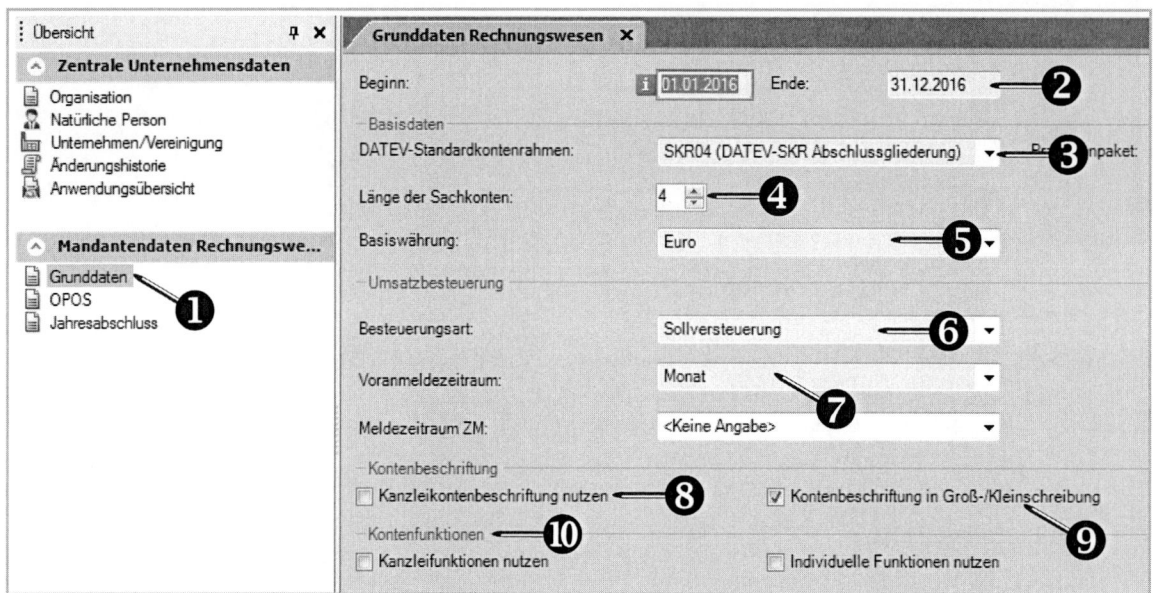

Wirtschaftsjahr ❷. Hier hinterlegen Sie den Beginn und das Ende des Wirtschaftsjahres. In den meisten Fällen entspricht das Wirtschaftsjahr dem Kalenderjahr. Liegt der Geschäftsbeginn jedoch während des Jahres, so haben Sie hier die Möglichkeit, einen abweichenden Beginn einzugeben, z.B. Beginn 01.03.2016, Ende 31.12.2016. Man spricht in diesem Fall von einem Rumpfwirtschaftsjahr, da das Wirtschaftsjahr kein vollständiges Kalenderjahr umfasst. Auf Antrag bei den Finanzbehörden kann das Wirtschaftsjahr auch während eines Kalenderjahres beginnen und zwölf Monate dauern. In diesem Fall spricht man von einem abweichenden Wirtschaftsjahr, z.B. Beginn 01.04.2016, Ende 31.03.2017.

Hinweis: Bitte beachten Sie bei der Eingabe, dass nach dem ersten Buchungsvorgang der Beginn des Wirtschaftsjahres nicht mehr geändert werden kann.

DATEV Standardkontenrahmen ❸. Legen Sie hier fest, welcher Kontenrahmen für das Unternehmen verwendet wird. Bitte beachten Sie, dass das Ändern des hier gewählten Kontenrahmens zu einem späteren Zeitpunkt nur noch nach Abschluss eines Wirtschaftsjahres im Rahmen der Jahresübernahme möglich ist.

DATEV bietet eine Vielzahl von Spezialkontenrahmen (SKR). Neben branchenspezifischen Kontenrahmen, wie z.B. Ärztekontenrahmen, Kontenrahmen für Hotels und Gaststätten etc., werden in der Praxis hauptsächlich der SKR 03 und der SKR 04 verwendet. Die Gliederung des SKR 04 entspricht der Gliederung des Jahresabschlusses (Abschlussgliederungsprinzip). Der SKR 03 orientiert sich dagegen an der Prozessgliederung (Prozessgliederungsprinzip).

Länge der Sachkonten ❹. In der Regel verwendet das Programm „(Kanzlei-)Rechnungswesen pro" vierstellige Sachkonten und fünfstellige Personenkonten (Debitoren und Kreditoren). Sie haben hier die Möglichkeit, die Sachkontenlänge bis auf acht Stellen zu erweitern. Dadurch beträgt die Länge der Personenkonten dann automatisch neun Stellen.

Basiswährung ❺. Sie können eine von Euro abweichende Basiswährung eingeben. Wird hier Euro als Basiswährung hinterlegt, so kann beim Buchen eine abweichende Währung gebucht werden.

Hinweis: Bitte beachten Sie, dass die Eingabe nachträglich nicht änderbar ist.

Das Anlegen und Ändern von Mandanten- und Unternehmensdaten 2

Besteuerungsart ❻. In diesem Feld legen Sie die Art der Umsatzbesteuerung des Unternehmens fest. Normalerweise muss die Umsatzsteuer mit Ablauf des Voranmeldungszeitraums, in dem die Leistungen ausgeführt worden sind, an das Finanzamt abgeführt werden (Soll-Versteuerung). Auf Antrag kann jedoch die Umsatzsteuer erst mit Ablauf des Voranmeldungszeitraums fällig werden, in dem die Entgelte vereinnahmt worden sind (Ist-Versteuerung). Letzteres ist nach § 20 des Umsatzsteuergesetzes jedoch nur möglich, wenn der Gesamtumsatz 500.000,00 € nicht überschreitet oder der Unternehmer nach § 148 AO von der Buchführungspflicht befreit ist oder eine freiberufliche Tätigkeit im Sinne des § 18 Absatz 1 Nr.1 EStG ausübt.

Voranmeldezeitraum ❼. Wenn das Unternehmen zur Abgabe einer Umsatzsteuervoranmeldung verpflichtet ist, geben Sie in diesem Feld den entsprechenden Zeitraum ein. Die Umsatzsteuervoranmeldung (UStVA) muss monatlich abgegeben werden, wenn die Umsatzsteuer des vorherigen Jahres 7.500,00 € überschritten hat, andernfalls beträgt dieser Zeitraum ein Kalendervierteljahr. Lag die Steuer im letzten Jahr höchstens bei 1.000,00 €, kann das Finanzamt von der Verpflichtung zur Abgabe der Voranmeldungen und Entrichtung der Vorauszahlungen befreien (§ 18 Abs. 2 UStG).

Kanzleikontenbeschriftung nutzen ❽. Das Programm bietet die Möglichkeit, bestimmte Kontenbeschriftungen einmalig kanzleiweit einzurichten und dann bei mehreren Mandanten zu verwenden. Aktivieren Sie das Kontrollkästchen, wenn diese Kanzleikontenbeschriftungen für den hier angelegten Mandanten übernommen werden sollen.

Kontenbeschriftung in Groß-/Kleinschreibung ❾. Wenn Sie dieses Kontrollkästchen deaktivieren, werden die Kontenbeschriftungen generell in Großbuchstaben angezeigt, auch wenn Sie in Kleinbuchstaben eingegeben wurden. Ist das Kontrollkästchen aktiviert, werden die Kontenbeschriftungen so angezeigt, wie sie eingegeben wurden.

Kontenfunktionen ❿. Wenn Sie eines dieser Kontrollkästchen aktivieren, können Sie für Sachkonten Kontenfunktionen anlegen, wie z. B. die automatische Buchung der Vorsteuer. Kanzleifunktionen werden einmalig kanzleiweit angelegt, individuelle Funktionen werden in dem Kontenplan des Mandanten angelegt.

Dialog & Interaktion
Schritt 6 von 6
OPOS einrichten

Die **Offene-Posten-Buchführung (OPOS)** ist eine Nebenbuchführung zur Finanzbuchführung. Dabei werden Forderungen nicht direkt über das Forderungskonto, sondern über Debitorenkonten gebucht. Verbindlichkeiten werden nicht direkt auf das Verbindlichkeitskonto, sondern über Kreditorenkonten gebucht. Die Buchungen auf diesen **Personenkonten** werden automatisch vom Programm „(Kanzlei-)Rechnungswesen pro" auf das Forderungssammelkonto bzw. Verbindlichkeitssammelkonto gestellt. Über die OPOS-Stammdaten legen Sie fest, für welche Kontengruppen Sie die Offene-Posten-Buchführung nutzen möchten. Um das Arbeitsblatt zur Eingabe aufzurufen, klicken Sie im Navigationsbereich auf **OPOS** ❶.

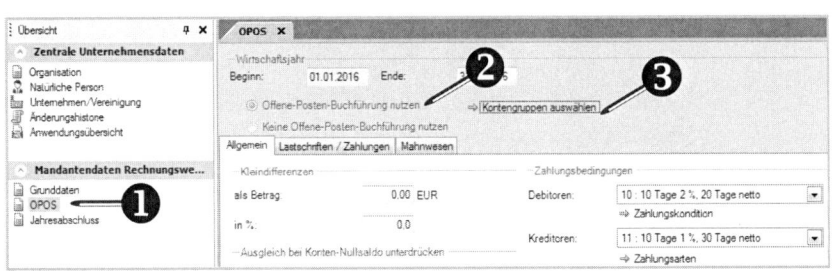

33

2 Das Anlegen und Ändern von Mandanten- und Unternehmensdaten

Offene-Posten-Buchführung nutzen ❷. Aktivieren Sie die OPOS-Nutzung durch einen Mausklick.

Durch die Aktivierung wird Ihnen für die späteren Buchungen eine Vielzahl von zusätzlichen Funktionen durch das Programm „(Kanzlei-)Rechnungswesen pro" zur Verfügung gestellt. Beispielsweise erfolgt die Errechnung von Skonti und die damit verbundene Korrektur der Umsatz- oder Vorsteuer automatisch. Die Pflege des Kontokorrents und die Überwachung aller Forderungen und Verbindlichkeiten werden durch vielfältige Auswertungen erleichtert. Des Weiteren ermöglicht OPOS eine vollständige Verwaltung der Geschäftspartner (Debitoren und Kreditoren), ein lückenloses Mahnwesen und einen termingerechten Zahlungsverkehr.

Kontengruppen auswählen ❸. Die Personenkontenklassen 1 bis 6 (Konten 10000 bis 60000) sind vom Programm fest für die **Debitoren** (Kunden) vergeben, die Kontenklassen 7 bis 9 (Konten 70000 bis 99999) für die **Kreditoren** (Lieferanten). Standardmäßig sind alle Kontengruppen aktiv.

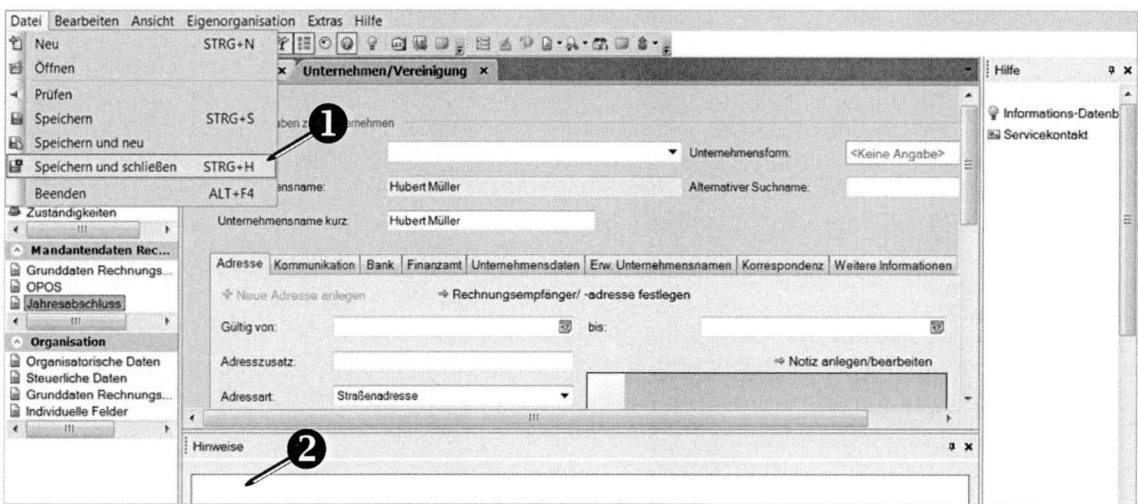

Aktion beenden

Beenden Sie die Eingabe der Mandantenstammdaten über die Menüleiste ❶ oder über das Symbol **Speichern und Schließen**.

Im unteren Zusatzbereich **Hinweise** werden bei fehlenden Stammdatenfeldern entsprechende Meldungen angezeigt ❷. Durch einen Mausklick auf diese Meldungen gelangen Sie zu den jeweiligen Erfassungsfeldern und können die notwendigen Werte eingeben. Die Meldungen im unteren Zusatzbereich werden als Hinweise, Warnungen oder Fehler qualifiziert:

- Hinweise: Hinweise sind Zusatzinformationen, die Ihnen das Programm zu einem laufenden Prozess zur Verfügung stellt. Hinweise enthalten keine Informationen zu Fehlern.

- Warnungen: Es sind Daten unvollständig oder fehlerhaft. Sie können den gerade bearbeiteten Prozess trotzdem beenden. In nachgelagerten Prozessen kann der Fehler zu Problemen führen.

- Fehler: Es sind Daten unvollständig oder fehlerhaft. Sie können den gerade bearbeiteten Prozess nicht abschließen, ohne den Fehler zu beheben. Wenn es Fehler gibt, wird die Anzahl im Titel des Zusatzbereichs angezeigt.

Das Anlegen und Ändern von Mandanten- und Unternehmensdaten 2

Übung zu Kapitel 2.2

Legen Sie einen neuen Mandant bzw. ein neues Unternehmen an.

Legen Sie die Mandantenstammdaten für Hubert Müller, Mistelweg 90, 92637 Weiden i. d. Opf., an. Dazu stehen Ihnen folgende Ausgangsdaten zur Verfügung:

- Beraternummer*   [   ]
- Mandanten-/Unternehmensnummer*
                                    [   ]
- Rechtsform   Einzelunternehmen
- Leistung   Buchführung
- zuständiges Finanzamt   Weiden
- Steuernummer   255/123/45673
- Wirtschaftsjahr   01.01. - 31.12.
- Branche   Herstellung von Polstermöbeln
- Kontenrahmen   SKR 03 (BiRiLiG Prozessgliederung)
                           SKR 04 (BiRiLiG Abschlussgliederung)
- Umsatzbesteuerung   Sollversteuerung
- Voranmeldezeitraum   Monat
- OPOS   OPOS nutzen
- Zuordnungstabelle**   S9103/0000/XXX (bei SKR 03) oder
                           S9104/0000/XXX (bei SKR 04)

Die Finanzbuchführung soll für 2016 durchgeführt werden.

* Zur Verwendung der Schulungssoftware bekommt jeder Bildungsträger von der DATEV eG eine eigene Beraternummer zugewiesen. Tragen Sie in das Kästchen bitte die von Ihrem Dozenten mitgeteilte Beraternummer ein.

** Sie vermeiden Hinweismeldungen, wenn Sie die Zuordnungstabelle hinterlegen - für die Bearbeitung der nachfolgenden Übungen ist sie nicht erforderlich. Wenn Sie die Zuordnungstabelle zuordnen, wählen Sie die höchste angebotene Versionsnummer.

2 Das Anlegen und Ändern von Mandanten- und Unternehmensdaten

2.3 Das Bearbeiten eines Mandanten

Mandanten öffnen

Funktion aktivieren

Sie öffnen den Datenbestand eines Mandanten zur Bearbeitung der Buchführung über DATEV Mittelstand pro bzw. den DATEV Arbeitsplatz pro.

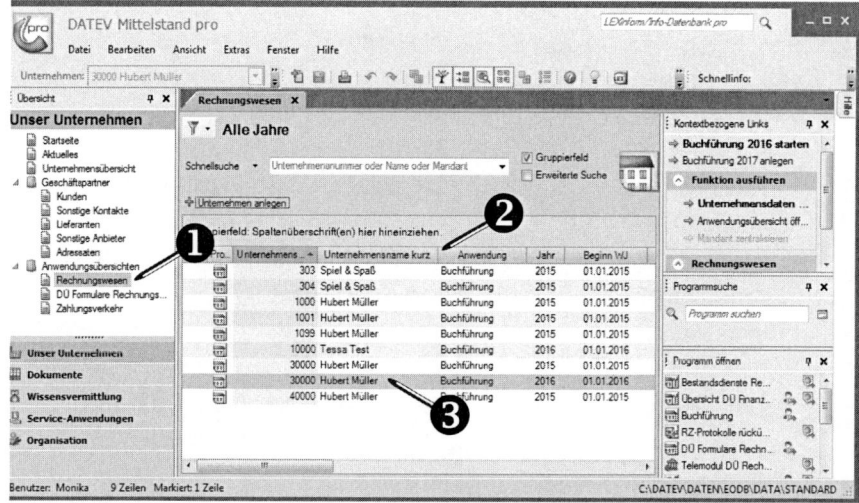

Im Unternehmen-Arbeitsplatz (DATEV Mittelstand pro) doppelklicken Sie in der Überschicht im Ordner **Anwendungsübersichten** auf **Rechnungswesen** ❶, um sich im Arbeitsbereich alle Unternehmen anzeigen zu lassen ❷ für welche die Anwendung Buchführung hinterlegt ist.

Sie öffnen den zu bearbeitenden Datenbestand durch Doppelklick auf den entsprechenden Eintrag ❸. Anschließend öffnet sich das Programmfenster von „(Kanzlei-)Rechnungswesen pro".

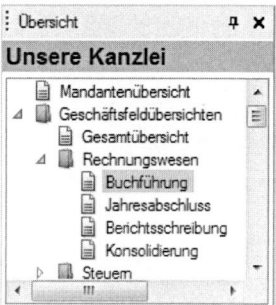

Wenn Sie mit dem Kanzlei-Arbeitsplatz arbeiten, wählen Sie im Navigationsbereich **Geschäftsfeldübersichten → Rechnungswesen**.

Mit Doppelklick auf den Eintrag **Buchführung** ❹ werden im Arbeitsbereich alle angelegten Mandanten angezeigt, für die die Leistung **Buchführung** hinterlegt ist.

Das Anlegen und Ändern von Mandanten- und Unternehmensdaten

In der Titelleiste des Programmfensters ❺ werden nun neben Programmname und Version auch der Ordnungsbegriff (Beraternummer/Mandantennummer/Jahr), sowie der als Unternehmensname hinterlegte Mandantenname angezeigt.

Es wird standardmäßig im Navigationsbereich des Programmfensters eine Übersicht ❻ eingeblendet, über die die wichtigsten Buchungs- und Auswertungsfunktionen schnell erreichbar sind.

Übersicht aus- und einblenden

Wenn Sie die Übersicht auf der linken Seite des Programmfensters nicht benötigen, können Sie sie jederzeit ausblenden und ggf. später wieder einblenden. Zusätzlich kann die Übersicht automatisch eingeklappt werden.

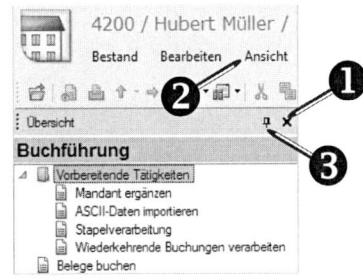

Funktion aktivieren

- Blenden Sie die Übersicht mit Mausklick auf das Symbol X ❶ aus.
- Blenden Sie die Übersicht über den Menüpunkt **Ansicht → Übersicht** ❷ wieder ein.
- Klappen Sie die Übersicht durch Klick auf das entsprechende Symbol ❸ automatisch ein.

Aktion beenden

Schließen Sie den Mandanten mit Mausklick auf das Symbol X ❶.

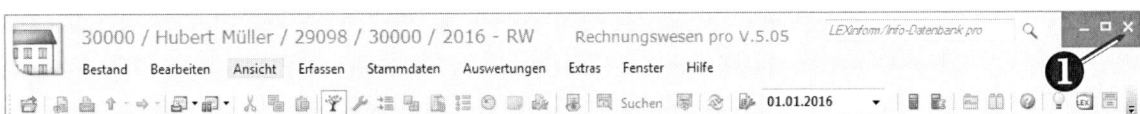

2 Das Anlegen und Ändern von Mandanten- und Unternehmensdaten

2.4 Mandantendaten ändern

Die im Kapitel 2.2 angelegten Stammdaten eines Mandanten können nachträglich ergänzt oder geändert werden. Dies geschieht im Stammdatendienst.

Öffnen des Stammdatendienstes über DATEV Mittelstand pro bzw. den DATEV Arbeitsplatz

Voraussetzung

Öffnen Sie DATEV Mittelstand pro bzw. den DATEV Arbeitsplatz.

Funktion aktivieren

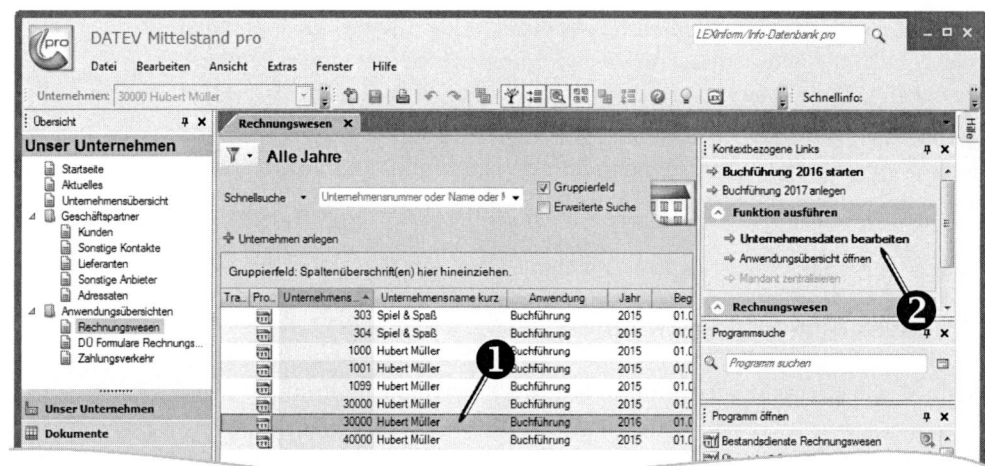

Auswahl ❶. Wählen Sie den Mandanten im Arbeitsbereich mit einfachem Mausklick aus.

Stammdatendienst öffnen ❷. Wählen Sie im rechten Zusatzbereich den Eintrag Unternehmensdaten / Mandantendaten bearbeiten. Im Anschluss öffnet sich der Stammdatendienst.

Öffnen des Stammdatendienstes aus dem Programm „(Kanzlei-)Rechnungswesen pro"

Voraussetzung

Der Datenbestand des Mandanten ist im Programm „(Kanzlei-)Rechnungswesen pro" geöffnet (Kapitel 2.3). Öffnen Sie den Mandanten.

Funktion aktivieren

Wählen Sie in der Übersicht die Navigationsschaltfläche Stammdaten und anschließend den Punkt Mandantendaten ❶, um den Stammdatendienst des geöffneten Mandanten aufzurufen.

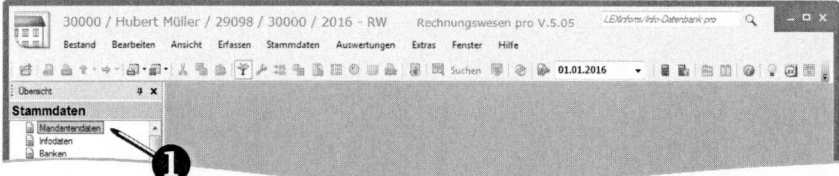

2 Das Anlegen und Ändern von Mandanten- und Unternehmensdaten

Die Eingabe der Änderungen

Nachdem Sie den Stammdatendienst in einem separaten Dialogfenster geöffnet haben, können Sie weitere Eintragungen vornehmen oder schon eingegebene Daten überschreiben oder löschen. Diese Änderungen werden notwendig, wenn der Mandant beispielsweise den Sitz des Unternehmens geändert hat, neue Kommunikationswege hinzukommen oder Ihnen erst nach Neuanlage des Mandanten die Steuernummer bekannt wird.

Das nachträgliche Anlegen von neuen Leistungen

Sollen für das Unternehmen nachträglich Anwendungen (siehe Seite 29) angelegt werden, ist dies ebenfalls über den Stammdatendienst möglich.

Voraussetzung

Der Stammdatendienst des Mandanten ist geöffnet.

Funktion aktivieren

Anwendungs- bzw. Leistungsübersicht ❶. Klicken Sie in der Übersicht im Navigationsbereich auf den Eintrag **Anwendungsübersicht / Leistungsübersicht**. Das Arbeitsblatt öffnet sich und ruft die bisher hinterlegten Leistungen auf.

Anwendung bzw. Leistung anlegen ❷. Möchten Sie nachträglich eine neue Leistung hinzufügen, klicken Sie auf den Link **Anwendung** bzw. **Leistung anlegen**. Die Eingabe erfolgt wie im Kapitel 2.2 auf Seite 29 beschrieben.

2 Das Anlegen und Ändern von Mandanten- und Unternehmensdaten

2.5 Änderungsprotokoll der Mandantendaten erzeugen

Möchten Sie nicht nur die derzeit gespeicherten Stammdaten sehen, sondern auch wissen, wer, wann, welche Stammdaten eingegeben bzw. geändert hat, so können Sie dies über das Änderungsprotokoll sehen. Das Protokoll können Sie als PDF-Dokument speichern, auf Papier ausdrucken oder auch einfach nur am Bildschirm als Übersichtsdarstellung nutzen.

Voraussetzung

Der gewünschte Mandant ist im Programm „(Kanzlei-)Rechnungswesen pro" geöffnet und die Navigationsschaltfläche Stammdaten wurde betätigt.

Funktion aktivieren

Öffnen Sie in der Übersicht den Eintrag **Änderungsprotokolle** ❶.

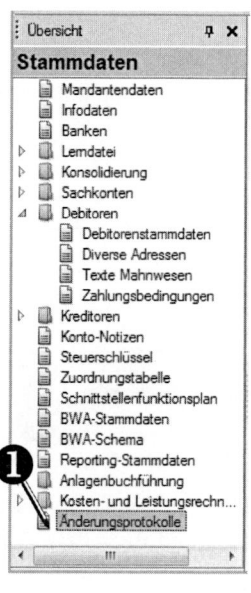

Dialog & Interaktion

Änderungsprotokolle ❷. Das Programm bietet Ihnen verschiedene Änderungsprotokolle an. Aktivieren Sie das Optionsfeld zum gewünschten Änderungsprotokoll und bestätigen Sie mit **OK**.

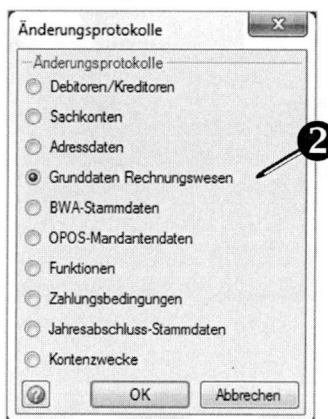

Druckansicht. Es öffnet sich nun die Druckansicht des Änderungsprotokolls in einem Arbeitsblatt des Arbeitsbereiches.

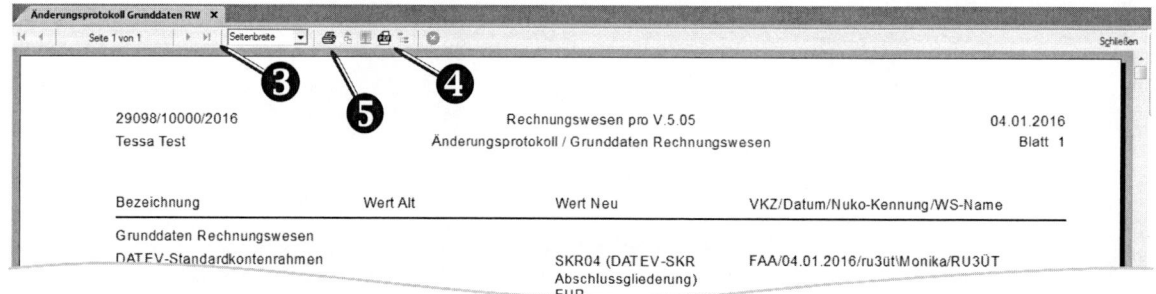

Sie können durch die Seiten blättern ❸, ein PDF-Dokument speichern ❹ oder das Protokoll ausdrucken ❺.

Aktion beenden

Schließen Sie das Arbeitsblatt **Änderungsprotokolle**.

2.6 Das Ändern von Konten im Kontenplan

Der **Kontenplan** gehört ebenfalls zu den Stammdaten, die das Programm zum Verarbeiten von Buchungssätzen benötigt. Er enthält alle Sachkonten des zugeordneten Standardkontenrahmens und ggf. die Konten, die Sie für den Mandanten individuell angelegt haben.

Kontenplan anzeigen

Voraussetzung

Öffnen Sie den gewünschten Mandanten im Programm „(Kanzlei-)Rechnungswesen pro".

Funktion aktivieren

Aktivieren Sie den Kontenplan über den Menüpunkt **Stammdaten → Sachkonten → Kontenplan** ❶.

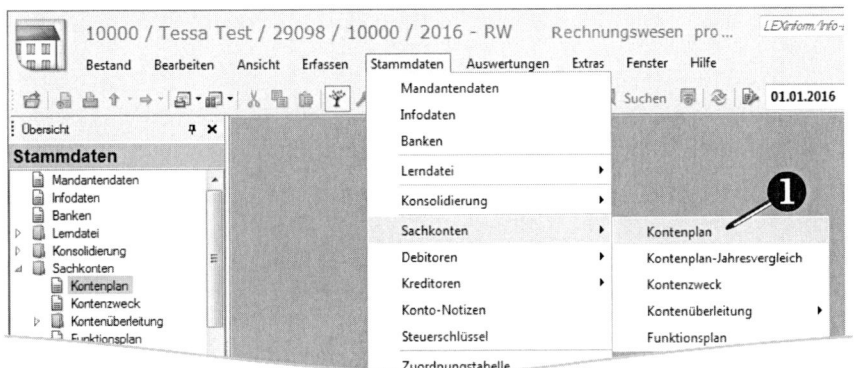

Standardmäßig sind in den DATEV Standardkontenrahmen (SKR) für nahezu alle Sachverhalte Sachkonten angelegt. Diese werden Ihnen im Arbeitsblatt **Kontenplan** angezeigt.

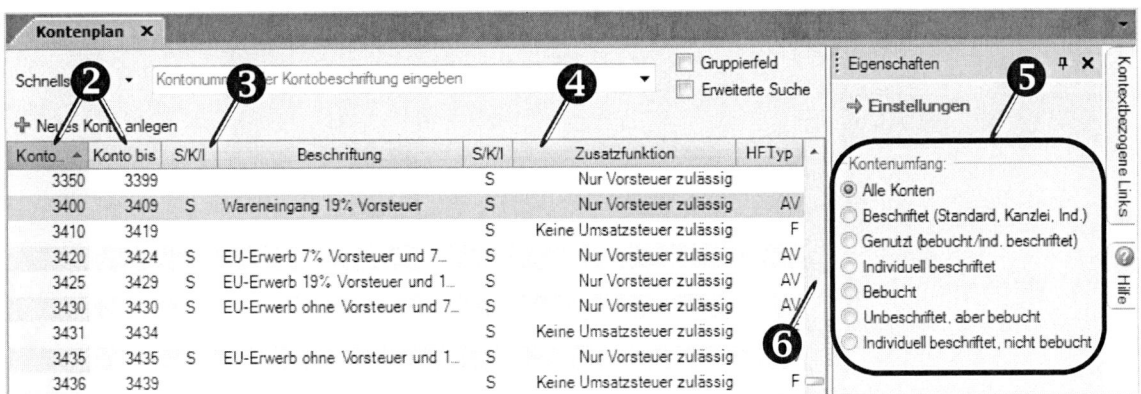

Konto von/Konto bis ❷. In diesen Spalten sehen Sie die Kontonummer des Kontos.

S/K/I ❸. Diese Spalte zeigt an, um welche Art von Kontenbeschriftung es sich handelt:

- S = Kontenbeschriftung aus dem Standardkontenrahmen
- I = individuell eingegebene Kontenbeschriftung
- K = individuell angelegte Kontenbeschriftung, die kanzleiweit verwendet wird

2 Das Anlegen und Ändern von Mandanten- und Unternehmensdaten

Kontenfunktion ❹. Die weiteren Spalten (Zusatzfunktion, Funktion, S/K/I und Funktionsbezeichnung) geben an, ob und ggf. welche Funktion[1] auf einem Konto liegt.

Kontenumfang ❺. Über diese Optionsfelder können Sie zusätzlich festlegen, nur Konten mit bestimmten Eigenschaften anzuzeigen.

Im Programmfenster wird nun der gewünschte Kontenplan angezeigt. Über die Laufleiste am rechten Rand ❻ oder mit dem Scrollrad der Maus können Sie sich in der Liste nach unten und oben bewegen.

Ändern von Sachkontenbeschriftungen im Kontenplan

Kontenbeschriftungen können entweder direkt beim Buchen oder im Kontenplan eingegeben werden.

Voraussetzung

Öffnen Sie den gewünschten Mandanten im Programm „(Kanzlei-)Rechnungswesen pro".

Funktion aktivieren

Aktivieren Sie den Kontenplan über den Menüpunkt **Stammdaten → Sachkonten → Kontenplan**.

Funktion aktivieren

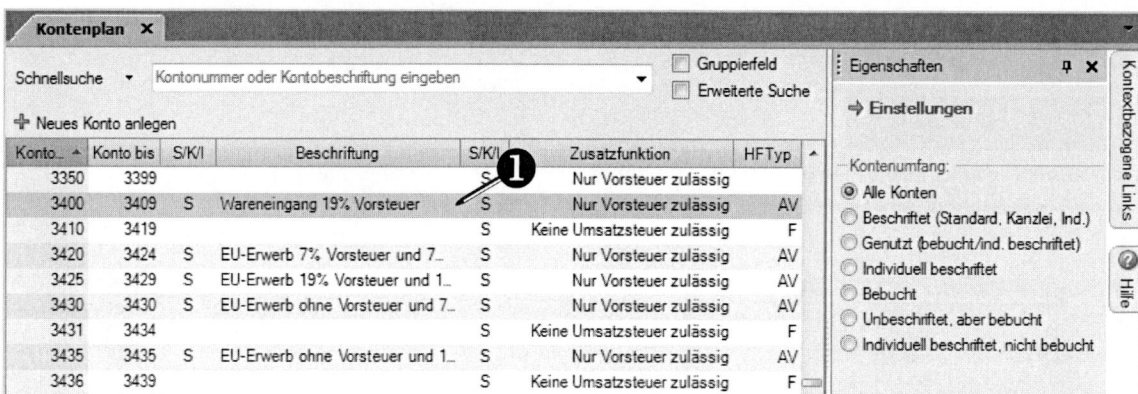

Konto ❶. Um das Dialogfenster **Konto ändern** aufzurufen, doppelklicken Sie im Kontenplan auf das Konto, dessen Beschriftung Sie individuell ändern möchten.

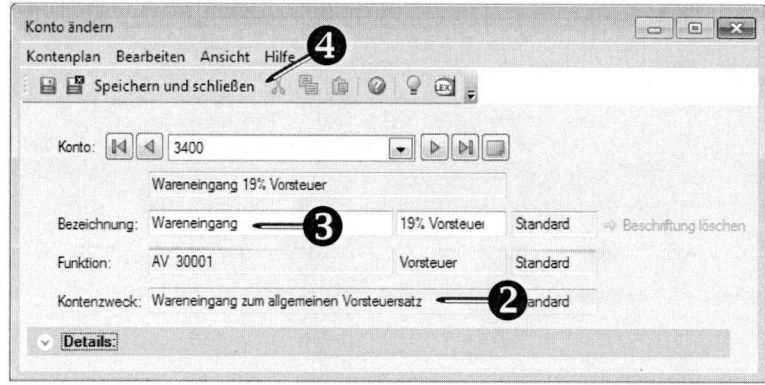

---

1 Kontenfunktionen sind hinterlegte Programmbefehle, die z.B. eine automatische Errechnung und Verbuchung der in einem gebuchten Betrag enthaltenen Vorsteuer bewirken.

Das Anlegen und Ändern von Mandanten- und Unternehmensdaten

Dialog & Interaktion

Kontenzweck ❷. Alle Konten sind über Zuordnungstabellen bzw. den Kontenzweck bestimmten GuV- oder Bilanzpositionen zugeordnet. Diese Zuordnung bleibt von der Änderung der Kontenbeschriftung unberührt. Bevor Sie eine Kontenbeschriftung ändern bzw. durch Beschriften ein neues Konto anlegen, müssen Sie prüfen, ob dieses Konto den passenden Kontenzweck hat.

Bezeichnung ❸. Geben Sie hier die gewünschte Kontenbeschriftung ein. Wenn bereits eine Kontenbeschriftung vorhanden ist, können Sie diese einfach überschreiben. Die Kontenbeschriftung kann maximal 40 Zeichen lang sein. Nach der Eingabe von 20 Zeichen wechselt das Programm automatisch in das zweite Eingabefeld und fährt dort fort.

Die Trennung in zwei Eingabefeldern erfolgt, da in manchen Auswertungen die Kontenbeschriftungen zweizeilig ausgegeben werden.

Aktion beenden

Bestätigen Sie Ihre Eingabe mit der Schaltfläche **Speichern und Schließen** ❹. Das Dialogfenster schließt sich und im Kontenplan wird die neue Beschriftung für das Konto angezeigt. In der Spalte S/K/I steht nun ein **I** als Kennzeichen dafür, dass es sich um ein individuell beschriftetes Konto handelt. Sie können nun weitere Konten beschriften oder den Sachkontenplan über die Schaltfläche schließen.

Anlegen von Sachkonten

Voraussetzung

Öffnen Sie den gewünschten Mandanten im Programm „(Kanzlei-)Rechnungswesen pro".

Funktion aktivieren

Aktivieren Sie den Kontenplan über den Menüpunkt **Stammdaten → Sachkonten → Kontenplan**.

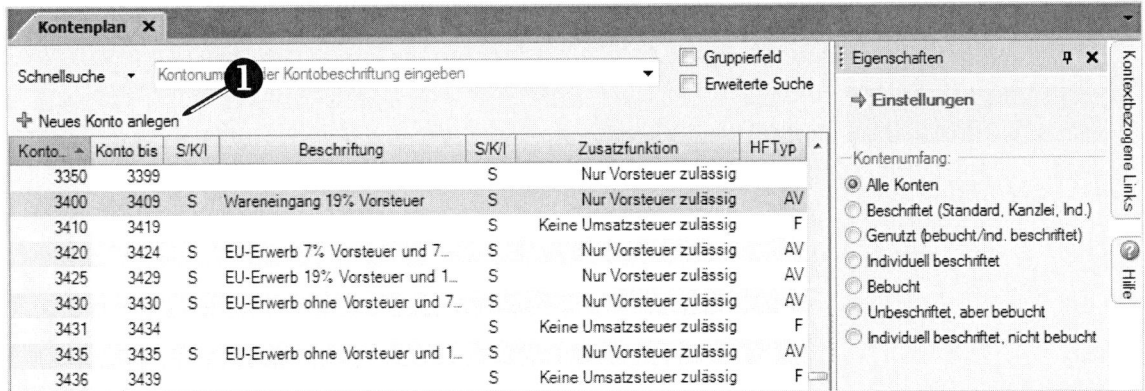

Neues Konto anlegen ❶. Um das Dialogfenster **Konto neu anlegen / ändern** aufzurufen, klicken Sie im Kontenplan auf die Schaltfläche **Neues Konto anlegen**.

2 Das Anlegen und Ändern von Mandanten- und Unternehmensdaten

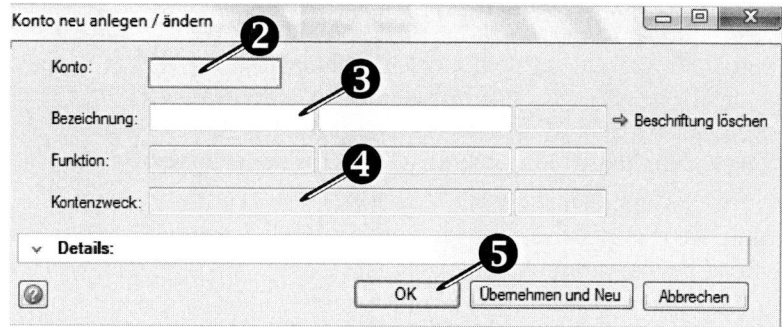

Dialog & Interaktion

Konto ❷. Geben Sie in dieses Feld die Kontonummer ein, die das neue Konto bekommen soll.

Bezeichnung ❸. Geben Sie hier die gewünschte Kontenbeschriftung ein.

Kontenzweck ❹. Prüfen Sie, ob der Kontenzweck zu Ihrem Konto passt. Passt der Kontenzweck nicht, brechen Sie die Kontenanlage ab und wählen eine Kontonummer aus dem passenden Kontenbereich aus.

Aktion beenden

Bestätigen Sie Ihre Eingabe mit der Schaltfläche OK ❺. Das Dialogfenster schließt sich und im Kontenplan wird das neue Konto angezeigt.

Hinterlegen von Kontenfunktionen

Mandantenstammdaten anpassen

Bevor Sie bestimmte Funktionen für neue Sachkonten hinterlegen können, müssen Sie in den Mandantendaten zunächst die Möglichkeit aktivieren, individuelle Funktionen hinterlegen zu können.

Voraussetzung

Öffnen Sie den gewünschten Mandanten im Programm „(Kanzlei-)Rechnungswesen pro" und das Fenster **Stammdaten - Mandant** über den Menüpunkt Stammdaten → Mandantendaten.

Voraussetzung

Doppelklicken Sie in der Übersicht im Bereich **Mandantendaten Rechnungswesen** auf Grunddaten Rechnungswesen.

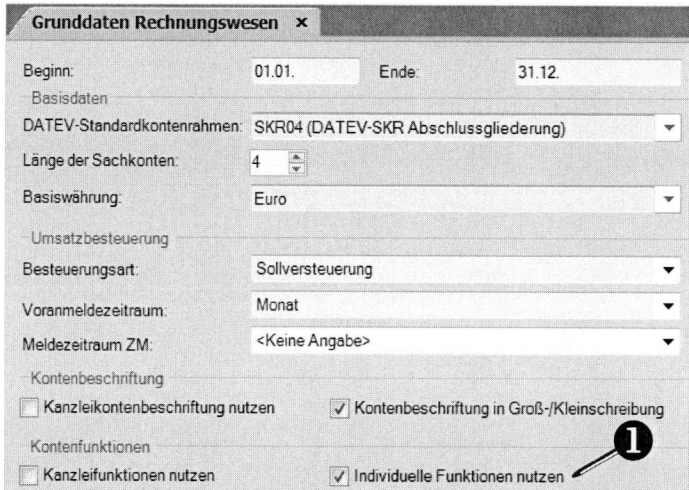

Das Anlegen und Ändern von Mandanten- und Unternehmensdaten

Dialog & Interaktion

Aktivieren Sie im Bereich **Kontenfunktionen** das Kontrollkästchen **Individuelle Funktionen nutzen** ❶.

Aktion beenden

Speichern Sie Ihre Eingabe und schließen Sie das Programmfenster **Stammdaten - Mandant** mit dem Symbol.

Kontenfunktion beim Sachkonto hinterlegen

Nachdem Sie die Voraussetzung geschaffen haben, Sachkonten individuelle Funktionen zuzuweisen, können Sie nun die gewünschten Funktionen hinterlegen.

Voraussetzung

Sie haben den gewünschten Mandanten im Programm „(Kanzlei-)Rechnungswesen pro" geöffnet und in den Mandantendaten die individuellen Kontenfunktionen aktiviert. Alle Buchungsstapel, in denen das zu ändernde Konto gebucht wurde, sind festgeschrieben (siehe Kapitel 6.1).

Funktion aktivieren

Aktivieren Sie den Kontenplan über den Menüpunkt **Stammdaten → Kontenplan**.

Funktion aktivieren

Um das Dialogfenster **Konto ändern** aufzurufen, doppelklicken Sie im Kontenplan auf das Konto, bei dem Sie eine individuelle Funktion hinterlegen möchten.

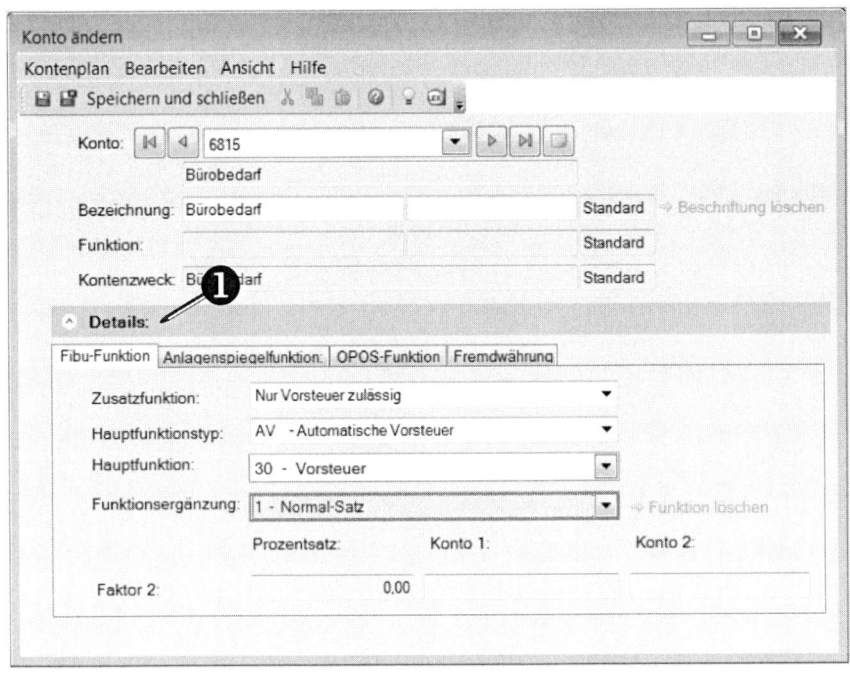

Dialog & Interaktion

Klicken Sie ggf. auf den Link **Details** ❶, um den Detailbereich einzublenden.

Auf dem Register **Fibu-Funktion** hinterlegen Sie die gewünschte Funktion. Die **Zusatzfunktion** ist in der Regel bereits vorbelegt.

Wählen Sie über das Auswahlmenü zu **Hauptfunktionstyp** den entsprechenden Eintrag. Es werden Ihnen nur die Hauptfunktionstypen angezeigt, die zu der hinterlegten Zusatzfunktion passen. So werden Ihnen z. B. bei der Zusatzfunktion **Nur**

2 Das Anlegen und Ändern von Mandanten- und Unternehmensdaten

Vorsteuer zulässig die Hauptfunktionstypen **Keine Hauptfunktion**, **Automatische Vorsteuer** und **Sammelfunktion automatische Vorsteuer**[1] angeboten.

Über das Auswahlmenü **Hauptfunktion** wählen Sie die gewünschte Funktion aus (hier: **Vorsteuer**).

Über das Auswahlmenü **Funktionsergänzung** bestimmen Sie z. B. die Höhe des zu berechnenden Steuersatzes.

Aktion beenden

Speichern Sie Ihre Eingaben und schließen Sie das Dialogfenster **Konto ändern** mit dem Symbol. Bestätigen Sie die Hinweismeldung, dass die angelegte Kontenfunktion ab sofort genutzt werden kann, mit **OK**. Die individuelle Kontenfunktion ist bei dem Konto hinterlegt und wird beim Buchen automatisch angewendet.

Hinweis: Wenn Sie unsicher sind, wie Sie eine bestimmte Funktion anlegen müssen, rufen Sie ein bestehendes Konto zur Änderung auf, bei dem die gewünschte Funktion bereits hinterlegt ist. So können Sie sehen, welche Auswahl Sie jeweils treffen müssen.

Anlegen von Debitoren- und Kreditorenkonten

Im Gegensatz zu den Sachkonten sind Debitoren- und Kreditorenkonten nicht bereits angelegt. Sie müssen also erst hinterlegt werden.

Voraussetzung

Öffnen Sie den gewünschten Mandanten im Programm „(Kanzlei-)Rechnungswesen pro".

Funktion aktivieren

Aktivieren Sie die **Debitorenstammdaten** über den Menüpunkt **Stammdaten → Debitoren → Debitorenstammdaten**.

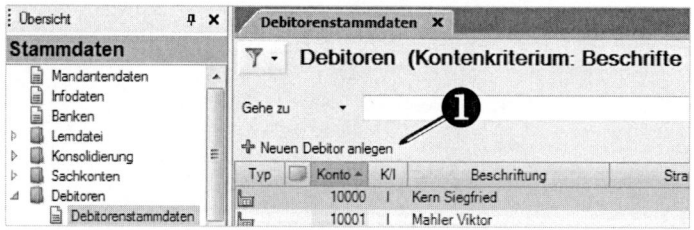

Neuen Debitor anlegen ❶. Um das Dialogfenster **Neuen Debitor anlegen** aufzurufen, klicken Sie in den Debitorenstammdaten auf die Schaltfläche **Neuen Debitor anlegen**.

---

1 Die Sammelfunktion **Automatische Vorsteuer** wird bei den Konten mit dem Kontenzweck **Erhaltene Skonti...** verwendet.

Das Anlegen und Ändern von Mandanten- und Unternehmensdaten

Dialog & Interaktion

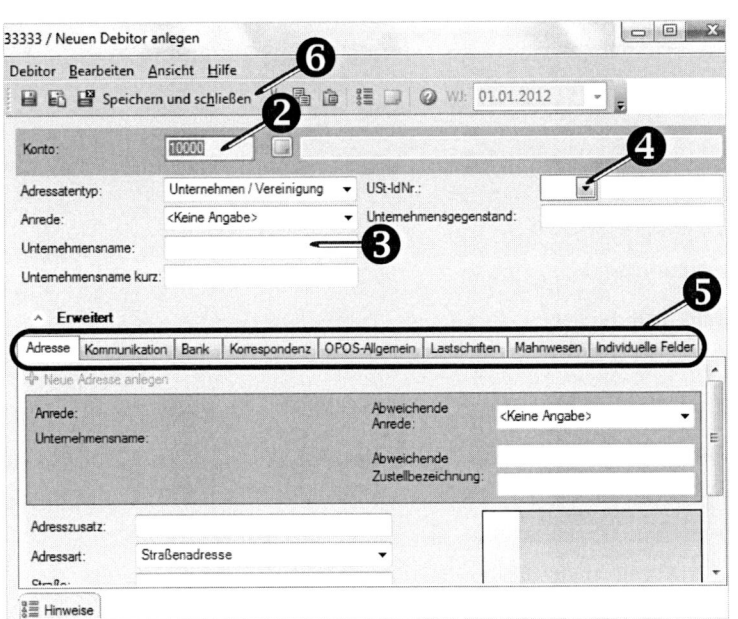

Konto ❷. Geben Sie in dieses Feld die Kontonummer ein, die das neue Konto bekommen soll.

Unternehmensname ❸. Geben Sie hier den Namen des Personenkontos ein. Die Beschriftung des Kontos wird übernommen und das Feld **Unternehmensname kurz** wird automatisch gefüllt.

USt-IdNr ❹. Erfassen Sie hier die Umsatzsteuer-Identifikationsnummer des Debitors. Wählen Sie zunächst das Länderkürzel aus und geben Sie die Identifikationsnummer ein. Ist Ihnen die Umsatzsteuer-Identifikationsnummer des betreffenden Debitors nicht bekannt, so können Sie diese Felder zunächst unausgefüllt lassen und die Nummer ggf. später ergänzen.

Registerkarten ❺. Erfassen Sie optional in den untenstehenden Registerkarten weitere Daten wie z.B. Adresse, Kommunikation und Bankverbindungen.

Aktion beenden

Bestätigen Sie Ihre Eingabe mit der Schaltfläche **Speichern und Schließen ❻**. Das Dialogfenster schließt sich und in den Debitorenstammdaten wird das neue Konto angezeigt.

Um einen neuen Kreditor anzulegen, verfahren Sie analog. Sie gelangen zu den Kreditorenstammdaten über den Menüpunkt **Stammdaten → Kreditoren → Kreditorenstammdaten**.

2 Das Anlegen und Ändern von Mandanten- und Unternehmensdaten

Übung zum Kapitel 2

 Musterbestand:
für SKR 03: 29098/3200
für SKR 04: 29098/4200

Für Hubert Müller sollen folgende Konten geändert oder neu angelegt werden:

Sachkonten:

- 1200/1800 Sparkasse Nürnberg
- 8400/4400 Erlöse Polstermöbel 19%
- 8401/4401 Erlöse Gardinen 19%
- 8409/4409 Erlöse Montage 19%
- 8001/4001 Erlöse Reparaturen

Debitorenkonten:

- 10000 Kern, Siegfried, Kernlos 4, 85408 Gammelsdorf
- 10001 Mahler, Viktor, Mühlensteg 1, 92637 Weiden i.d.OPf.
- 10002 Winter, Stefan, Eisstraße 13, 90616 Neuhof
- 10003 Dobler, Gerda, Gerdasweg 2, 90403 Nürnberg
- 10004 France, Marcel, Avenue 321, 75857 Paris, Frankreich
- 10005 Maier, Egon, Kurze Straße 398, 84103 Postau
- 30000 Maiers Computersysteme, Festplatte 3, 90475 Nürnberg

Kreditorenkonten:

- 70000 Hoch, Albert, Tiefer Weg 13, 72361 Hausen
- 70001 Schäfer, Ute e.K., Hundsallee 11, 31195 Lamspringe
- 70002 Monika Koch GmbH, Kurzer Weg 234, 30916 Isernhagen
- 70003 Dachs KG, Wildweg 1, 91353 Hausen
- 70004 Rossini, Bruno, UStIdNr. IT 90528611834, Antipasti 1, 31100 Venedig, Italien
- 70005 Lincoln, Tom, Backstreet 2c, 56901 Washington, Vereinigte Staaten von Amerika
- 70006 Espan, Julio, Plaza Tapas 9, 28282 Madrid, Spanien
- 80000 Maiers Computersysteme, Festplatte 3, 90475 Nürnberg

Buchen der täglichen Geschäftsvorfälle

Dieses Kapitel zeigt Ihnen, wie das Buchen mit dem Programm „(Kanzlei-)Rechnungswesen pro" grundsätzlich funktioniert. Es führt in den Aufbau des Buchungsfensters und in verschiedene Buchungsmodi ein und erläutert das Erfassen der Buchungsdaten über die entsprechenden Eingabefelder am Bildschirm.

Inhalt

- Die Buchungsarten in „(Kanzlei-)Rechnungswesen pro"
- Grundlagen des Buchens mit „(Kanzlei-)Rechnungswesen pro"
- Das Buchen mit „(Kanzlei-)Rechnungswesen pro"
- Besonderheiten beim Buchen der Kasse
- Das Buchen von Vor- und Umsatzsteuer
- Das Buchen über Personenkonten (Offene-Posten-Buchführung)
- Das Buchen von Ein- und Ausgangsrechnungen im Buchungsmodus „Rechnungen buchen"
- Das Buchen von Warenrücksendungen
- Das Erfassen von aufzuteilenden Belegen
- Buchen elektronischer Bankkontoumsätze
- Das Buchen von Anlagegütern
- Besondere Buchungen der laufenden Buchungsperiode
- Erhaltene Anzahlungen

3 Buchen der täglichen Geschäftsvorfälle

3.1 Die Buchungsarten in „(Kanzlei-)Rechnungswesen pro"

Für das Buchen in „(Kanzlei-)Rechnungswesen pro" stehen Ihnen verschiedene Buchungsmöglichkeiten zur Verfügung:

- Beim **Belege buchen** wird jeder Buchungssatz einzeln eingegeben und sofort verarbeitet. Unter „verarbeiten" versteht man, dass die Buchungen in die Auswertungen einfließen. Verarbeitete Buchungen können jederzeit nachträglich geändert werden, sofern der Buchungsstapel noch nicht festgeschrieben ist. Das gleichzeitige Arbeiten von mehreren Mitarbeitern ist beim Belege buchen möglich.

- Beim **Stapelerfassen** werden die Buchungen nicht sofort in den Auswertungen dargestellt. Damit können Sie Buchungssätze beispielsweise von Mitarbeitern erfassen lassen, die beim Buchen keine Kontenblätter oder -salden sehen sollen. Außerdem können Sie die erfassten Buchungssätze kontrollieren, bevor diese in den Buchführungsbestand übernommen werden. Die Buchungssätze werden wie im Belege buchen erfasst. Sie starten die Stapelerfassung, indem Sie im Navigationsbereich **Buchführung → Belege buchen** aktivieren und dann im Fenster **Stapel auswählen** den Link **Neuen Buchungsstapel anlegen** nutzen und in der Gruppe **Erweitert** das Kontrollkästchen **Stapelerfassen** aktivieren.

- Die **Stapelverarbeitung** wird hauptsächlich zum Einlesen von Buchungssätzen aus anderen Programmen verwendet. So können hier z.B. Buchungen, die in einem Fakturaprogramm (= Programm zur Rechnungserstellung) erzeugt wurden, eingelesen werden. Die Stapelverarbeitung spielt auch beim automatischen Erstellen von Zahlungsausgleichsbuchungen beim Zahlungsvorschlag bzw. beim automatischen Buchen der Mahngebühren und -zinsen eine Rolle. Aus diesem Grund wird die Stapelverarbeitung in Kapitel 5.3 beschrieben.

- Buchungen, die sich in regelmäßigen Abständen wiederholen und für die es keinen natürlichen Beleg gibt, können einmalig als **Wiederkehrende Buchungen** erfasst und dann stichtagsbezogen beliebig oft verarbeitet werden.

3.2 Grundlagen des Buchens mit „(Kanzlei-)Rechnungswesen pro"

Anlegen eines Buchungsstapels

Unter einem **Buchungsstapel** werden artverwandte Buchungen einer Buchungsperiode zusammengefasst. Für einen Buchungszeitraum können beliebig viele Stapel angelegt werden. Der Übersichtlichkeit wegen ist es auch sinnvoll, dies zu tun. So können z.B. die Eingangsrechnungen einer Buchungsperiode in einem Stapel, die Ausgangsrechnungen einer Buchungsperiode in einem zweiten und die Bankbuchungen der Buchungsperiode in einem dritten Stapel gebucht werden. Damit Sie die Buchungsstapel hinterher auseinander halten können, sollte jeder Stapel eine aussagekräftige Bezeichnung erhalten.

Die jeweilige Buchungsperiode wird beim Anlegen des Buchungsstapels durch ein Anfangs- und ein Enddatum bestimmt. Das Enddatum bestimmt dabei, in welchem Buchungsmonat die Buchungen einfließen.

Buchen der täglichen Geschäftsvorfälle 3

Voraussetzung

Öffnen Sie den gewünschten Mandanten im Programm „(Kanzlei-)Rechnungswesen pro".

Funktion aktivieren

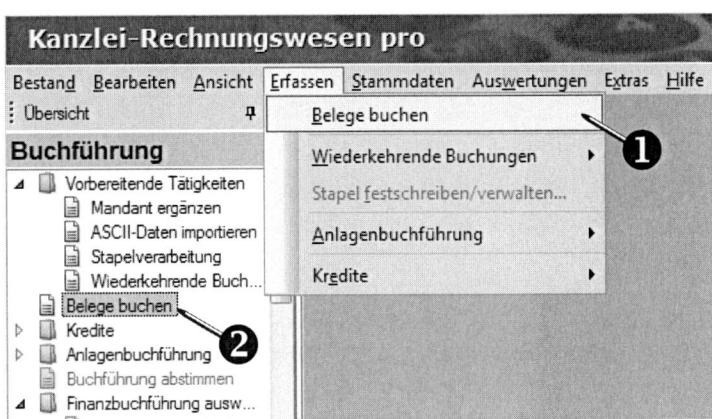

Aktivieren Sie das Dialogfenster **Neuen Buchungsstapel anlegen** über:

- den Menüpunkt **Erfassen → Belege buchen** ❶
- den Eintrag **Belege buchen** im Navigationsbereich ❷

Dialog & Interaktion

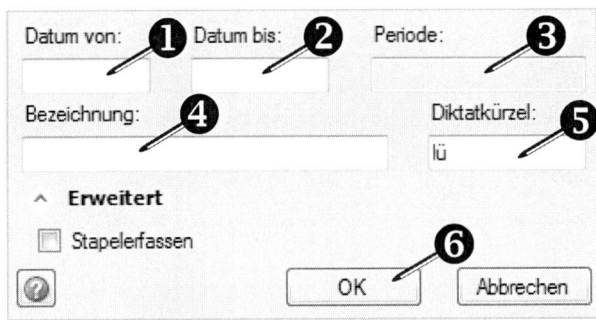

Datum von ❶. Geben Sie in dieses Feld das Anfangsdatum der Buchungsperiode ein, für die der Buchungsstapel angelegt werden soll. Möchten Sie den Monatsersten verwenden, so genügt es, wenn Sie die Monatszahl eingeben, z.B. die 1 für den Januar. Das Programm stellt automatisch den 01.01.2016 ein.

Datum bis ❷. Erfassen Sie hier das Enddatum der gewünschten Buchungsperiode. Möchten Sie den Monatsletzten eingeben, so genügt ebenfalls die Eingabe der Monatszahl (z.B. 1 für Januar). Das Programm stellt automatisch den 31.01.2016 ein.

Periode ❸. Dieses Feld wird automatisch mit dem Monat aus dem Feld **Datum bis** vorbelegt.

Bezeichnung ❹. Geben Sie in dieses Feld eine aussagekräftige Stapelbezeichnung ein.

Diktatkürzel ❺. Geben Sie in dieses Feld optional Ihr Diktatkürzel ein, um sich später eigene Buchungsstapel anzeigen lassen zu können.

Aktion beenden

Bestätigen Sie die Stapelneuanlage mit OK ❻.

3 Buchen der täglichen Geschäftsvorfälle

- **Hinweis:** Wenn bereits Buchungsstapel angelegt sind, erreichen Sie das Dialogfenster **Neuen Buchungsstapel anlegen** über den Link ❼ im Dialogfenster **Stapel auswählen**.

Der Aufbau des Arbeitsbereiches „Belege buchen"

Voraussetzung

Öffnen Sie einen Buchungsstapel.

Dialog & Interaktion

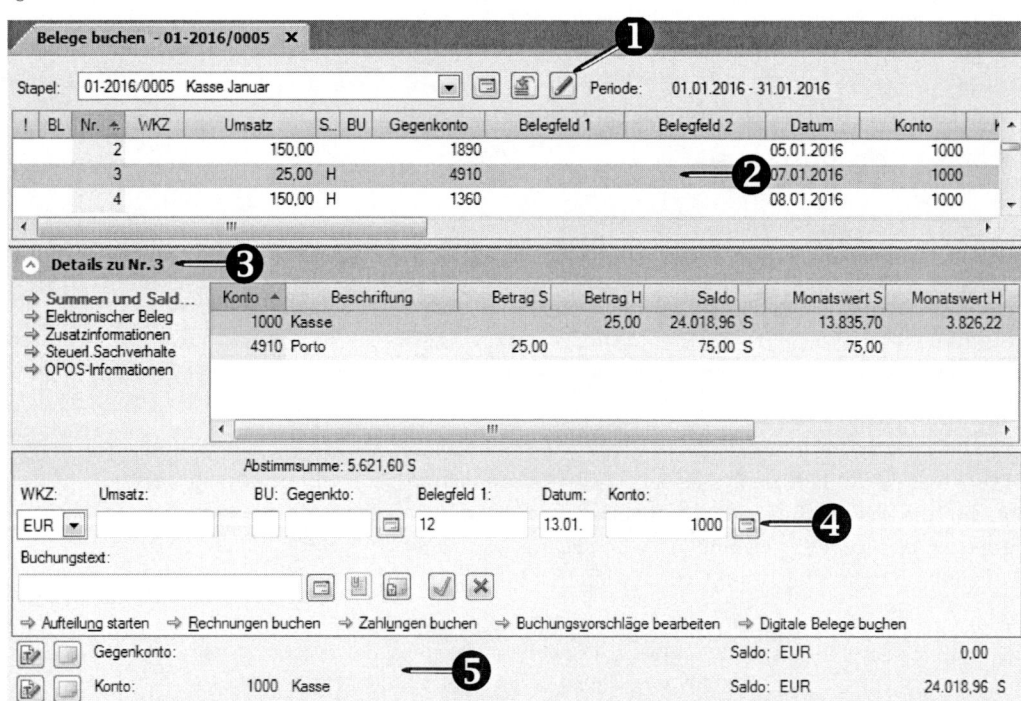

Stapelinformation ❶. Zeigt die Informationen an, die bei der Neuanlage des Buchungsstapels im Dialogfenster **Neuen Buchungsstapel anlegen** eingegeben wurden. Über die Stapelinformation haben Sie somit immer die Orientierung, in welchem Stapel Sie sich aktuell befinden.

Buchungsansicht ❷. Zeigt Standardmäßig die bereits erfassten Buchungen in der Chronologie der Buchungssatzeingabe. In der Symbolleiste oberhalb des Buchungsfensters können Sie die Buchungsansicht umgestalten:

3 Buchen der täglichen Geschäftsvorfälle

 In der **Primanotaansicht** sehen Sie alle Informationen des erfassten Buchungssatzes.

 Die **Fibu-Konto-Ansicht** zeigt Ihnen die Auswirkungen einer Buchung auf dem Fibu-Konto.

 Die **OPOS-Konto-Ansicht** zeigt Ihnen die direkte Auswirkung einer Buchung auf dem Personenkonto.

Detailansicht ❸. Zeigt einzelne Informationen zu einem eingegebenen Buchungssatz wie z.B. die Summen und Salden einer Buchung oder Informationen zu einem elektronischen Beleg.

Buchungszeile ❹. Die Buchungszeile dient der Buchungserfassung. Damit ein Buchungssatz gebucht werden kann, sind die Pflichtfelder **Umsatz, Gegenkonto, Datum** und **Konto** zwingend auszufüllen.

Die Buchungszeile können Sie individuell an Ihre Bedürfnisse anpassen (siehe unten).

Statusleiste ❺. Hier werden Ihnen die Salden der zuletzt gebuchten Konten angezeigt.

Buchungszeile anpassen

Die Buchungszeile können Sie nach Ihren eigenen Vorstellungen verändern, indem Sie eine vordefinierte Buchungszeile auswählen oder bestimmte Felder ein- oder ausblenden.

Voraussetzung

Sie befinden sich im Buchungsfenster des Mandanten.

Funktion aktivieren

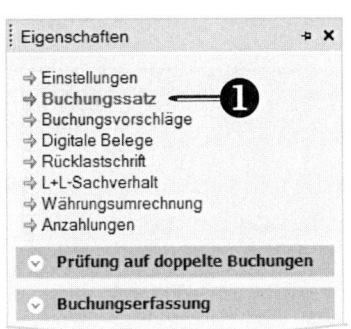

Aktivieren Sie im rechten Zusatzbereich den Link **Buchungssatz** ❶. Es öffnen sich weitere Kategorien der Eigenschaften. Scrollen Sie mit der Maus nach unten und klicken Sie auf **Optionale Erfassungsfelder**.

Dialog & Interaktion

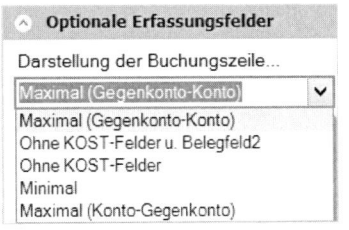

Wählen Sie unter **Darstellung der Buchungszeile** die Buchungszeile aus, die Ihren Anforderungen (weitestgehend) entspricht.

Hinweis: Wenn Sie die Buchungszeile **Maximal (Konto-Gegenkonto)** wählen, ist es sinnvoll, über den Link **Feldeinstellungen** (siehe unten) die Schleppfunktion für das Gegenkonto zu aktivieren und für das Konto zu deaktivieren.

3 Buchen der täglichen Geschäftsvorfälle

Optionale Erfassungsfelder. Hier können Sie festlegen, welche der optionalen Felder in der Buchungszeile angezeigt werden sollen. Deaktivieren Sie die Kontrollkästchen, um das gewünschte Feld auszublenden.

Hinweis: Wenn Sie im Bereich **Optionale Erfassungsfelder** alle Kontrollkästchen deaktivieren, bleiben nur noch die Pflichtfelder übrig (**Umsatz**, **Gegenkonto**, **Datum** und **Konto**), die das Programm zum Verarbeiten eines Buchungssatzes zwingend benötigt.

Über den Link **Feldeinstellungen** gelangen Sie zu dem gleichnamigen Dialogfenster. Hier können Sie über das Aktivieren bzw. Deaktivieren der Kontrollkästchen die Buchungszeile weiter individualisieren.

Unter **Anzeigen** ❶ entscheiden Sie, welche Felder in der Buchungszeile angezeigt werden.

Unter **Mussfeld** ❷ können Sie bestimmen, dass weitere Felder gefüllt sein müssen, bevor eine Buchung verarbeitet werden kann.

Ist das **Schleppfeld** ❸ aktiviert, wird es mit dem Wert aus der vorher verarbeiteten Buchung (für die folgende) Buchung vorbelegt. So kann i.d.R. der Erfassungsaufwand reduziert werden (siehe Seite 56)
.

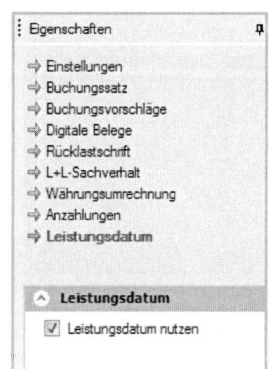

Für alle Eingangs- und Ausgangsrechnungen, bei denen das Leistungsdatum nicht mit dem Rechnungsdatum identisch ist, können Sie die Buchungszeile um das Feld Leistungsdatum erweitern.

Bei Ausgangsrechnungen ist das Leistungsdatum prinzipiell ausschlaggebend für die Entstehung der Umsatzsteuer und für den Ausweis in den betriebswirtschaftlichen Auswertungen. Das Rechnungsdatum ist Basis für die Ermittlung der Fälligkeit der Rechnung und somit die Grundlage für das fristgerechte Erzeugen von Lastschriften und / oder Mahnungen.

Bei Eingangsrechnungen ist das Rechnungsdatum ausschlaggebend für den Vorsteuerabzug und das Leistungsdatum für den Ausweis in den betriebswirtschaftlichen Auswertungen.

Wenn Sie ein vom Buchungsdatum abweichendes Leistungsdatum erfassen, werden Ihre Eingaben automatisch geprüft und die ggf. erforderlichen Abgrenzungsbuchungen erzeugt, um die Leistung, die Vorsteuer bzw. Umsatzsteuer den richtigen Buchungsperioden zu zuordnen. Dadurch wird sichergestellt, dass in der Umsatzsteuer-Voranmeldung und den Betriebswirtschaftlichen Auswertungen korrekte Werte ausgewiesen werden.

Buchen der täglichen Geschäftsvorfälle 3

Wichtige Funktionstasten beim Buchen

Um beim Buchen besonders schnell zwischen den einzelnen Eingabefeldern zu wechseln, verwenden Sie folgende Funktionstasten:

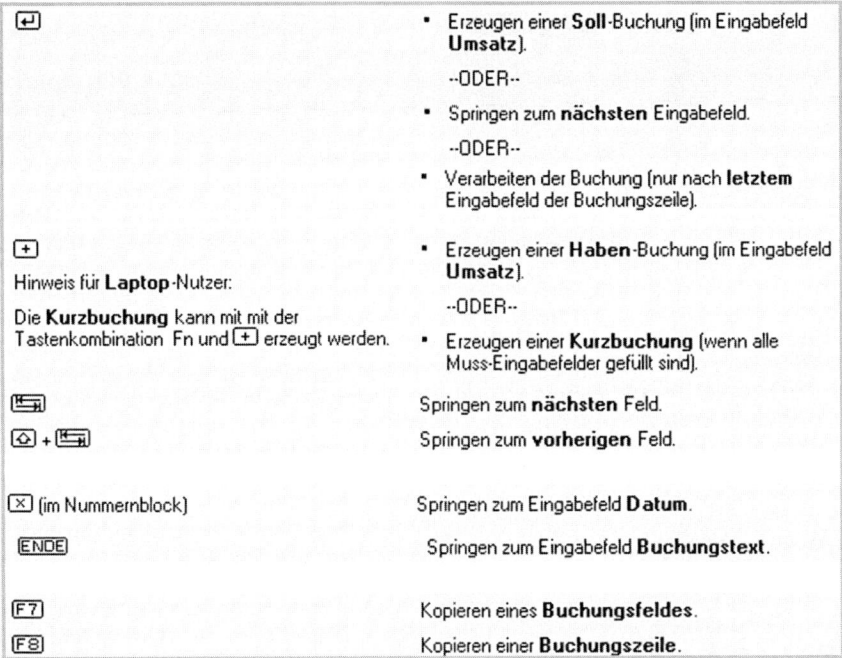

Soll- und Haben-Buchungen mit der Buchungszeile

Die Buchungszeile im Programm „(Kanzlei-)Rechnungswesen pro" ist auf ein schnelles Erfassen von Buchungssätzen ausgelegt. Auf Felder wie Soll- und Habenkonto wird daher verzichtet.

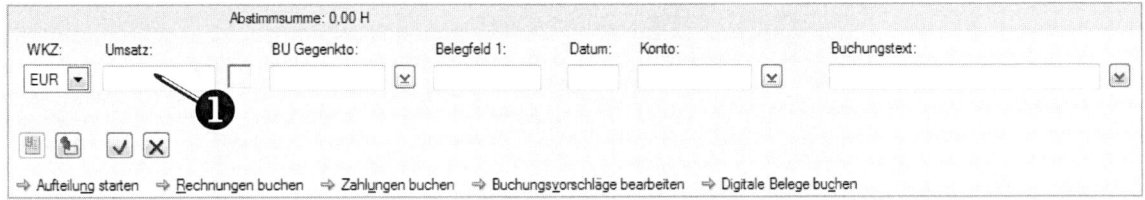

Welches Konto im **Soll** und welches im **Haben** gebucht wird, bestimmen Sie durch das Auslösen des Feldes **Umsatz** ❶:

- Wird das Feld **Umsatz** mit der **Enter-Taste** ausgelöst, so bewirkt dies eine Habenbuchung auf dem Konto, das im Feld **Gegenkonto** steht und eine Sollbuchung auf dem Konto im Feld **Konto**.

- Wird das Feld **Umsatz** mit der **Plus-Taste** ausgelöst, so bewirkt dies eine Sollbuchung auf dem Konto, das im Feld **Gegenkonto** steht und eine Habenbuchung auf dem Konto im Feld **Konto**.

3 Buchen der täglichen Geschäftsvorfälle

3.3 Das Buchen mit „(Kanzlei-)Rechnungswesen pro"

Erfassen von Buchungssätzen

Voraussetzung

Der Datenbestand des gewünschten Mandanten ist geöffnet.

Funktion aktivieren

Aktivieren Sie **Belege buchen** über:

- den Menüpunkt **Erfassen → Belege buchen**
- den Eintrag **Belege buchen** im Navigationsbereich

Wählen Sie den Buchungsstapel, in dem Sie die Buchungen eingeben möchten oder legen Sie einen neuen Stapel an (siehe Seite 50).

Dialog & Interaktion

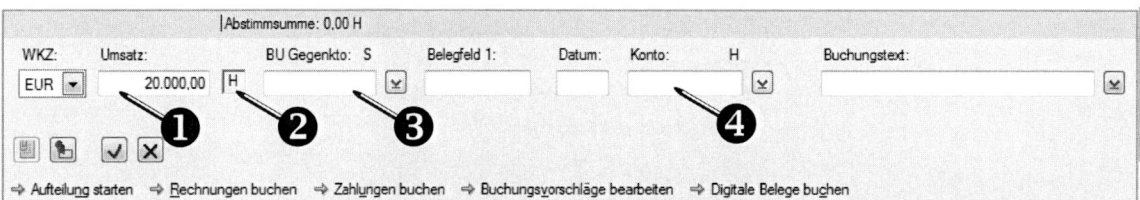

Umsatz ❶. Erfassen Sie den zu buchenden Betrag im Umsatzfeld. Wenn Sie dabei kein Komma eingeben, setzt das Programm nach dem Auslösen des Umsatzfeldes automatisch ein Komma vor die letzten beiden Ziffern und legt diese damit als Cent-Werte fest. Sie können das Komma auch manuell eingeben. Wenn Sie dabei hinter dem Komma nur eine Ziffer erfassen, wird automatisch eine Null angehängt.

Sie geben z.B. ein:	Das Programm übernimmt:
100000	1.000,00
1000	10,00
1000,00	1.000,00
1000,3	1.000,30

Bestätigen Sie die Eingabe im Umsatzfeld mit der Taste ↵ Enter, wenn Sie das im Kontofeld stehende Konto im Soll buchen möchten, oder mit der Taste +, wenn Sie das im Kontofeld stehende Konto im Haben buchen möchten. Neben dem Umsatzfeld wird nun ein **H** für „Haben" oder ein **S** für „Soll" angezeigt ❷. Dementsprechend wird auch über den Feldern **Gegenkonto** ❸ und **Konto** ❹ ein S bzw. H angezeigt.

Buchen der täglichen Geschäftsvorfälle 3

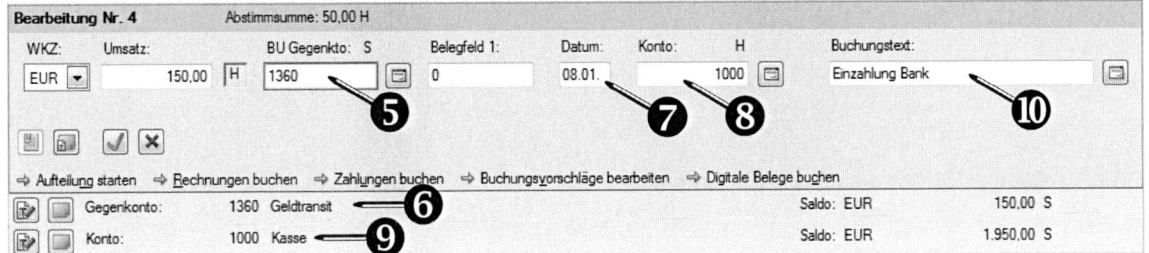

Gegenkonto ❺. Durch das Auslösen des Umsatzfeldes mit ⏎ Enter oder + haben Sie festgelegt, welches Konto im Haben und welches im Soll gebucht wird. Steht neben dem Feld **Gegenkonto** ein **S** für „Soll", so geben Sie hier das Konto ein, das im Soll gebucht wird. Steht neben dem Feld ein **H**, so geben Sie das Konto ein, das im Haben gebucht wird.

Das Gegenkonto wird nun auch in der Statusleiste mit Kontonummer und Bezeichnung angezeigt ❻.

Datum ❼. Erfassen Sie hier das Buchungs-/Belegdatum im vierstelligen Format „TagTagMonatMonat". Sofern der Buchungsstapel für einen Monat angelegt ist, genügt die Eingabe des Tagesdatums. Die Punkte nach Tag und Monat werden vom Programm automatisch ergänzt, können aber auch manuell von Ihnen eingegeben werden.

Konto ❽. Steht neben dem Feld **Konto** ein **S** für „Soll", so geben Sie hier das Konto ein, das im Soll gebucht wird. Steht neben dem Feld ein **H**, so geben Sie das Konto ein, das im Haben gebucht wird. Das Konto wird in der Statusleiste mit Kontonummer und Bezeichnung angezeigt ❾.

Buchungstext ❿. Geben Sie in dieses Feld einen aussagekräftigen Buchungstext ein.

Aktion beenden

Bestätigen Sie Ihre Eingaben und lösen die Buchung des Buchungssatzes aus durch:

- Betätigung der Taste ⏎ Enter, wenn sich der Cursor im letzten Feld der Buchungszeile befindet;
- Betätigung des Symbols **Übernehmen** ✓;
- die Tastenkombination Alt + Ü;
- Betätigung der +-Taste, wenn alle Pflichtfelder befüllt sind.

In der Statusleiste werden nun auch die aktuellen Salden der beiden angesprochenen Konten angezeigt.

3 Buchen der täglichen Geschäftsvorfälle

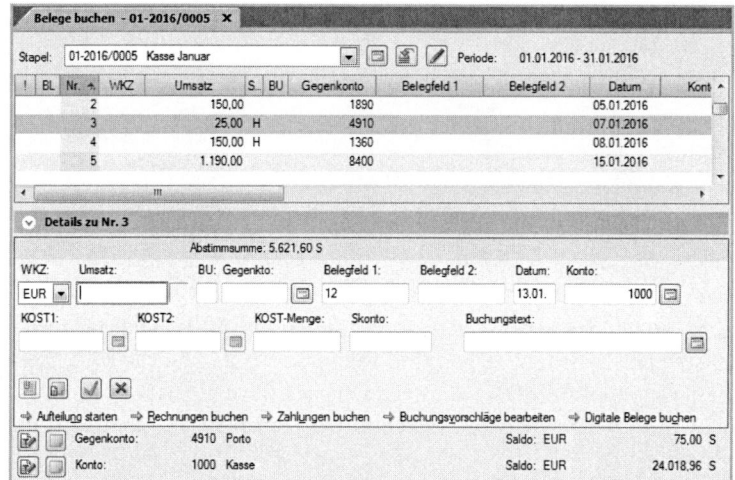

Der Buchungssatz wird nun im Anzeigenbereich angezeigt. Die Buchungszeile ist wieder geleert und es kann der nächste Buchungssatz eingegeben werden. In den Feldern **Datum** und **Konto** bleiben die vorangegangen Werte stehen, sodass diese beim nächsten Buchungssatz nicht mehr eingegeben werden müssen, sofern sich an den Werten nichts ändert. Man nennt diese Felder auch **Schleppfelder**, da sie den vorangegangenen Wert als Vorgabewert für die nächste Buchung gewissermaßen „mitschleppen".

Korrigieren eines erfassten Buchungssatzes

Solange ein Buchungssatz noch nicht festgeschrieben ist (siehe Seite 178), kann er jederzeit nachträglich korrigiert werden. Klicken Sie dazu in der Buchungsansicht doppelt auf den fehlerhaften Buchungssatz. Der Buchungssatz wird wieder in die Buchungszeile gestellt, wo Sie die entsprechenden Werte in den Eingabefeldern ändern können.

Summen und Salden einer Buchung kontrollieren

Mit Hilfe der Funktion **Summen und Salden einer Buchung** können Sie sehen, welche Auswirkung ein verarbeiteter Buchungssatz auf die Konten hat.

Voraussetzung

Sie befinden sich in dem Buchungsstapel, in dem die zu überprüfende Buchung erfasst wurde.

Funktion aktivieren

Aktivieren Sie im Arbeitsbereich **Belege buchen** die Detailansicht ❶ und klicken Sie auf den Eintrag Summen und Salden.

Buchen der täglichen Geschäftsvorfälle 3

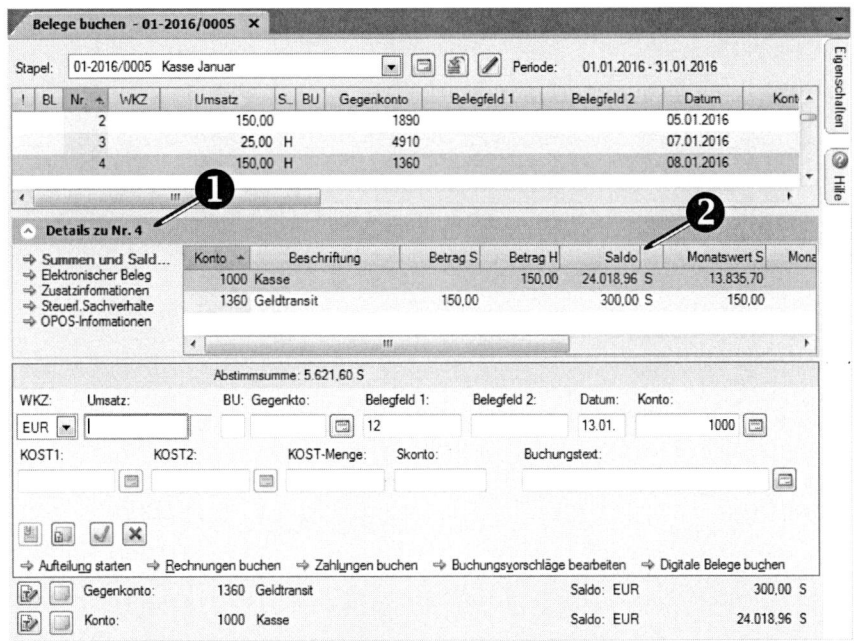

Sie sehen nun die Auswirkung der getätigten Buchung ❷ auf den angesprochenen Konten.

Aktion beenden

Minimieren Sie das Fenster **Detailansicht** ❶.

Anlegen und Ändern von Kontenbeschriftungen

Die Beschriftung eines Kontos kann entweder im Kontenplan geändert (siehe Seite 42) oder direkt beim Buchen angepasst werden.

Funktion aktivieren

Der gewünschte Buchungsstapel ist geöffnet. In der Buchungszeile ist ein Konto oder Gegenkonto eingegeben und wird in der Statuszeile angezeigt.

Funktion aktivieren

Aktivieren Sie das Dialogfenster **Konto neu anlegen / ändern** über das Symbol ❶ neben der jeweiligen Kontoanzeige in der Statusleiste. Sprechen Sie im Verlauf des Buchens ein Konto an, das nicht beschriftet ist, so öffnet sich das Dialogfenster automatisch.

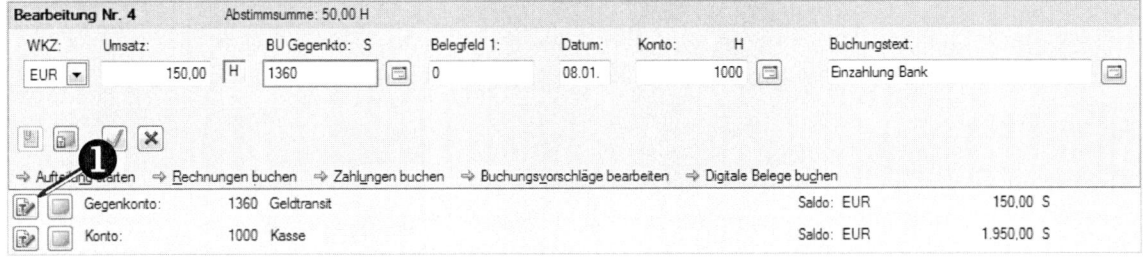

Dialog & Interaktion

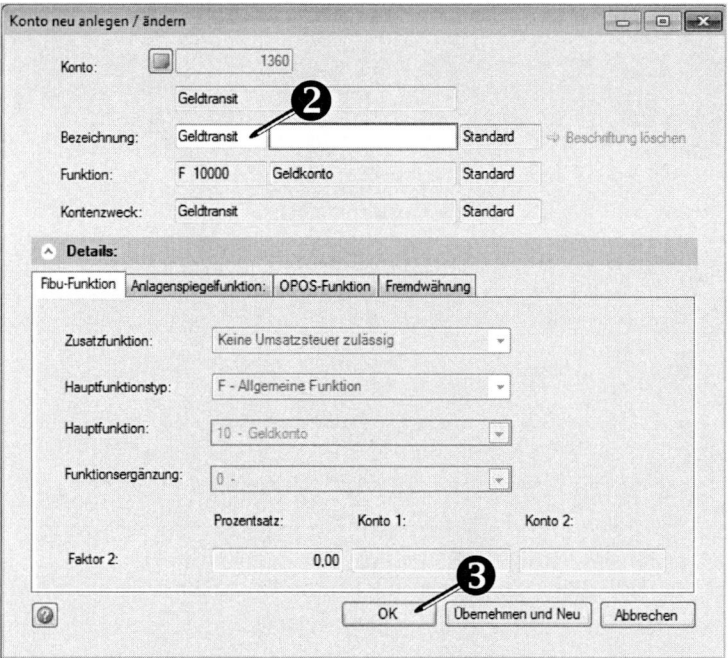

Bezeichnung ❷. Geben Sie hier die gewünschte Kontenbeschriftung ein. Wenn bereits eine Kontenbeschriftung vorhanden ist, können Sie diese einfach überschreiben. Die Kontenbeschriftung kann maximal 40 Zeichen lang sein. Nach der Eingabe von 20 Zeichen wechselt das Programm automatisch in das zweite Eingabefeld und fährt dort fort. Die Trennung in zwei Eingabefeldern erfolgt, da in manchen Auswertungen die Kontenbeschriftungen zweizeilig ausgegeben werden.

Aktion beenden

Bestätigen Sie die Eingabe mit **OK** ❸.

Für Hubert Müller sollen Eröffnungsbilanzbuchungen erfasst werden.

a) Legen Sie für die Buchungsperiode vom 01.01. bis 31.01. des aktuellen Jahres einen Buchungsstapel mit der Bezeichnung „Eröffnungsbilanzbuchungen" an.

b) Ändern Sie die Buchungszeile, so dass nur die Mussfelder, das Feld „Belegfeld 1" und der Buchungstext enthalten sind.

c) Buchen Sie im Buchungsstapel „Eröffnungsbilanzbuchungen" zunächst den EB-Wert für das aktive Bestandskonto „Geschäfts- und Firmenwert" (0035/0150) und anschließend den EB-Wert für das passive Bestandskonto „variables Kapital" (0880/2010). Nutzen Sie dabei für das Konto „Saldenvortrag" (9000/9000) die Schleppfunktion des Kontofeldes.

Übung zum Kapitel 3.3
Musterbestand:
für SKR 03: 29098/3303
für SKR 04: 29098/4303

Die Buchungssätze lauten:

Soll		an	Haben
0035/0150 Geschäfts- und Firmenwert	13.000,00	9000/9000 Saldenvortrag	13.000,00

Soll		an	Haben
9000/9000 Saldenvortrag	13.000,00	0880/2010 variables Kapital	13.000,00

d) Erfassen Sie im Buchungsstapel „Eröffnungsbilanzwerte" nachfolgende EB-Werte mit Belegdatum 01.01. Nutzen Sie dabei wie bisher für das Konto „Saldenvortrag" (9000/9000) die Schleppfunktion des Kontofeldes.

Datum	Kontenbezeichnung	Betrag	Sollkonto SKR 03	Habenkonto SKR 03	Sollkonto SKR 04	Habenkonto SKR 04
01.01.	Pkw	21.000,00	0320	9000	0520	9000
01.01.	Betriebsausstattung	17.350,00	0400	9000	0690	9000
01.01.	Kasse	2.000,00	1000	9000	1600	9000
01.01.	Forderungen aus LuL.	175,00	1410	9000	1210	9000
01.01.	Sonstige Vermögensgegenst.	2.000,00	1500	9000	1300	9000
01.01.	USt-Forderungen	1.500,00	1545	9000	1420	9000
01.01.	Bestand Waren	13.960,00	3980	9000	1140	9000
01.01.	Variables Kapital	28.285,00	9000	0880	9000	2010
01.01.	Verb. gegenüber Kreditinstitute	18.000,00	9000	0630	9000	3150
01.01.	Sparkasse Nürnberg	8.900,00	9000	1200	9000	1800
01.01.	Verb. Aus LuL	2.200,00	9000	1610	9000	3310
01.01.	Sonstige Verb.	600,00	9000	1700	9000	3500

3 Buchen der täglichen Geschäftsvorfälle

3.4 Besonderheiten beim Buchen der Kasse

Die Erfassung der Kasse erfolgt grundsätzlich nach denselben Regeln, wie alle anderen Buchungen im **Belege buchen**. Weitere Buchungsmodi werden Sie später noch kennenlernen.

Kassenminusprüfung aktivieren

Bei der Kassenerfassung werden Sie durch die Programmfunktion **Kassenminusprüfung** unterstützt.

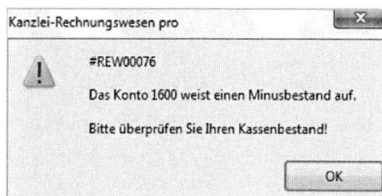

Da es in der Kasse keinen negativen Wert geben kann, unterstützt Sie „(Kanzlei-)Rechnungswesen pro" beim Buchen der Kasse mit einer Überprüfung, ob der Kassenbestand nach einer getätigten Buchung negativ ist. Ist dies der Fall, so werden Sie durch eine Hinweismeldung darauf aufmerksam gemacht.

Wenn Sie diese Funktion nutzen möchten, müssen Sie sie zunächst aktivieren.

Voraussetzung

Sie befinden sich in einem geöffneten Buchungsstapel.

Funktion aktivieren

Aktivieren Sie das Dialogfenster **Konto für Kassenminusprüfung auswählen** über:

- den Menüpunkt **Bearbeiten → Kassenminusprüfung**
- die Tastenkombination Strg + ⇧ Umschalt + K

Dialog & Interaktion

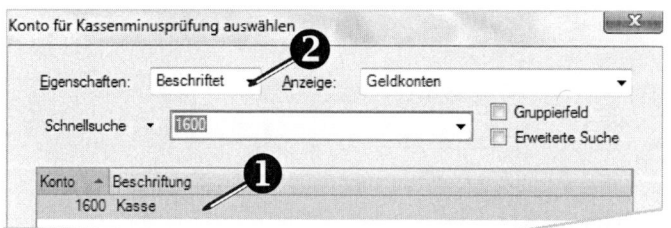

Kontoliste ❶. In diesem Fenster werden Ihnen alle vorhandenen Geldkonten zur Auswahl angezeigt. Über die Optionsfelder in den Bereichen **Eigenschaften** ❷ können Sie den Bereich der Konten eingrenzen, der Ihnen in der Liste angezeigt wird.

Konto wählen. Markieren Sie in der Liste das Geldkonto, für das Sie die Kassenminusprüfung durchführen möchten und betätigen Sie die Schaltfläche **OK**. Es öffnet sich das Dialogfenster **Startsaldo für Geldkonto**.

Buchen der täglichen Geschäftsvorfälle 3

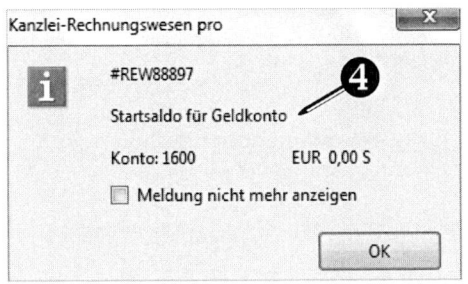

Startsaldo ❹. In diesem Fenster wird der aktuelle Saldo des gewählten Kontos angezeigt.

Aktion beenden

Bestätigen Sie diese Meldung mit **OK**. In der Buchungserfassung wird nun angezeigt, dass die Kassenminusprüfung für dieses Konto aktiviert ist ❺.

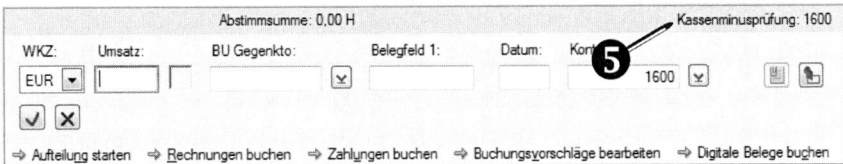

Natürlich können Sie die Kassenminusprüfung auch wieder deaktivieren. Klicken Sie dazu auf den Menüpunkt **Bearbeiten → Kassenminusprüfung**. Die Kassenminusprüfung wird nun nicht mehr in der Buchungserfassung angezeigt.

Saldenanzeige nutzen

Unterhalb der Buchungszeile werden Ihnen die Salden der in den Erfassungsfeldern erfassten Konten angezeigt. Diese Anzeige können Sie nutzen, um Fehler zu vermeiden.

Voraussetzung

Sie befinden sich in dem gewünschten Buchungsstapel.

Dialog & Interaktion

Erfassen Sie den ersten Buchungssatz.

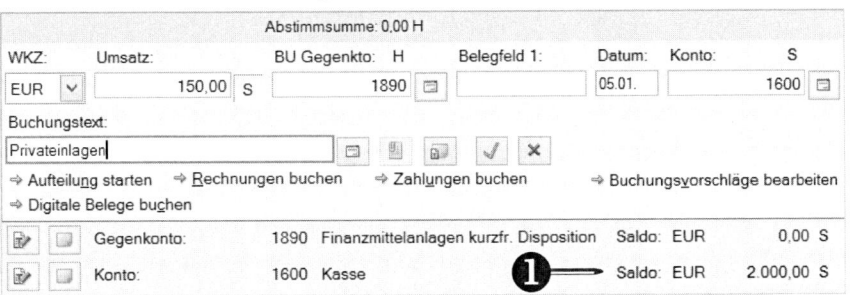

Der Saldo des Kontos Kasse wird angezeigt ❶ und kann mit dem Anfangssaldo des zu buchenden Kassenberichts verglichen werden. Buchen Sie den Kassenbericht und vergleichen Sie nach der letzten Buchung den Kassensaldo aus dem Kassenbericht mit dem gebuchten.

Wenn Sie andere Konten in den Erfassungsfeldern hinterlegen, ändert sich analog dazu auch die Anzeige der Kontensalden.

3 Buchen der täglichen Geschäftsvorfälle

Übung zum Kapitel 3.4

Musterbestand:
für SKR 03: 29098/3304
für SKR 04: 29098/4304

Für Hubert Müller sollen Kassenbuchungen erfasst werden.

a) Legen Sie einen Buchungsstapel „Kasse Januar".

b) Prüfen Sie, ob das Konto Kasse den korrekten Wert ausweist. Zum Beginn der Kassenerfassung hat die Kasse einen Bestand von 2.000,00 € ausgewiesen.

c) Aktivieren Sie die Kassenminusprüfung für das Konto „Kasse" (1000/1600).

d) Am 02.01. wurden Briefmarken mit einem Betrag von 25,00 € bar aus der Kasse bezahlt.

Der Buchungssatz lautet:

Soll		an	Haben	
4910/6800 Porto	25,00		1000/1600 Kasse	25,00

Buchen Sie diesen Geschäftsfall im Buchungsstapel „Kasse Januar" und geben Sie dabei zu Übungszwecken absichtlich den falschen Umsatz in Höhe von 2.500,00 € ein. Korrigieren Sie anschließend die Buchung auf den richtigen Umsatzbetrag.

e) Buchen Sie für die Firma folgende Kassenbelege im Buchungsstapel „Kasse Januar". Der Bestand der Kasse vor den nächsten Buchungen beträgt 1.975,00 €, nach der letzten Buchung beträgt er 1.950,00 €.

Datum	Buchungstext	Betrag	Soll-konto SKR 03	Haben-konto SKR 03	Soll-konto SKR 04	Haben-konto SKR 04
05.01.	Privateinlage	150,00	1000	1890	1600	2180
07.01.	Porto	25,00	4910	1000	6800	1600
08.01.	Geldtransit	150,00	1360	1000	1460	1600

3.5 Das Buchen von Vor- und Umsatzsteuer

Die Vor- und Umsatzsteuer wird im DATEV-System automatisch gebucht. Insbesondere für die Umsatzsteuerkonten ist das direkte Buchen nicht zu empfehlen, da diese Buchungen nicht zu einem Ausweis in der Umsatzsteuer-Voranmeldung führen. Für das automatische Berechnen und Buchen der Steuer bietet das Programm „(Kanzlei-)Rechnungswesen pro" zwei Möglichkeiten:

- das Buchen über Konten, die eine Automatikfunktion haben (Automatikkonten)
- das Buchen mit einem Steuerschlüssel (BU-Feld)

Das Buchen der Vor- und Umsatzsteuer über Automatikkonten

Im Programm „(Kanzlei-)Rechnungswesen pro" sind für die meisten umsatzsteuerlichen Tatbestände so genannte **Automatikkonten** hinterlegt, die

- aus einem eingegebenen Betrag automatisch die Steuer herausrechnen,
- Steuerbeträge auf bestimmten Steuerkonten sammeln und
- dafür sorgen, dass die Werte in die entsprechenden Kennzahlen der Umsatzsteuervoranmeldung gestellt werden.

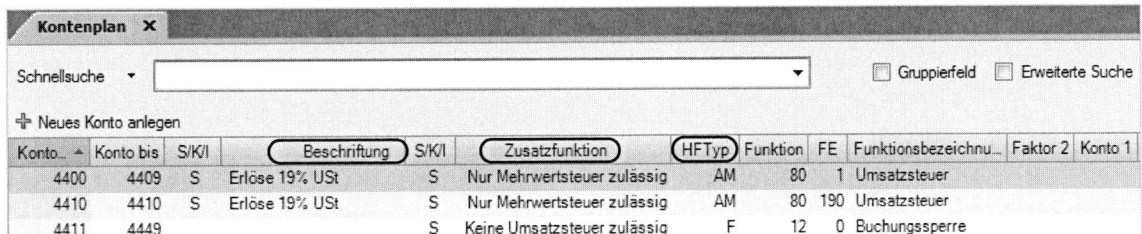

Diese Automatikkonten sind im Kontenplan mit einer entsprechenden **Beschriftung**, einer **Zusatzfunktion** und mit einer Angabe in der Spalte **HFTyp** gekennzeichnet. Der für die Steuerberechnung maßgebliche Steuersatz ist in der Kontenbeschriftung angegeben.

Bei Konten, die eine Umsatzsteuerrechnung zulassen, steht in der Spalte Zusatzfunktion **Nur Mehrwertsteuer zulässig**. Handelt es sich um ein Automatikkonto, das die Umsatzsteuerrechnung automatisch durchführt, so steht in der Spalte HFTyp ein **AM**.

Bei Konten, die eine Vorsteuerrechnung zulassen, steht in der Spalte Zusatzfunktion **Nur Vorsteuer zulässig**. Handelt es sich um ein Automatikkonto, das die Vorsteuerrechnung automatisch durchführt, so steht in der Spalte HFTyp ein **AV**.

3 Buchen der täglichen Geschäftsvorfälle

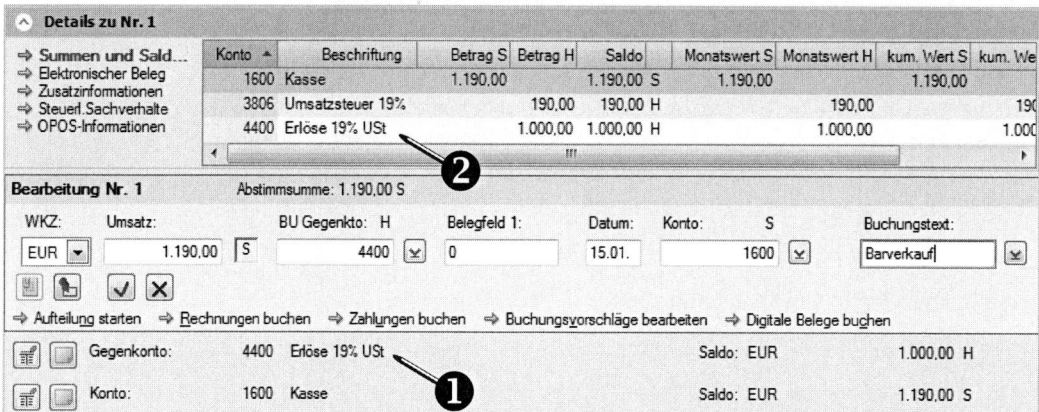

Da Sie beim Erfassen einer Buchung in der Buchungszeile lediglich die Kontonummern eingeben, sollten Sie stets auf die Statusleiste achten, in der die Bezeichnung des jeweiligen Kontos angezeigt wird ❶. Enthält die Kontenbezeichnung einen Prozentsatz, ist dies ein deutlicher Hinweis darauf, dass es sich um ein Automatikkonto handelt, das aus dem eingegebenen Bruttobetrag Steuern herausrechnet.

Wenn Sie die Buchung über ein Automatikkonto mit der Funktion **Summen und Salden einer Buchung** überprüfen (siehe Seite 58), können Sie sehen, dass drei Konten angesprochen wurden, obwohl Sie nur zwei Konten gebucht haben ❷. In der Abbildung ist z.B. zu erkennen, dass aus dem eingegebenen Bruttobetrag die Umsatzsteuer herausgerechnet und auf das dafür vorgesehene Sammelkonto gebucht wurde.

Das Buchen von Vor- und Umsatzsteuer über Steuerschlüssel

Konten, die zwar eine Umsatzsteuerrechnung zulassen, dies aber nicht automatisch berechnen, sind im Kontenplan in der Spalte Zusatzfunktion mit **Nur Mehrwertsteuer zulässig** oder **Nur Vorsteuer zulässig** gekennzeichnet. Die Spalte **HFTyp** ist leer. In der Kontenbeschriftung ist kein Prozentsatz angegeben.

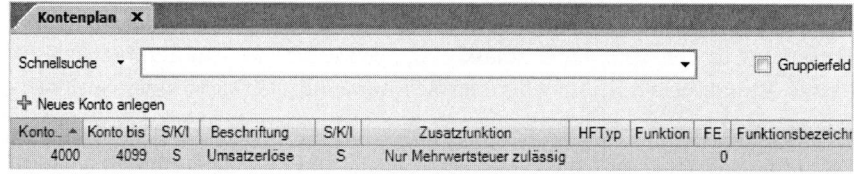

Will man beim Buchen dieser Konten eine Steuerrechnung erwirken, so muss in der Buchungszeile im Feld **BU** ein Steuerschlüssel eingegeben werden. Dazu empfiehlt es sich, die Buchungszeile so anzupassen, dass die Felder **BU** ❶ und **Gegenkonto** ❷ getrennt sind.

Buchen der täglichen Geschäftsvorfälle 3

Aktivieren Sie im rechten Zusatzbereich den Link **Buchungssatz**. Es öffnen sich weitere Kategorien der Eigenschaften. Scrollen Sie mit der Maus nach unten zu **Buchungserfassung**. Aktivieren Sie dort das Kontrollkästchen **Feld BU und Gegenkonto getrennt**.

Sofern Sie den korrekten Steuerschlüssel kennen, können Sie ihn beim Buchen direkt in das Feld **BU** der Buchungszeile eintragen. Das Programm bietet aber auch die Möglichkeit, den richtigen Schlüssel aus einer Liste zu wählen.

Voraussetzung

Sie befinden sich in dem gewünschten Buchungsstapel.

Funktion aktivieren

Geben Sie den Buchungsbetrag in das Feld **Umsatz** ein. Lösen Sie die Eingabe mit den Tasten ⏎ Enter oder + aus. Der Betrag wir übernommen und der Cursor steht im Feld **BU**.

Aktivieren Sie dann das Dialogfenster **Steuer-/Berichtigungsschlüssel auswählen** über die Tastenkombination ⇧ Umschalt + F3.

Dialog & Interaktion

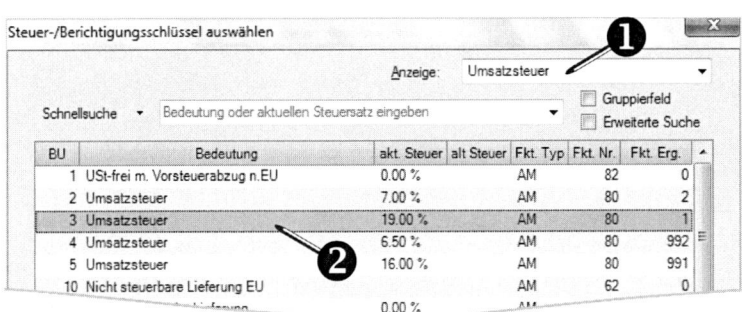

Anzeige ❶. Wählen Sie über diese Optionsfelder die entsprechende Umsatzsteuerart aus.

BU-Schlüssel wählen ❷. In der Liste werden alle Steuerschlüssel angezeigt, die die im Bereich ❶ festgelegte Steuerrechnung auslösen. Wählen Sie den passenden Steuerschlüssel aus und markieren Sie ihn in der Liste.

Aktion beenden

Bestätigen Sie Ihre Auswahl mit **OK**. Der gewählte Steuerschlüssel wird nun in das Feld **BU** der Buchungszeile übernommen.

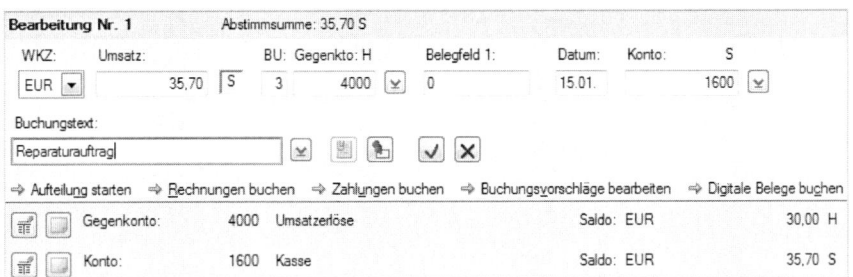

67

3 Buchen der täglichen Geschäftsvorfälle

Übung zum Kapitel 3.5

Musterbestand:
für SKR 03: 29098/3305
für SKR 04: 29098/4305

Für Hubert Müller sollen im Buchungsstapel „Kasse Januar" Buchungen mit Vor- bzw. Umsatzsteuer erfasst werden. Da alle Buchungen für die Kasse erfolgen, soll für das Konto „Kasse" (1000/1600) die Schleppfunktion des Kontofeldes genutzt werden. Die Abstimmsumme bei Buchungsbeginn beträgt 1.950,00 €.

a) Das Unternehmen verkauft am 15.01. ein Polstersofa zu einem Preis von 1.190,00 € inkl. 19% Umsatzsteuer. Der Betrag wurde in bar bezahlt. Buchen Sie den Erlös auf das Automatikkonto „Erlöse 19%" (8400/4400).

Der Buchungssatz lautet:

Soll			an		Haben
1000/1600	Kasse	1.190,00	8400/4400	Erlöse 19%	1.000,00
			1776/3806	Umsatzsteuer 19%	190,00

Kontrollieren Sie die Steuerrechnung mit der Funktion „Summen und Salden einer Buchung".

b) Am 17.01. wurde gelieferte Ware mit 38,00 € inkl. 19% Vorsteuer in bar bezahlt.
Buchen Sie den Geschäftsvorfall auf das Automatikkonto „Wareneingang 19% Vorsteuer" (3400/5400).

Der Buchungssatz lautet:

Soll			an		Haben
3400/5400	Wareneingang 19% Vorsteuer	31,93	1000/1600	Kasse	38,00
1576/1406	Vorsteuer 19%	6,07			

Kontrollieren Sie die Steuerrechnung mit der Funktion „Summen und Salden einer Buchung".

c) Ein Kunde holt am 18.01. sein repariertes Sofa ab. Er zahlt für die Reparatur 30,00 € + 5,70 € USt. in bar.

Der Buchungssatz lautet:

Soll			an		Haben
1000/1600	Kasse	35,70	8001/4001	Erlöse Reparaturen	30,00
			1776/3806	Umsatzsteuer 19%	5,70

Die benötigten Erlöskonten haben laut Kontenplan zwar eine Zusatzfunktion „Nur Mehrwertsteuer zulässig" aber keinen HFTyp AM. Damit beim Buchen die Umsatzsteuer automatisch berechnet und gebucht wird, muss in der Buchungszeile ein Steuerschlüssel eingegeben werden. Kontrollieren Sie die Steuerrechnung mit der Funktion „Summen und Salden einer Buchung".

d) Buchen Sie im Buchungsstapel „Kasse Januar" folgende weitere Buchungen. Achten Sie darauf, ob Sie einen Steuerschlüssel verwenden müssen oder nicht. Wählen Sie ggf. den richtigen Steuerschlüssel für das BU-Feld.

Datum	Beleg	Buchungstext	Betrag	Konto SKR 03	Konto SKR 04	Steuer
03.01.	1	Barverkauf	2.500,00	8400	4400	19% USt
03.01.	2	Barverkauf	1.350,00	8400	4400	19% USt
03.01.	3	Warenlieferung Fa. Maier	1.500,90	3400	5400	19% VSt
03.01.	4	Warenlieferung Fa. Müller	35,20	3400	5400	19% VSt
03.01.	5	Kauf einer Rechenmaschine	440,00	0485	0675	19% VSt
03.01.	6	Tankrechnung	65,00	4530	6530	19% VSt
03.01.	7	Briefmarken	25,00	4910	6800	0% VSt
03.01.	8	Geschenk Kunde	30,00	4630	6610	19% VSt
11.01.	9	Erlöse 19%	3.500,00	8400	4400	19% USt
12.01.	10	Wareneingang	1.000,00	3200	5200	19% VSt
12.01.	11	Bezugsnebenkosten	120,00	3800	5800	19% VSt
13.01.	12	Erlöse Reparaturen	350,00	8001	4001	19% USt

3.6 Das Buchen über Personenkonten (Offene-Posten-Buchführung)

Die Offenen-Posten-Buchführung (OPOS) ist eine Nebenbuchführung der Finanzbuchführung. Hierbei wird nicht direkt über Forderungs- und Verbindlichkeitskonten gebucht, sondern mit Personenkonten. Forderungen werden über **Debitorenkonten**, Verbindlichkeiten über **Kreditorenkonten** gebucht. Die Werte dieser Personenkonten werden dann automatisch vom Programm in die Hauptbuchhaltung übernommen und auf die entsprechenden Forderungs- und Verbindlichkeitskonten gebucht.

Der Einsatz der Offenen-Posten-Buchführung bietet Ihnen u.a. folgende Vorteile:

- Eine erweiterte Programmfunktionalität beim Buchen. So bietet Ihnen das Programm bei einer OPOS-Buchführung zwei weitere Buchungsmodi an oder greift bei Zahlungsbuchungen automatisch auf die Informationen der Rechnungsbuchung zu und kann so z.B. Skontobuchungen automatisch den richtigen Steuersatz zuordnen.
- Sie erleichtert die Pflege des Kontokorrents und hilft Ihnen bei der Überwachung der Forderungen und Verbindlichkeiten durch Ausgabe einer Offenen-Posten-Liste.
- Sie ist die Voraussetzung zum Erstellen von Mahnungen und Zahlungen.

Der Ausgleich eines offenen Postens

Ziel einer OPOS-Buchführung ist es u.a. eine aussagefähige Darstellung aller noch nicht erfolgten Zahlungs-Aus- und -Eingänge in der Offenen-Posten-Liste zu erhalten. Hier werden Rechnungen so lange angezeigt, bis sie ausgeglichen (= bezahlt) sind. Der Ausgleich eines offenen Postens erfolgt dabei über die Zuordnung einer Zahlung zu einer Rechnung mit Hilfe der Rechnungsnummer. Die Rechnungsnummer muss daher beim Buchen zwingend in das **Belegfeld 1** eingegeben werden. Nur wenn eine Rechnung und die dazugehörige Zahlung die gleiche Rechnungsnummer im **Belegfeld 1** haben, wird der offene Posten ausgeglichen.

Hinterlegung der Rechnungsfälligkeit

Damit die Offenen-Posten-Buchführung als Basis für das **Mahnwesen** und die Erstellung des **Zahlungsvorschlages** dienen kann, muss für jede Rechnung hinterlegt sein, wann sie zur Zahlung fällig ist. Diese Information zur **Fälligkeit** kann entweder im Stammdatendienst hinterlegt oder für jeden Buchungssatz einzeln im **Belegfeld 2** im Format TTMMJJ der Buchungszeile eingegeben werden. Im Regelfall wird die Fälligkeit in den Stammdaten hinterlegt und nur bei Abweichungen im Buchungssatz eingegeben. Das Programm verwendet die hinterlegten Fälligkeitsinformationen nach folgender Verarbeitungshierarchie:

1. Die Eingabe im Belegfeld 2 hat die höchste Priorität.
2. Die in den Debitoren- bzw. Kreditorenstammdaten hinterlegten Fälligkeitsinformationen haben Vorrang vor
3. den in den OPOS-Stammdaten hinterlegten Fälligkeitsinformationen.

Die Hinterlegung der Fälligkeitsinformationen im Stammdatendienst erfolgt durch die Zuordnung von **Zahlungsbedingungen**. Diese Zahlungsbedingungen müssen zuvor angelegt werden.

Buchen der täglichen Geschäftsvorfälle 3

Zahlungsbedingungen anlegen

Voraussetzung

Der gewünschte Mandant ist geöffnet.

Funktion aktivieren

Öffnen Sie den Stammdatendienst über den Menüpunkt **Stammdaten → Mandantendaten** und wählen im linken Navigationsbereich das Arbeitsblatt **OPOS**.

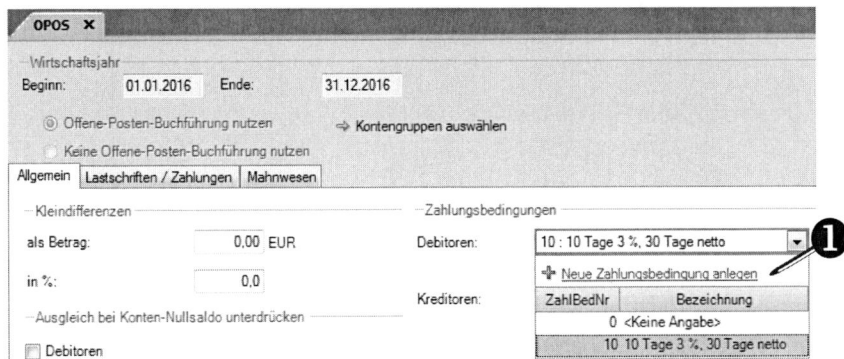

Aktivieren Sie das Dialogfenster **Neue Zahlungsbedingungen anlegen** ❶.

Dialog & Interaktion

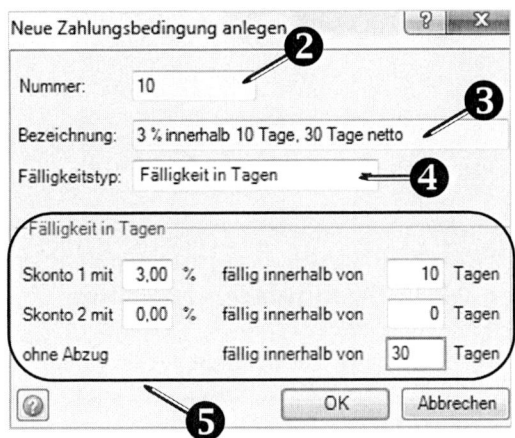

Zahlungsbedingungs-Nr. ❷. Um eine neue Zahlungsbedingung anzulegen, vergeben Sie in diesem Feld zunächst eine **Nummer**. Diese Nummer dient der Zuordnung zu den Stammdaten. Sie können hier Zahlungsbedingungs-Nummern zwischen 10 und 97 eingeben. Somit können Sie insgesamt 89 unterschiedliche Zahlungsbedingungen anlegen. Die nächste freie Nummer wird automatisch vorgeschlagen.

Bezeichnung ❸. Erfassen Sie in diesem Feld eine aussagekräftige Bezeichnung für die neue Zahlungsbedingung.

Fälligkeitstyp ❹. Über dieses Auswahlfeld legen Sie fest, ob die Fälligkeit über eine bestimmte Anzahl von Tagen ab Rechnungsdatum oder über ein festgelegtes Datum definiert werden soll.

Fälligkeit in Tagen ❺. Legen Sie über diese Eingabefelder die gewünschten Skontosätze mit den dazugehörigen Zahlungsfristen fest. Beachten Sie, dass das Programm in den Skonto-Feldern automatisch ein Komma vor die letzen beiden Stellen einfügt.

3 Buchen der täglichen Geschäftsvorfälle

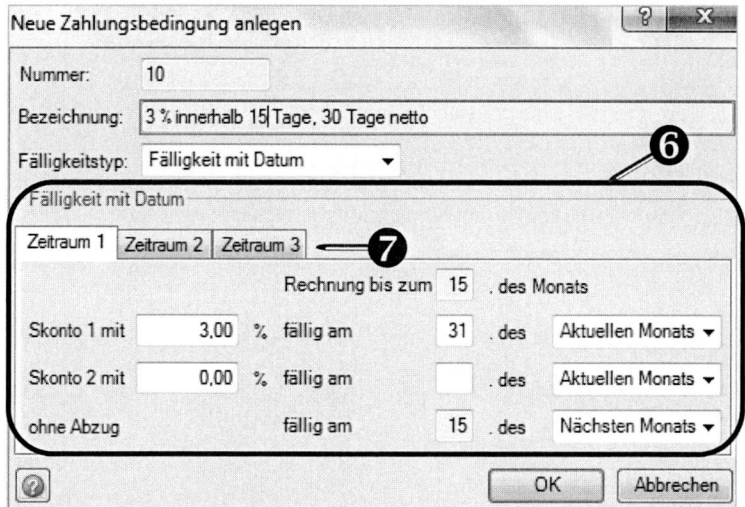

Fälligkeit mit Datum ❻. Eine Zahlungsbedingung als Typ **Fälligkeit mit Datum** ermittelt die Fälligkeit aufgrund von festen Datumsangaben. Dabei stehen bis zu drei Fälligkeitszeiträume (Zeitraum 1-3) ❼ zur Verfügung, mit denen Skonto- und Nettofälligkeit als Datumsangabe abhängig vom Rechnungsdatum definiert werden können.

In der Abbildung ist z.B. als Fälligkeit 1 festgelegt worden, dass eine Rechnungsbuchung mit einem Rechnungsdatum bis zum 15. des Monats am 15. des Folgemonats nettofällig und am 31. des aktuellen Monats mit 3,00% skontofällig ist.

Aktion beenden

Bestätigen Sie Ihre Eingabe mit **OK**. Die Bezeichnung der neu angelegte Zahlungsbedingung wird nun im Anzeigebereich des Arbeitsblatts **OPOS** aufgeführt.

Zahlungsbedingung in den OPOS-Stammdaten zuordnen

In den OPOS-Stammdaten können Sie festlegen, welche der hinterlegten Zahlungsbedingungen im Regelfall für die Berechnung der Fälligkeit herangezogen werden soll.

Voraussetzung

Der gewünschte Mandant ist geöffnet.

Funktion aktivieren

Öffnen Sie den Stammdatendienst über den Menüpunkt **Stammdaten → Mandantendaten** und wählen im linken Navigationsbereich das Arbeitsblatt **OPOS**.

Buchen der täglichen Geschäftsvorfälle 3

Dialog & Interaktion

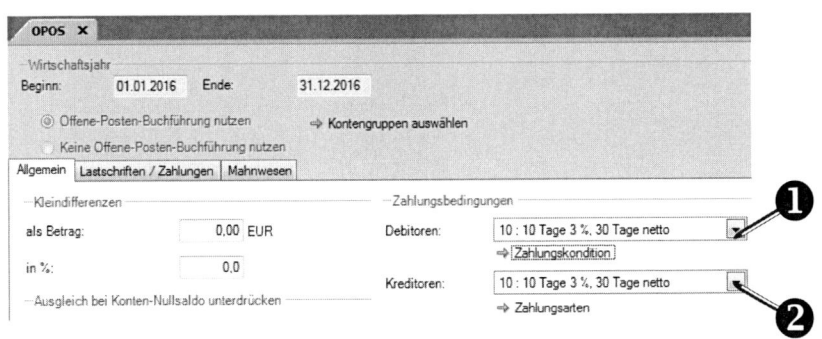

Debitoren ❶. Wählen Sie im Feld eine hinterlegte Zahlungsbedingung für die Debitoren aus.

Kreditoren ❷. Wählen Sie im Feld eine hinterlegte Zahlungsbedingung für die Kreditoren aus.

Aktion beenden

Speichern Sie Ihre Eingaben und verlassen Sie den Stammdatendienst.

- **Hinweis:** Die gespeicherten Zahlungsbedingungen gelten erst für Buchungen, die nach der Zuordnung der Zahlungsbedingungen eingegeben werden. Für vorherige Buchungen greifen diese Einstellungen nicht.

Zahlungsbedingung in den Debitoren- bzw. Kreditoren-Stammdaten zuordnen

Möchten Sie einem Debitor bzw. einem Kreditor eine von der im Stammdatendienst abweichende Zahlungsbedingung zuweisen, so können Sie dies im Debitoren- bzw. Kreditoren-Stammdatensatz tun.

Voraussetzung

Der gewünschte Mandant ist geöffnet.

Funktion aktivieren

Öffnen Sie die Debitoren- oder die Kreditorenstammdaten im Navigationsbereich. Aktivieren Sie das Dialogfenster durch Auswahl des gewünschten Debitoren oder Kreditoren.

3 Buchen der täglichen Geschäftsvorfälle

Dialog & Interaktion

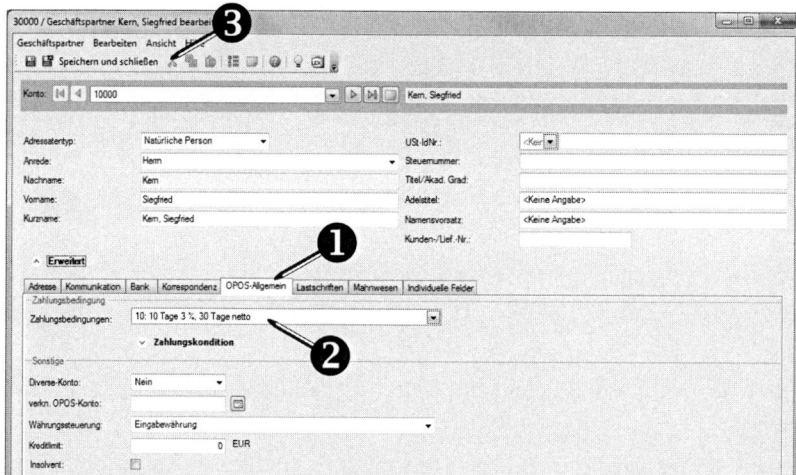

Register **OPOS Allgemein** ❶. Rufen Sie dieses Register zur Änderung der Zahlungsbedingung auf.

Zahlungsbedingungen ❷. Ordnen Sie über dieses Feld dem Personenkonto eine der hinterlegten Zahlungsbedingungen zu oder legen Sie eine neue Zahlungsbedingung an (siehe Seite 71).

Aktion beenden

Bestätigen Sie Ihre Eingabe mit der Schaltfläche **Speichern und Schließen** ❸.

Übung zum Kapitel 3.6

Musterbestand:
für SKR 03: 29098/3306
für SKR 04: 29098/4306

Für die Buchhaltung von Hubert Müller soll in den Stammdaten hinterlegt werden, dass die Eingangs- und Ausgangsrechnungen nach 30 Tagen fällig sind. Bei Zahlung innerhalb von zehn Tagen wird 2 % Skonto gewährt.

Legen Sie die Zahlungsbedingungen an und weisen Sie sie dann im Stammdatendienst den Debitoren und Kreditoren zu.

3.7 Buchen von digitalen Eingangsrechnungen

Die Eingangsrechnungen können eingescannt und in der zum Programmpaket gehörenden Dokumentenablage abgelegt werden. Anschließend werden sie in Rechnungswesen pro als digitale Belege gebucht. Das Belegbild wird dabei mit dem Buchungssatz verbunden. Einen Buchungssatz können Sie jeweils nur mit einer (Bild-)Datei verlinken.
Nach Abschluss der Buchungen geben Sie die Buchungsinformationen aus Rechnungswesen pro an die Dokumentenablage pro weiter.

3.7.1 Dokumentenkorb

Mit dem Dokumentenkorb greifen Sie auf ein Verzeichnis zu, in dem Sie Dokumente speichern, die Sie in der Dokumentenablage ablegen möchten. Der Dokumentenkorb unterstützt Sie vor allem, wenn Sie viele Dokumente indizieren und ablegen möchten. Diese Funktion ist auch dann hilfreich, wenn Dokumente (z. B. Eingangsrechnungen) gescannt wurden und später oder von anderen Mitarbeitern bearbeitet werden sollen. Mehrseitige Eingangsrechnungen, die nicht in einer Datei gespeichert wurden, können im Dokumentenkorb geheftet werden.

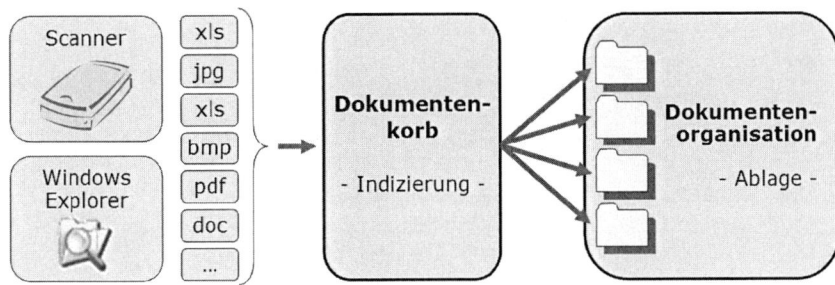

So öffnen Sie den Dokumentenkorb

1) Klicken Sie im DATEV-Arbeitsplatz pro auf die Navigationsschaltfläche Unser Unternehmen und wählen Sie den Eintrag Startseite.

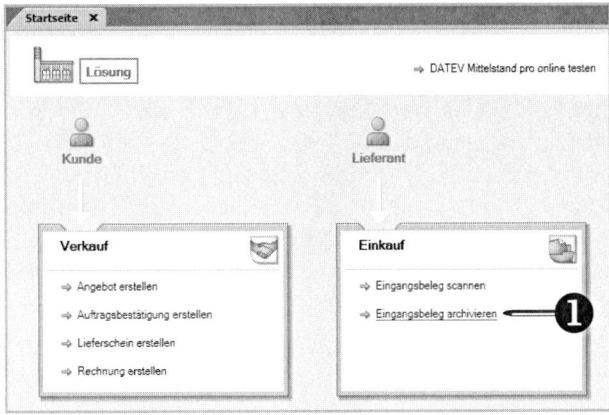

2) Klicken Sie auf den Link Eingangsbeleg archivieren ❶, um den Dokumentenkorb zu öffnen.

3) Klicken Sie auf das Symbol (Dateien importieren).

4) Stellen Sie im Dialogfenster Auswahl der Datei(en) für... das Verzeichnis ein, in dem Sie Ihre Dokumente eingescannt haben. Diese Einstellung bleibt erhalten,

3 Buchen der täglichen Geschäftsvorfälle

d. h., Sie müssen das Verzeichnis nicht jedes Mal aufs Neue einstellen, wenn Sie Ihre Dokumente immer im gleichen Verzeichnis speichern. Markieren Sie die zu importierenden Dokumente und bestätigen Sie mit **Öffnen**.

Die Dokumente des eingestellten Verzeichnisses werden geladen. Links öffnet sich eine verkleinerte Ansicht aller im Dokumentenkorb vorhandenen Dateien. In der Mitte wird das erste Dokument angezeigt. Rechts finden Sie die Felder zur Indizierung.

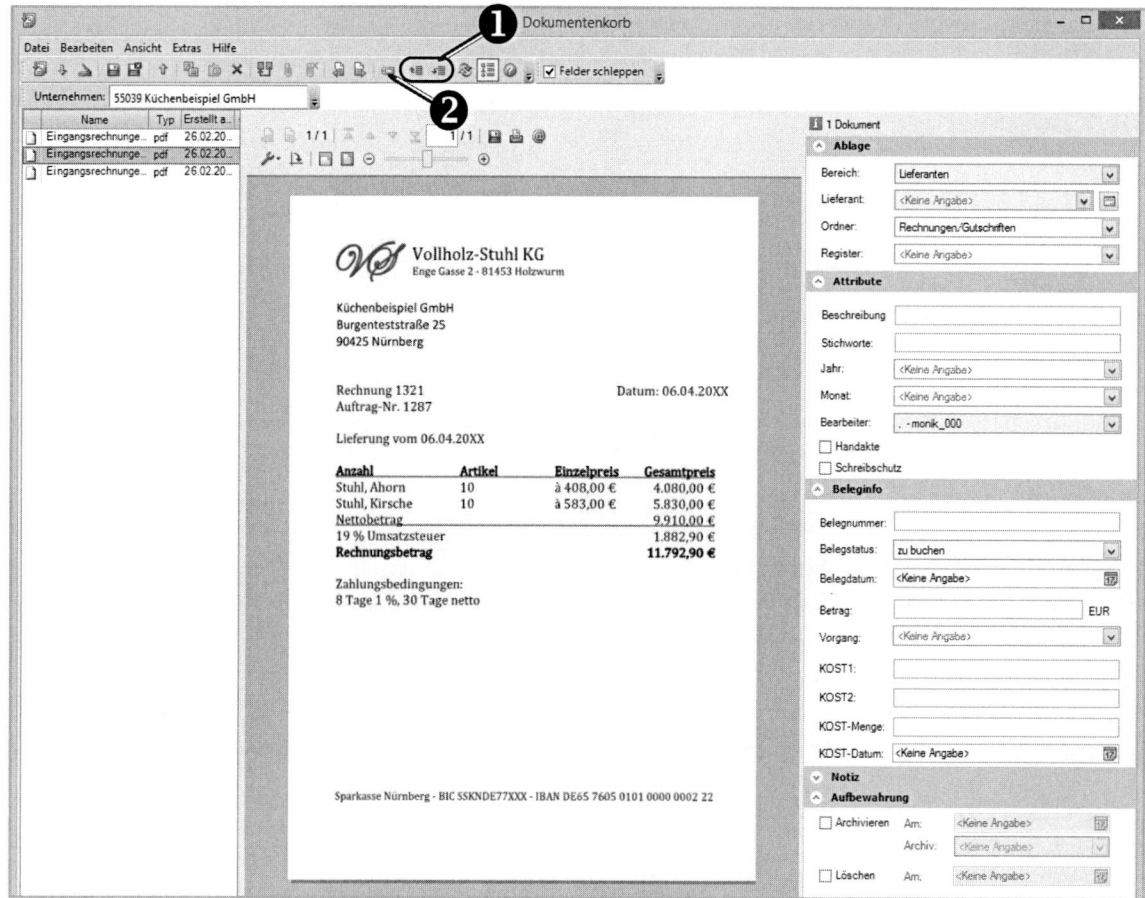

Wenn Sie die Reihenfolge ändern möchten, in der die Dokumente angezeigt werden, können Sie über die Symbole (**Dokument nach oben/unten verschieben**) ❶ die Seiten nach oben und unten verschieben. Möchten Sie zwei Bilder zu einem Dokument verbinden, markieren Sie diese und klicken auf das Symbol (**Heften**) ❷. Das Heften von Dokumenten ist nur möglich, wenn Sie als Dateiformat TIFF gewählt haben. Zuvor verbundene Seiten können Sie über das Symbol (**Trennen**) wieder trennen. Bei mehrseitigen Dokumenten erscheinen in der Symbolleiste die Symbole (**Blättern**).

3 Buchen der täglichen Geschäftsvorfälle

So indizieren Sie Dokumente

1) Geben Sie in den **Dokumenteigenschaften** an, wo der Beleg abgelegt werden soll (**Bereich, Ablage bei, Ordner, Register**).

2) Erfassen Sie nach Bedarf in den Feldern **Beschreibung, Stichworte, Jahr, Monat/Quartal** Informationen, anhand derer Sie das Dokument später suchen würden.

3) Füllen Sie bei buchungsrelevanten Belegen die Felder und Listen **Belegnummer, Belegstatus, Belegdatum** und **Betrag** aus. Wählen Sie den Eintrag **zu buchen** in der Liste **Belegstatus**, um den entsprechenden Beleg beim digitalen Belegbuchen in Rechnungswesen pro anzuzeigen. Die Kontonummer des Geschäftspartners und die Inhalte der Felder **Betrag, Belegnummer** und **Belegdatum** werden in den Buchungssatz übernommen.

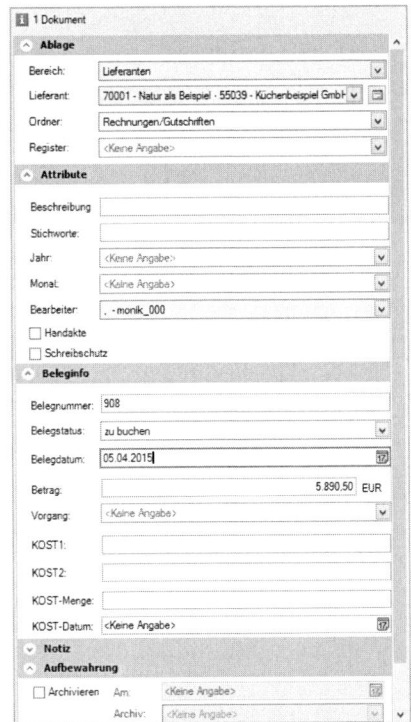

4) Schließen Sie die Indizierung dieses Dokuments mit **Ablegen**. Das indizierte Dokument erhält einen grünen Haken und die Vorschau springt auf das nächste Dokument. Die hinterlegten Dokumenteigenschaften werden - bis auf Belegnummer und Belegdatum - für das nächste Dokument vorbelegt.

5) Verfahren Sie genauso mit allen weiteren Dokumenten.

6) Klicken Sie auf **Schließen**, nachdem Sie alle gewünschten Dokumente indiziert haben.

Die bereits bearbeiteten Dokumente werden abgelegt. Die nicht verschlagworteten Dokumente verbleiben im Dokumentenkorb zur weiteren Bearbeitung.

Hinweis:
Die Option ☑ Felder schleppen in der gleichnamigen Symbolleiste bietet Ihnen die Möglichkeit, nur für ein Dokument Indizierungsinformationen zu hinterlegen und weitere Dokumente mit der identischen Information abzulegen.

7) Schließen Sie den Dokumentenkorb mit dem Menüeintrag **Datei → Beenden**.

Hinweis
Welche Möglichkeiten Ihnen die Dokumentenablage bietet und wie Sie mit ihr arbeiten erfahren Sie im Titel "DATEV für den Mittelstand".

3.7.2 Buchen digitaler Belege

Die Eingangsrechnungen, die in der Dokumentenablage abgelegt sind, werden in Rechnungswesen pro übernommen und im Stapel gebucht.

1) Starten Sie in DATEV Mittelstand pro auf der Startseite die Anwendung **Buchführung**, in dem Sie auf den Link **Eingangsrechnungen buchen** klicken.

3 Buchen der täglichen Geschäftsvorfälle

2) Öffnen Sie einen bestehenden Buchungsstapel oder legen Sie einen neuen Buchungsstapel an.

3) Wenn Sie erstmalig **Digitale Belege** buchen nutzen wollen, klicken Sie in den Eigenschaften auf den Link **Digitale Belege** und aktivieren die Option **DATEV/DMS Dokumentenablage**. Außerdem können Sie durch Aktivieren der entsprechenden Kontrollkästchen festlegen, dass die Buchungsinformationen beim Schließen der Belegerfassung an die Dokumentenablage übergeben werden bzw., dass die Buchungszeile geleert wird, bevor der nächste Beleg zur Bearbeitung aufgerufen wird (Aufhebung der Schleppfunktionen).

4) Klicken Sie auf den Link **Digitale Belege buchen** ❶.

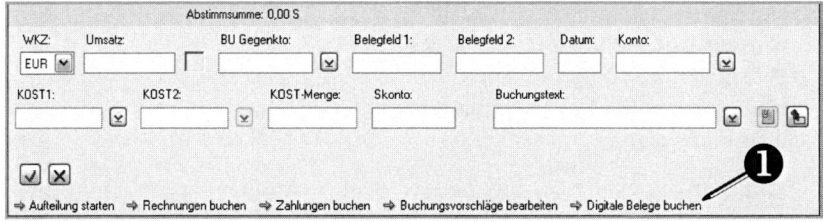

Bestätigen Sie die Hinweismeldung mit **OK**. Wenn Sie das Kontrollkästchen **Meldung nicht mehr anzeigen** aktiviert haben, wird dieser Hinweis künftig nicht mehr angezeigt.

Exkurs: Eigenschaften Digitale Belege

Wenn Sie den Link **Digitale Belege buchen** erstmalig nutzen, öffnet sich das Dialogfenster **Dokumentauswahl**.

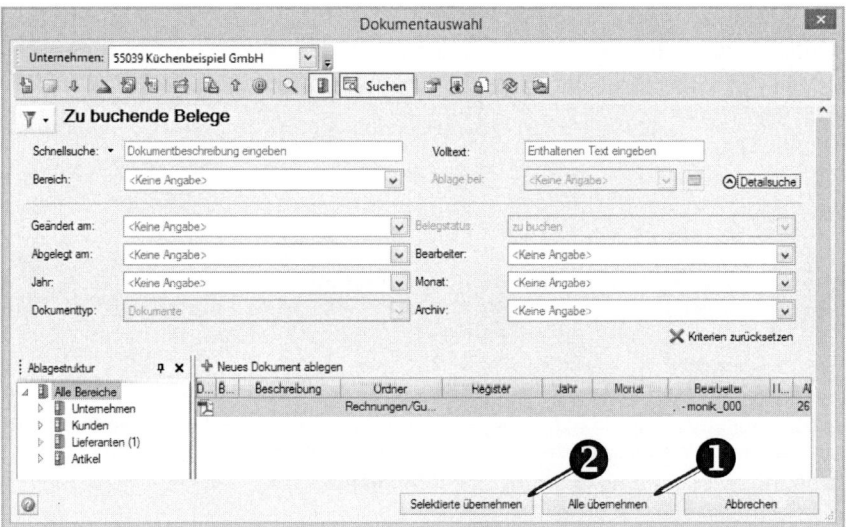

Hinweis:
In der **Detailsuche** konnen Sie durch entsprechende Einstellungen die Wahl der Dokumente weiter einschränken. Der Belegstatus **zu buchen** ist voreingestellt. Diesen Belegstatus stellen Sie bei der Verschlagwortung der gescannten Eingangsrechnungen ein (siehe Kapitel 2.3.4).

3) Klicken Sie auf **Alle übernehmen** ❶, wenn Sie alle angezeigten Belege in die Belegübersicht übernehmen möchten

oder

markieren Sie die Belege, die Sie übernehmen möchten, und klicken Sie auf **Selektierte übernehmen** ❷. Die Belege werden in der Belegubersicht zum Buchen angeboten. Wenn Sie im Dokumentenkorb den Betrag, den Lieferanten, die Belegnummer und das Belegdatum eingegeben haben, werden diese Angaben automatisch in den Buchungssatz übernommen.

4) Ergänzen Sie den Buchungssatz anhand des angezeigten Beleges.

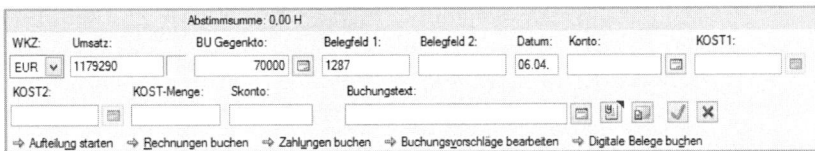

5) Drücken Sie auf ▫, um den Buchungssatz zu speichern. Im gespeicherten Buchungssatz erkennen Sie in der Spalte **BL** am Symbol ▫, dass der Beleg mit dem Buchungssatz verbunden ist.

6) Drücken Sie erneut auf ▫, um den nächsten Beleg anzuzeigen und zu buchen. Durch das Speichern des Buchungssatzes wird der Beleg als gebucht gekennzeichnet und/oder in ein anderes Register verschoben - je nachdem, welche Einstellungen Sie in den Eigenschaften hinterlegt haben (siehe Seite 78).

3.7.3 Lösen der Verbindung Buchungssatz-Beleg

Die Verbindung zwischen einem Buchungssatz und einem Belegbild können Sie nur lösen, wenn der Buchungssatz noch nicht festgeschrieben ist.

1) Klicken Sie dazu in der Übersicht unter **Buchführung** auf **Belege buchen**, um den Stapel zu öffnen.

2) Doppelklicken Sie in der Spalte **BL** auf das Symbol ▫ des entsprechenden Buchungssatzes, um das Belegbild zu öffnen.

3) Klicken Sie auf ▫

Sie sehen, an welcher Stelle der Beleg in der Dokumentenablage abgelegt ist. Ändern Sie ggf. den Belegstatus wieder von **gebucht** auf **zu buchen** ❶, wenn der Beleg später erneut gebucht werden muss:

3 Buchen der täglichen Geschäftsvorfälle

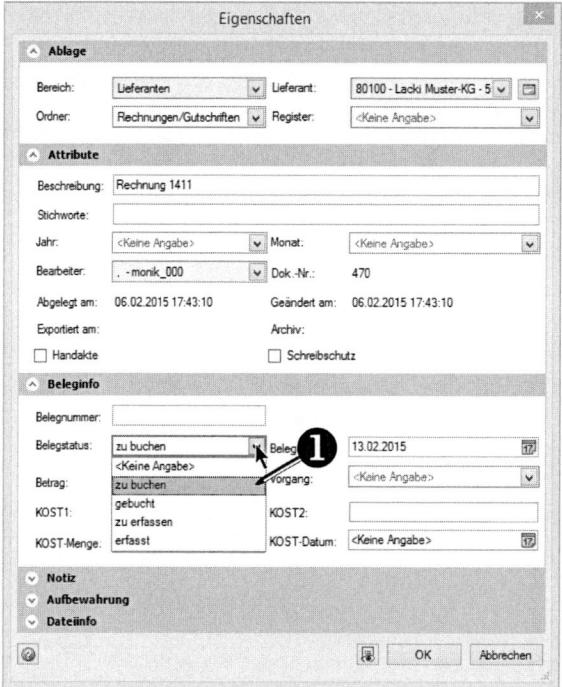

4) Bestätigen Sie Ihre Änderungen mit **OK** und schließen Sie das Fenster **Anzeige Digitaler Beleg (Belege buchen)**.

5) Doppelklicken Sie auf den Buchungssatz, um ihn in die Erfassungszeile zu übernehmen.

6) Klicken Sie mit der rechten Maustaste in das Bearbeitungsfeld der Buchungszeile und wählen Sie im Kontextmenü **Belegverknüpfung löschen**.

7) Beantworten Sie die Frage, ob Sie die Belegverknüpfung wirklich löschen möchten, mit **Ja**.

8) Klicken Sie auf das Symbol ✓, um die Buchung zu übernehmen.

3.7.4 Dokumente nachträglich mit Buchungssätzen verbinden

Der Buchungssatz ist bereits erfasst. Nun möchten Sie diesen Buchungssatz nachträglich mit einem Beleg oder Dokument verbinden. Sie können die Verbindung zwischen Buchungssatz und Belegbild nachträglich nur herstellen, wenn der Buchungssatz noch nicht festgeschrieben ist.

1) Klicken Sie dazu in der Übersicht unter **Buchführung** auf **Belege buchen**, um den Stapel zu öffnen.

2) Klicken Sie auf den Link **Digitale Belege buchen**.

3) Suchen Sie im Dialogfenster **Dokumentauswahl** den entsprechenden Beleg, markieren Sie ihn und klicken Sie auf **Selektierte übernehmen**.

4) Doppelklicken Sie auf den Buchungssatz, den Sie mit dem Beleg oder Dokument verbinden möchten, um ihn in die Erfassungszeile zu übernehmen.

5) Doppelklicken Sie auf den Beleg in der Belegübersicht.

3 Buchen der täglichen Geschäftsvorfälle

6) Klicken Sie im digitalen Beleg auf **mit Buchung verbinden**.

7) Klicken Sie auf **als gebucht markieren**, wenn es sich um einen Beleg handelt, der den Belegstatus **gebucht** erhalten soll.

8) Klicken Sie auf das Symbol ✓, um die Buchung zu übernehmen.

3.7.5 Buchungsinformationen an Dokumentenverwaltung übergeben

Wenn Sie alle Belege gebucht und den Stapel geschlossen haben, übergeben Sie die Buchungsinformationen aus der Finanzbuchführung in die Dokumentenablage. Das können Sie entweder sofort beim Schließen des Buchungsstapels oder durch Aufrufen der entsprechenden Funktion tun. Sie sehen dadurch beispielsweise in der Schnellinfo Dokumente oder in den Dokumenteigenschaften des jeweiligen Beleges sofort, wie der Beleg gebucht wurde.

So stellen Sie die automatische Übergabe beim Schließen des Buchungsstapels ein

Setzen Sie für die Einstellung des Buchungsstapels voraus, dass ein Buchungsstapel geöffnet ist.

1) Öffnen Sie im Zusatzbereich rechts die Registerkarte **Eigenschaften**.

2) Klicken Sie auf **Digitale Belege**, um die Eigenschaften für das digitale Belegbuchen zu öffnen.

3) Aktivieren Sie das Kontrollkästchen **Buchungsinformationen beim Schließen der Belegerfassung übergeben an**.

4) Aktivieren Sie das Kontrollfeld **DATEV DMS/Dokumentenablage**.

5) Wenn Sie während des Buchens mindestens einen digitalen Beleg erfasst oder eine Buchung mit verbundenem Beleg geändert haben, wird im Dialogfenster **Erfassung beenden** das Kontrollkästchen **Buchungsinformationen übergeben (DATEV DMS/Dokumentenablage)** automatisch aktiviert; möchten Sie die Informationen nicht übergeben, können Sie das Kontrollkästchen deaktivieren

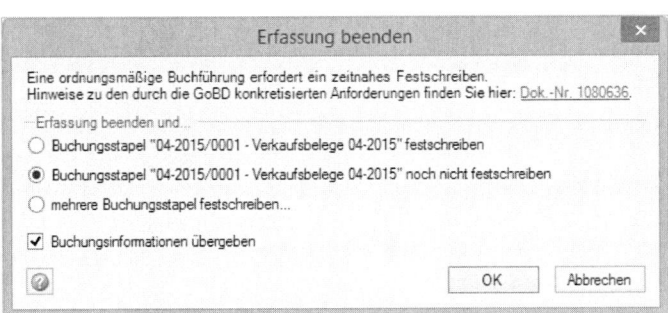

So übergeben Sie die Buchungsinformationen aus der Finanzbuchführung in die Dokumentenablage

Wenn Sie die Buchungsinformationen nicht sofort beim Beenden der Stapelerfassung übergeben, können Sie dies auch im Rahmen der abschließenden Tätigkeiten erledigen.

1) Klicken Sie in Rechnungswesen pro in der Übersicht unter **Buchführung** auf **Abschließende Tätigkeiten** und doppelklicken Sie auf **Buchungsinformationen übergeben**; das entsprechende Dialogfenster erscheint:

2) Bestätigen Sie die Voreinstellungen mit **OK**. Von neuen und seit dem letzten Export geänderten Buchungsstapeln werden Buchungsinformationen an **DATEV-DMS/Dokumentenablage** übergeben. Sie erhalten eine Bestätigung, dass die Übergabe der Buchungsinformationen abgeschlossen ist und eine Information, wie viele Dokumente mit Buchungsinformationen ergänzt wurden.

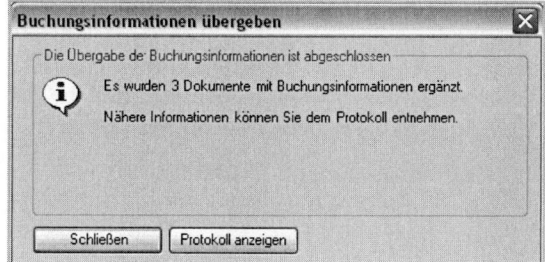

3) Klicken Sie auf **Schließen**, um die Übergabe der Buchungsinformationen zu beenden. Die Buchungsinformationen zum Beleg werden in der Übersicht der Dokumente und in den Dokumenteigenschaften des jeweiligen Beleges angezeigt:

Buchen der täglichen Geschäftsvorfälle   3

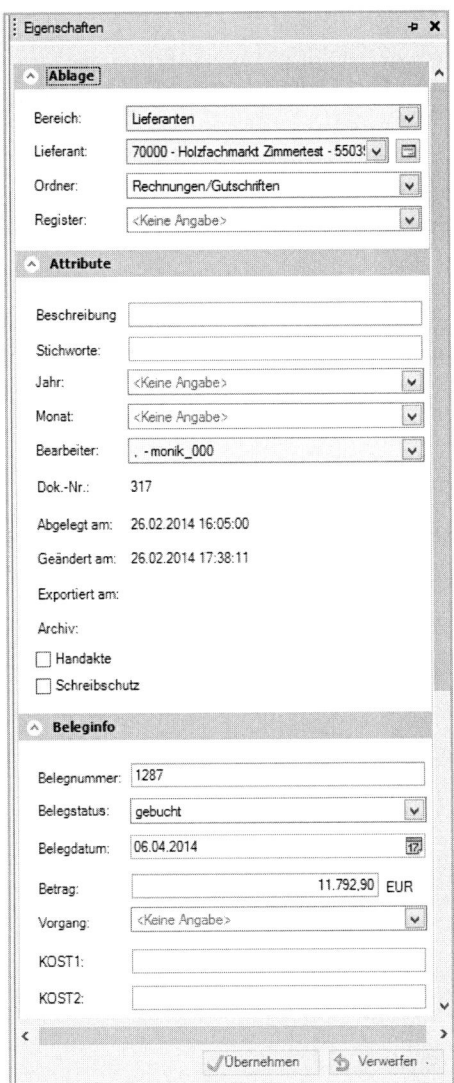

3 Buchen der täglichen Geschäftsvorfälle

3.8 Buchen von Ausgangsrechnungen

Auf den folgenden Seiten erfahren Sie, wie Sie die Ausgangsrechnungen und die daraus resultierenden Buchungen automatisch in das Rechnungswesen übernehmen können.

3.8.1 Belege an die Finanzbuchführung weitergeben

Rechnungen und Gutschriften, die Sie im Auftragswesen erstellen, geben Sie an die Finanzbuchführung weiter, damit sie dort gebucht werden. Wenn Sie die Belege zeitnah an die Finanzbuchführung übergeben, haben Sie jederzeit eine aktuelle Offene-Posten-Liste. Das erleichtert Ihnen die Überwachung der Forderungen und ermöglicht fristgerechtes Mahnen, um die Außenstände gering zu halten.

So geben Sie die Belege an die Finanzbuchführung weiter

1) Klicken Sie im Auftragswesen auf die Navigationsschaltfläche **Verkauf** und wählen Sie in der Übersicht **Abschließende Tätigkeiten → Belege zum Buchen bereitstellen**.

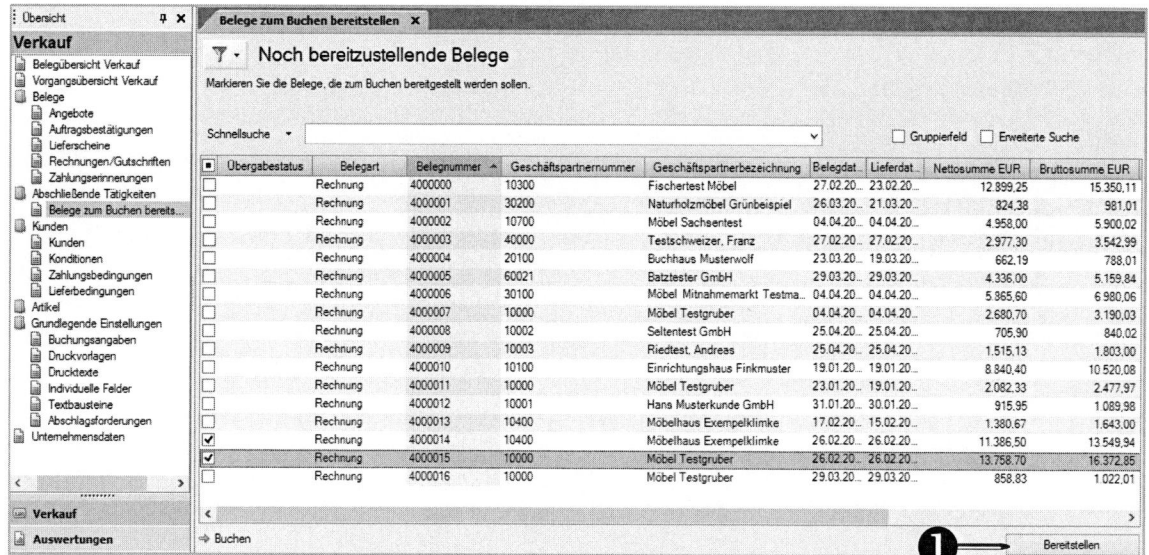

Hinweis:
Bei Rechnungen oder Gutschriften, die Sie noch nicht übergeben möchten, deaktivieren Sie das entsprechende Kontrollkästchen.

2) Klicken Sie auf **Bereitstellen** ❶.

3) Sie erhalten das Dialogfenster **Belege zum Buchen bereitstellen – Ergebnis der Übergabe**. Prüfen Sie das Übergabeprotokoll und klicken Sie anschließend auf **Schließen**.

Buchen der täglichen Geschäftsvorfälle 3

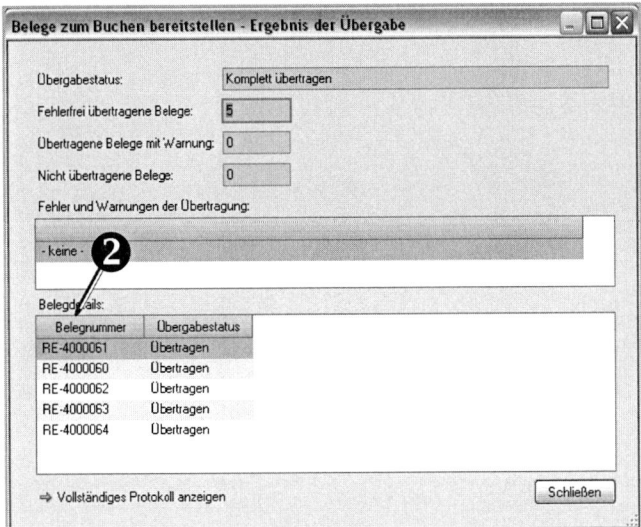

4) Die bereitgestellten Belege erhalten in der Spalte **Übergabestatus** ❷ den Status **Übertragen**. In der Spalte **Übergeben** ❸ werden sie mit einem Häkchen gekennzeichnet.
Die als übergeben gekennzeichneten Belege stehen jetzt in der Finanzbuchführung als Stapel zur Verarbeitung bereit.

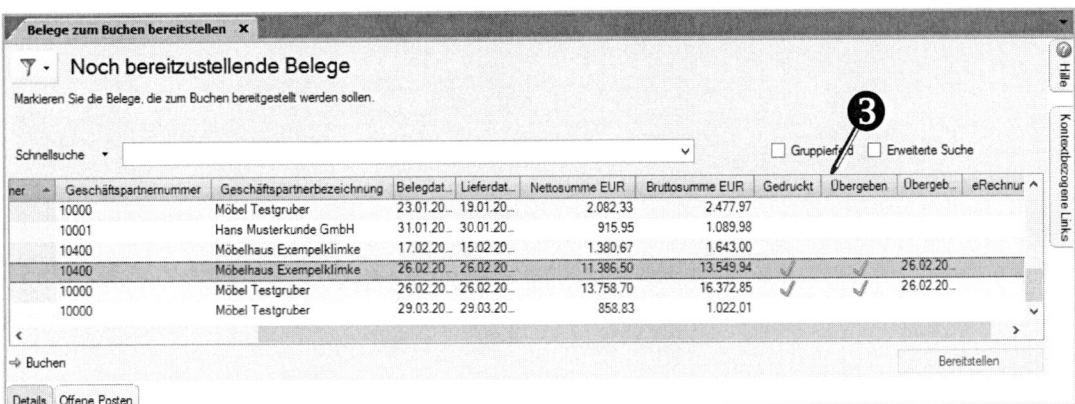

3.8.2 Belege in der Finanzbuchführung verarbeiten

Die Belege aus Auftragswesen werden als Stapel an die Finanzbuchführung übergeben. Der Stapel muss verarbeitet werden, um die Belege zu buchen.

1) Klicken Sie in der noch geöffneten Registerkarte **Belege zum Buchen bereitstellen** auf den Link **Buchen** ❶. Es öffnet sich das Dialogfenster **Stapelverarbeitung**.

85

3 Buchen der täglichen Geschäftsvorfälle

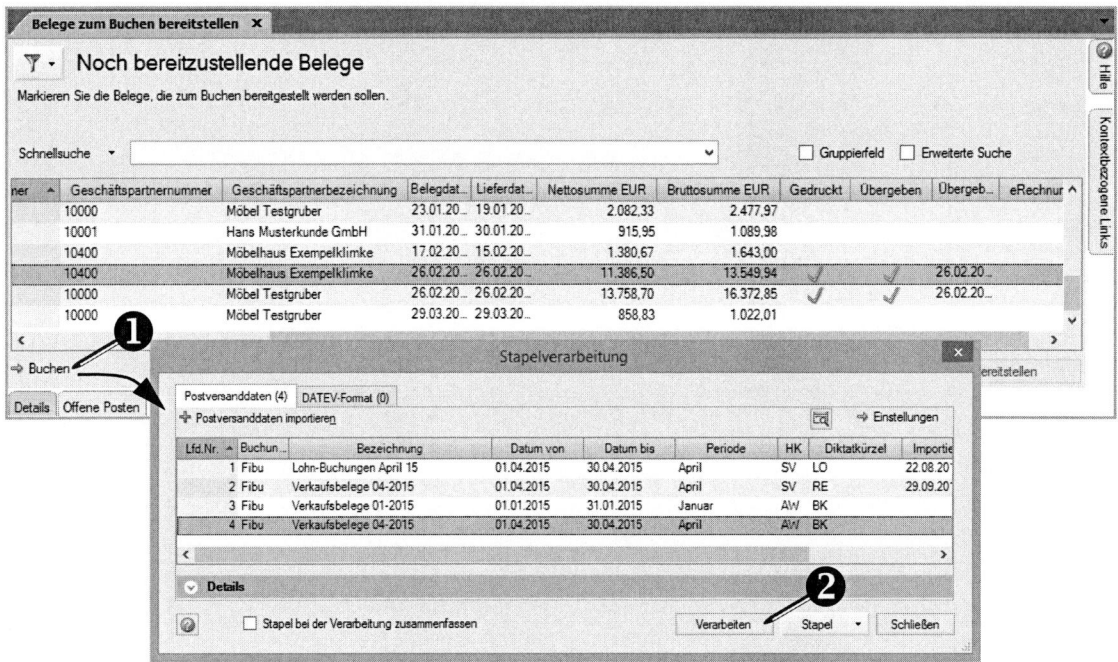

2) Markieren Sie den Stapel, der die Verkaufsbelege enthält, und klicken Sie auf **Verarbeiten** ❷.

3) Wenn noch keine Stapel für den Monat vorhanden sind, erscheint das Dialogfenster **Neuen Buchungsstapel anlegen**.

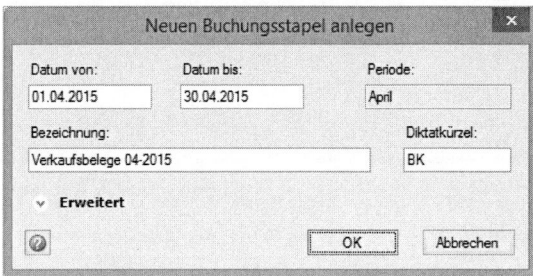

4) Bestätigen Sie das Dialogfenster mit **OK**.

5) Wurden bereits Buchungen für den Monat erfasst, erhalten Sie das Dialogfenster **Stapel auswählen**. Hier sehen Sie die vorhandenen Buchungsstapel. Sollen die Buchungen an einen bereits vorhandenen Stapel angehängt werden, markieren Sie den Stapel, dem Sie die Buchungen hinzufügen möchten, und bestätigen Sie mit **OK**. Wenn Sie einen neuen Stapel anlegen möchten, klicken Sie auf den Link **Neuen Buchungsstapel anlegen** ❶.

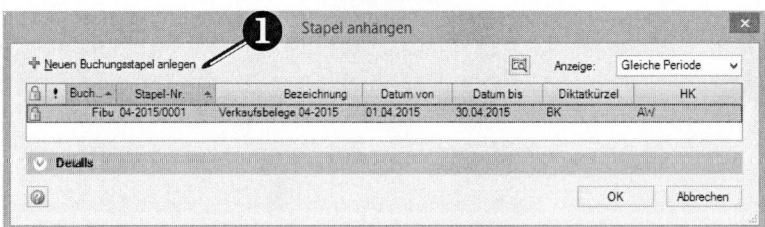

6) Bestätigen Sie die Meldung, dass der Stapel korrekt verarbeitet wurde, mit **OK**.

7) Beenden Sie die Stapelverarbeitung mit **Schließen**. Die Buchungssätze sind nun mit einem Link des Belegbildes in der Finanzbuchführung hinterlegt.

Buchen der täglichen Geschäftsvorfälle 3

Hinweis: Spielen Sie den Musterbestand ein, bevor Sie mit der Übung beginnen.

Für Hubert Müller sollen Ein- und Ausgangsrechnungen als digitale Belege gebucht werden

a) Öffnen Sie im DATEV-Arbeitsplatz das Register Startseite.

b) Aktivieren Sie die Anwendung "Dokumentenablage".

c) Übernehmen Sie die Kunden- und Lieferantenstammdaten in die Zentralen Stammdaten.[1]

d) Archivieren Sie die fünf Eingangsrechnungen.[2]

Indizieren Sie dabei die Rechnung 12 wie folgt:

Bereich:	Lieferanten
Lieferant:	70002 - Monika Koch GmbH
Ordner:	Rechnungen / Gutschriften
Beschreibung:	ER Monika Koch GmbH
Jahr:	2016
Monat:	Januar
Belegnummer:	12
Belegstatus:	zu buchen
Belegdatum:	05.01.2016
Betrag:	3.570,00

Legen Sie den Beleg ab.
Verfahren Sie mit den verbleibenden vier Eingangsrechnungen entsprechend.
Schließen Sie den Dokumentenkorb.

e) Starten Sie ggf. Rechnungswesen pro.
Legen Sie einen neuen Buchungsstapel an:
Stapelbezeichnung: "Eingangsrechnungen Januar", Datum: 01.01. - 31.01.

f) Klicken Sie im Zusatzbereich **Eigenschaften** auf den Link **Digitale Belege** und aktivieren Sie im Bereich **digitale Belege** die Option **DATEV DMS / Dokumentenablage**.

g) Betätigen Sie den Link **Digitale Belege buchen**.

h) Ergänzen Sie das **Soll/Habenkennzeichen** (Enter-Taste), im Feld **Konto** das Aufwandkonto "Wareneingang 19 % Vorsteuer" (3400/5400), sowie eventuell fehlende Angaben und übernehmen Sie die Buchung

i) Verfahren Sie mit den Buchungen zu den übrigen Eingangsrechnungen auf die gleiche Weise.

j) Schließen Sie **Belege buchen.**

k) Öffnen Sie die **Stapelverarbeitung** und verarbeiten Sie den Stapel "Verkaufsbelege 01-2016" in einem eigenen Buchungsstapel.

l) Schließen Sie die Stapelverarbeitung.

m) Öffnen Sie den Stapel "Verkaufsbelege 01-2016" im **Belege buchen** und prüfen Sie die Buchungen.

---

[1] Wenn Sie auf einem der Bildungsserver (über DATEV Software online) arbeiten, benötigen Sie Administratorenrechte für die Stammdatenübernahme.

[2] Der Ordner **Eingangsrechnungen** ist Bestandteil des zu diesem Buch gehörenden Downloadmaterials.

Übung zum Kapitel 3.7 & 3.8
Musterbestand:
für SKR 03: 29098/3307
für SKR 04: 29098/4307

3.9 Das Buchen von Ein- und Ausgangsrechnungen im Buchungsmodus „Rechnungen buchen"

Wenn Sie nicht das **digitale Belege buchen** nutzen, erleichtert Ihnen das Programm „(Kanzlei-)Rechnungswesen pro" das Buchen von Eingangs- und Ausgangsrechnungen mit dem Buchungsmodus **Rechnungen buchen**. Dieser Buchungsmodus ermöglicht Ihnen eine komfortable OPOS-Suche und schaltet den Ansichtsbereich automatisch auf die OPOS-Konto-Ansicht um.

Selbstverständlich können Sie Eingangs- und Ausgangsrechnungen auch in der Primanotaansicht oder in der Fibu-Konto-Ansicht (siehe Seite 52) buchen.

Voraussetzung

Der gewünschte Buchungsstapel ist geöffnet.

Funktion aktivieren

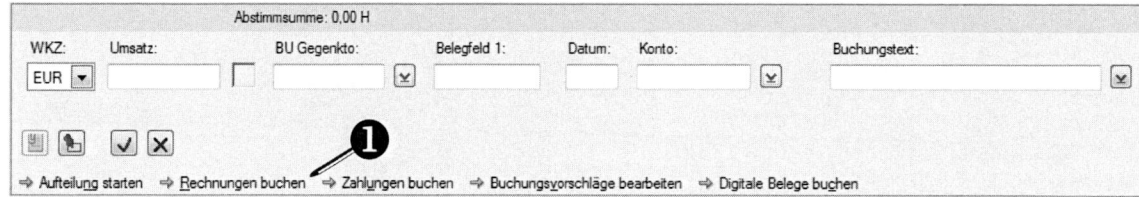

Aktivieren sie den Buchungsmodus **Rechnungen buchen** über:

- den Link **Rechnungen buchen** ❶ unterhalb der Buchungszeile
- die Tastenkombination Strg + ⇧ Umschalt + R

Im Buchungsmodus „Rechnungen buchen" öffnet sich zunächst automatisch das Dialogfenster **Rechnungen buchen (OPOS-Suche)**. Falls das Dialogfenster nicht automatisch eingeblendet wird, öffnen Sie es über den Link **OPOS-Suche** unterhalb der Buchungszeile.

Dialog & Interaktion

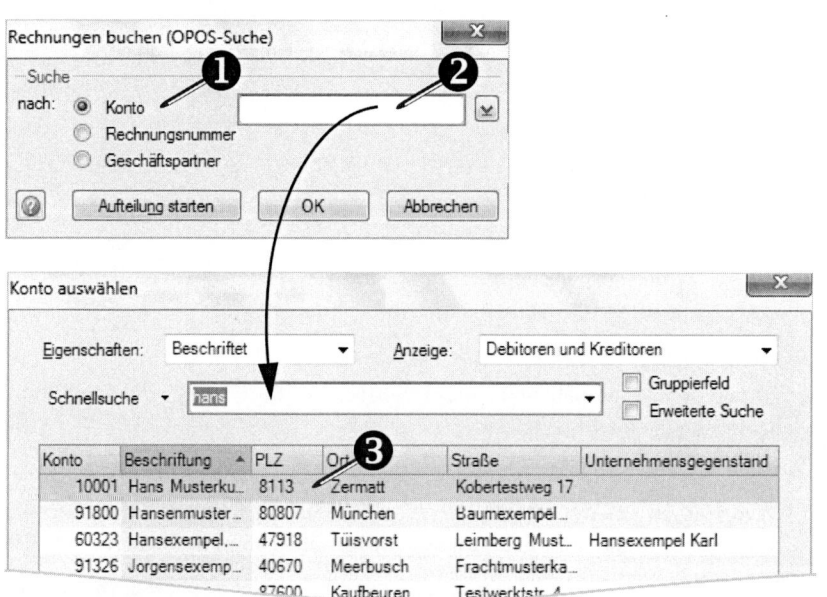

Suche nach ❶. Über diese Optionsfelder können Sie wählen, nach welchem Kriterium Sie einen offenen Posten suchen möchten.

Buchen der täglichen Geschäftsvorfälle 3

Suchbegriff ❷. Tragen Sie in dieses Eingabefeld den Suchbegriff ein und bestätigen Sie mit **OK**. Wenn Ihnen die Kontonummer des gewünschten Personenkontos nicht bekannt ist, können Sie z.B. auch den Namen des Kunden oder Lieferanten an dieser Stelle eintragen. Sie öffnen damit automatisch das Dialogfenster **Konto auswählen**.

Kontenauswahl ❸. Im sich nun öffnenden Dialogfenster werden alle Personenkonten angezeigt, die der Suche entsprechen. Wählen Sie das gewünschte Konto in der Liste aus. Ist das Personenkonto durch Ihre Eingabe genau spezifiziert, so öffnet sich die Buchungszeile sofort.

Aktion beenden

Bestätigen Sie Ihre Auswahl mit **OK**.

Die Kontonummer des gewählten Personenkontos wird nun automatisch in die Buchungszeile übernommen und das Konto wird im oberen Ansichtsbereich des Buchungsfensters angezeigt. Füllen Sie nun wie gewohnt die restlichen Felder der Buchungszeile aus. Im **Belegfeld 1** tragen Sie die entsprechende **Rechnungsnummer** ein, damit der offene Posten eingestellt werden kann. Wenn Sie die Buchung über die Schaltfläche **Übernehmen** auslösen, wird automatisch wieder das Dialogfenster **OPOS-Suche** eingeblendet und Sie können das nächste Personenkonto suchen.

3 Buchen der täglichen Geschäftsvorfälle

Wichtiger Hinweis:

Wenn Sie die Eingangs- und Ausgangsrechnungen bereits als digitale Belege gebucht haben, müssen Sie diese Buchungen löschen oder den Musterbestand erneut einspielen, bevor sie die folgende Übung bearbeiten können.

Übung zum Kapitel 3.9

☞ Musterbestand:
für SKR 03: 29098/3307
für SKR 04: 29098/4307

Für Hubert Müller sollen Ein- und Ausgangsrechnungen gebucht werden.

a) Legen Sie einen neuen Buchungsstapel an:
Stapelbezeichnung: „Eingangsrechnungen Januar", Datum: 01.01. - 31.01.

b) Buchen Sie im Buchungsstapel „Eingangsrechnungen Januar" die Eingangsrechnung des Kreditoren 70002 Koch Monika über 3.570,00 € inkl. 570,00 € Vorsteuer. Bei der Eingangsrechnung handelt es sich um die Lieferung von Waren. Die Rechnung ist vom 05.01. und hat die Belegnummer 12.

Der Buchungssatz lautet:

Soll		an			Haben
3400/5400	Wareneingang 19% Vorsteuer	3000,00	70002	Koch Monika	3.570,00
1576/1406	Vorsteuer 19%	570,00			

c) Erfassen Sie für Hubert Müller folgende Eingangsrechnungen im Buchungsstapel „Eingangsrechnungen Januar". Verwenden Sie als Warenkonto das Konto „Wareneingang 19% Vorsteuer" (3400/5400).

1 9. Januar: Eingangsrechnung Nr. 173491 für den Kauf von Waren zum Preis von 5.000,00 € + 19% USt 950,00 € = 5.950,00 € von Albert Hoch.

2 10. Januar: Eingangsrechnung Nr. 6857 für den Kauf von Waren zum Preis von 10.000,00 € + 19% USt 1.900,00 € = 11.900,00 € von Ute Schäfer.

3 15. Januar: Eingangsrechnung Nr. 6876 für den Kauf von Waren zum Preis von 7.500,00 € + 19% USt 1.425,00 € = 8.925,00 € von Ute Schäfer.

4 18. Januar: Eingangsrechnung Nr. 1824: Kauf eines neuen PC-Systems von der Firma Maiers Computersysteme (Kreditor 80000) in Höhe von 1.190,00 €.

d) Legen Sie einen neuen Buchungsstapel an:
Stapelbezeichnung: „Verkaufsbelege 01-2016", Datum: 01.01. - 31.01.

e) Buchen Sie im Buchungsstapel „Verkaufsbelege 01-2016" eine Ausgangsrechnung an den Debitor 10000 Kern Siegfried über 1.190,00 € inkl. 19% Umsatzsteuer. Die Rechnung hat die Rechnungsnummer 1 und das Rechnungsdatum 02.01.

Der Buchungssatz lautet:

Soll			an		Haben
10000	Kern Siegfried	1.190,00	8400/4400	Erlöse 19%	1.000,00
			1776/3806	Umsatzsteuer 19%	190,00

f) Erfassen Sie für Hubert Müller folgende Ausgangsrechnungen im Buchungsstapel „Verkaufsbelege 01-2016". Die Erlöse buchen Sie auf das Konto „Erlöse 19%" (8400/4400).

1. 3. Januar: Ausgangsrechnung Nr. 2 für den Verkauf von Waren zum Preis von 10.000,00 € (brutto, 19% USt) an Siegfried Kern.

2. 5. Januar: Ausgangsrechnung Nr. 3 für den Verkauf von Waren zum Preis von 12.500,00 € (brutto, 19% USt) an Viktor Mahler.

3. 5. Januar: Ausgangsrechnung Nr. 4 für den Verkauf von Waren zum Preis von 8.000,00 € (brutto, 19% USt) an Stefan Winter.

4. 9. Januar: Ausgangsrechnung Nr. 5 für den Verkauf von Waren zum Preis von 9.000,00 € (brutto, 19% USt) an Gerda Dobler.

5. 11. Januar: Ausgangsrechnung Nr. 6 für den Verkauf von Waren zum Preis von 8.500,00 € (brutto, 19% USt) an Siegfried Kern.

6. 12. Januar: Ausgangsrechnung Nr. 7 für den Verkauf von Waren zum Preis von 6.000,00 € (brutto, 19% USt) an Stefan Winter

7. 18. Januar: Ausgangsrechnung über 119,00 € brutto zu Beleg-Nr. 1824: Die Firma Maiers Computersysteme nimmt beim Kauf des neuen PC-Systems unseren alten PC in Zahlung. Da es sich hierbei um eine Forderung gegenüber der Firma Maiers Computersysteme handelt, soll diese auf das Debitorenkonto 30000 gebucht werden. Der Buchwert des PCs beträgt zum Zeitpunkt des Verkaufs 300,00 €. Der Anlagenabgang wird im Rahmen der Jahresabschlussarbeiten gebucht und soll aus diesem Grund hier nicht mitgebucht werden.

3.10 Das Buchen von Warenrücksendungen

Werden von einem Kunden Waren zurückgeschickt, ist die Gutschrift der Ware auf dem ursprünglichen Erlöskonto im Soll zu buchen. Auch für solche Buchungen empfiehlt es sich, den Buchungsmodus **Rechnungen buchen** und die OPOS-Suche zu nutzen. Gehen Sie dabei grundsätzlich vor, wie in Kapitel 3.9 beschrieben. Gleiches gilt für das Buchen von erhaltenen Gutschriften.

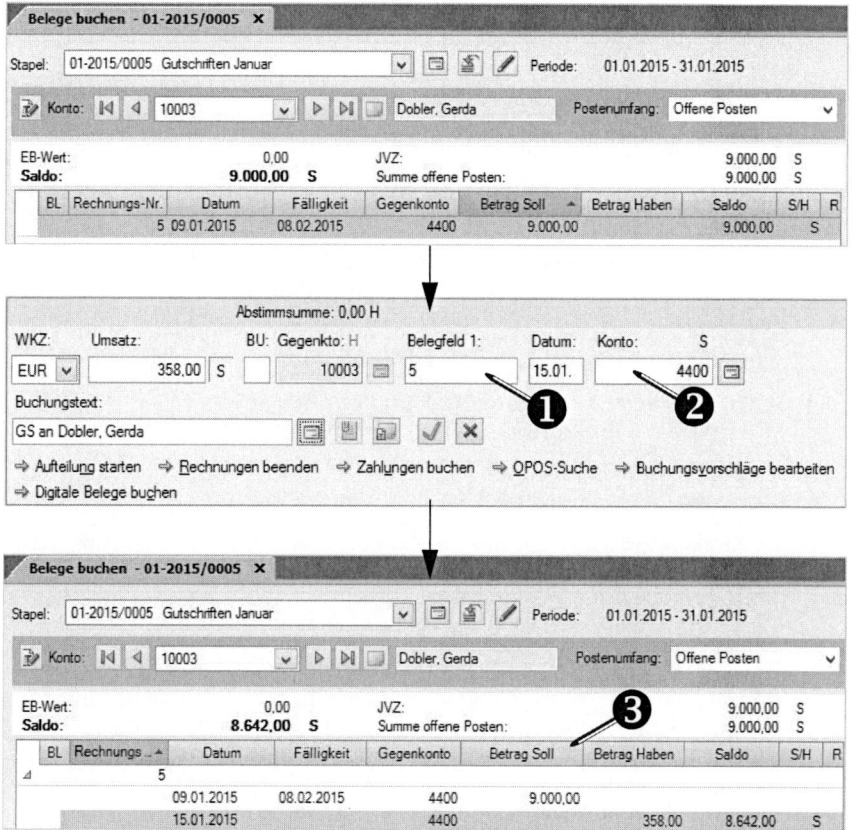

Achten Sie wie bei allen OPOS-Buchungen darauf, im **Belegfeld 1** ❶ die entsprechende **Rechnungsnummer** einzutragen, damit der offene Posten ausgeglichen werden kann.

Im Feld **Konto** ❷ erfassen Sie das Erlöskonto, das Sie durch die Gutschrift entlasten möchten.

Nachdem Sie die Buchung übernommen haben, können Sie in der Buchungsansicht ❸ sehen, dass die entsprechende Rechnung um den Betrag der Gutschrift gekürzt wurde.

Erhält der Kunde **nachträglich** einen **Bonus** oder **Rabatt**, so muss dies als Entgeltminderung separat ausgewiesen werden. Anstelle des Erlöskontos 8400/4400 werden Erlösschmälerungskonten verwendet. Sie finden diese im Kontenbereich 87 (SKR 03) oder 47 (SKR 04).

Hinweis: Selbstverständlich können in der Praxis auch die Geschäftsfalle der folgenden Übungen digitalisiert werden.

> Für Hubert Müller sollen Gutschriften gebucht werden.
>
> a) Der Kunde Stefan Winter schickt Waren im Wert von 357,00 € inkl. 19% Umsatzsteuer zurück und erhält darauf am 18.01. eine Gutschrift für seine Rechnungsnummer 7.
>
> Legen Sie den Buchungsstapel „Gutschriften Januar" an und buchen Sie darin die Gutschrift.
>
> Der Buchungssatz lautet:
>
> | Soll | | | an | | Haben |
> |---|---|---|---|---|---|
> | 8400/4400 | Erlöse 19% | 300,00 | 10002 | Winter Stefan | 357,00 |
> | 1776/3806 | Umsatzsteuer 19% | 57,00 | | | |
>
> b) Erfassen Sie folgende Gutschriften im Buchungsstapel „Gutschriften Januar":
>
> 1 Der Kunde Siegried Kern erhält am 20.01. eine Gutschrift über 200,00 € inkl. 19% USt auf seine Rechnung 6.
>
> 2 Der Kunde 10002 erhält am 17.01. eine Gutschrift in Höhe von 500,00 € inkl. 19% USt. auf die Rechnung 4.
>
> 3 Der Lieferant 70000 Hoch Albert gibt uns am 23.01. eine Gutschrift auf die Rechnung 173491 in Höhe von 950,00 € inkl. 19% VSt.

Übung zum Kapitel 3.10
Musterbestand:
für SKR 03: 29098/3310
für SKR 04: 29098/4310

3.11 Das Erfassen von aufzuteilenden Belegen

Häufig müssen Belege gebucht werden, bei denen z.B. einem Haben-Konto mehrere Soll-Konten oder einem Soll-Konto mehrere Haben-Konten gegenüberstehen. So werden beispielsweise für Rechnungen oftmals unterschiedliche Konten für verschiedene Rechnungspositionen oder für Teilbeträge mit unterschiedlicher Steuer angesprochen, jedoch nur ein Personenkonto. Gleiches gilt für Kassenbelege etc. Die Erfassung solcher aufzuteilender Belege unterstützt das Programm „(Kanzlei-)Rechnungswesen pro" sowohl im Buchungsmodus **Rechnungen buchen** als auch im Standardmodus mit einer entsprechenden Funktion.

Voraussetzung

Der gewünschte Buchungsstapel ist im Standardmodus oder Buchungsmodus **Rechnungen buchen** geöffnet. Wenn es sich beim aufzuteilenden Beleg um eine Ein- oder Ausgangsrechnung handelt, können Sie die OPOS-Suche nutzen, um das betreffende Personenkonto schnell zu finden (siehe Kapitel 3.9 ab Seite 88.)

Funktion aktivieren

Öffnen Sie das Dialogfenster **Aufteilung starten** über den Link Aufteilung starten unterhalb der Buchungszeile.

Dialog & Interaktion

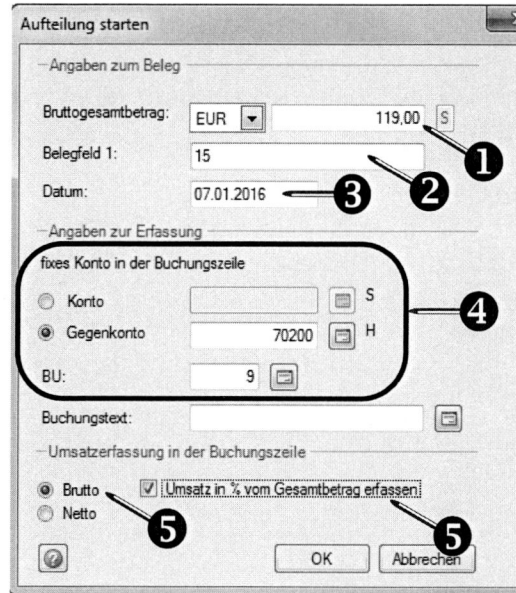

Bruttogesamtbetrag ❶. Geben Sie hier den Bruttogesamtbetrag des zu buchenden Beleges ein. Dieser wird dann auf die verschiedenen Einzelkonten aufgeteilt. Beachten Sie bei der Eingabe des Bruttogesamtbetrages, dass Sie das Feld entsprechend der DATEV-Buchungslogik mit der **Enter-Taste** ⏎Enter für eine **Soll-Buchung** im Kontofeld oder mit der **Plus-Taste** + für eine **Haben-Buchung** im Kontofeld auslösen müssen (siehe Seite 55).

Belegfeld 1 ❷. Erfassen Sie im Belegfeld 1 die Belegnummer des Geschäftsfalls.

Datum ❸. Erfassen Sie im Feld das Datum, das für den gesamten Beleg gilt.

Fixes Konto in der Buchungszeile ❹. Legen Sie über die Optionsfelder fest, ob das für den gesamten Beleg feststehende Konto im Feld **Konto** oder im Feld **Gegenkonto** der Buchungszeile stehen soll. Erfassen Sie im nebenstehenden Eingabefeld die entsprechende Kontonummer. Im Feld **BU** können Sie einen Steuer- bzw. Buchungsschlüssel hinterlegen. Dieser Schlüssel wird dann für alle Teilbuchungen vorgeschlagen und kann ggf. bei der Buchung der Teilsummen gelöscht werden.

Umsatzerfassung in der Buchungszeile ❺. Hier legen Sie fest, ob die einzelnen Umsatzbeträge netto oder brutto eingegeben werden sollen. Hinterlegen Sie hier **brutto** und buchen Sie die Einzelbeträge auf Konten mit automatischer Steuerrechnung oder entsprechendem Steuerschlüssel, so wird die Umsatzsteuer aus dem eingegebenen Betrag herausgerechnet. Hinterlegen Sie hier **netto** und buchen die Einzelbeträge auf Konten mit automatischer Steuerrechnung oder entsprechendem Steuerschlüssel, so wird die Umsatzsteuer dem eingegebenen Betrag hinzugerechnet.

Beim Buchen von Rechnungen empfiehlt es sich, die Beträge in der Form zu erfassen, in der sie auch auf dem Beleg ausgewiesen sind. Sind die Beträge netto ausgewiesen, so sollten Sie hier die Option **netto** auswählen. Sind die Beträge auf der Rechnung hingegen brutto ausgewiesen, so empfiehlt sich die Option **brutto**. In einigen Fällen z. B. bei Bewirtungsrechnungen ist es einfacher, den zu buchenden Betrag prozentual aufzuteilen. Wenn Sie eine entsprechende Aufteilung vornehmen möchten, aktivieren Sie das Kontrollkästchen **Umsatz in % vom ...**, das hinter der jeweils aktiven Option **netto** bzw. **brutto** erscheint.

Nachdem Sie nun im Dialogfenster die Buchungsdaten zum einzeln stehenden Konto und zum Gesamtbetrag des Beleges hinterlegt haben, bestätigen Sie Ihre Eingaben mit **OK** und kehren in das Buchungsfenster zurück. Die vordefinierten Buchungsdaten sind bereits in die Buchungszeile übernommen worden. Die entsprechenden Eingabefelder sind daher inaktiv.

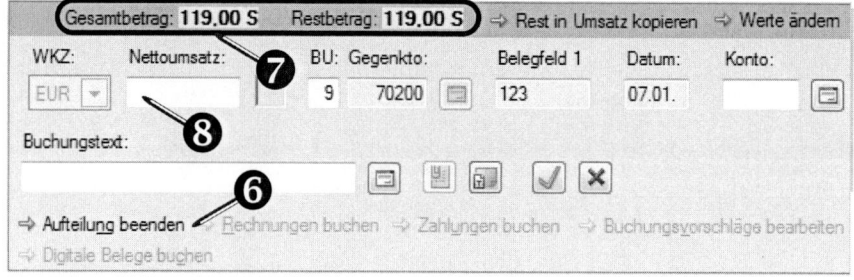

Buchen der täglichen Geschäftsvorfälle 3

Dass Sie sich im Aufteilungsmodus befinden, erkennen Sie an der farbigen Hinterlegung der Buchungszeile und an dem Link **Aufteilung beenden** unterhalb der Buchungszeile ❻.

Gesamtbetrag und Restbetrag ❼. Oberhalb der Buchungserfassung werden der eingegebene Gesamtbruttobetrag und der jeweilige Restbetrag angezeigt. Der Restbetrag mindert sich dann bei jeder Teilbuchung um den entsprechenden Betrag, bis er gewissermaßen „aufgebraucht" ist.

Einzelumsätze buchen ❽. Erfassen Sie im Umsatzfeld den ersten Brutto- oder Nettoumsatz bzw. den anteiligen Prozentsatz 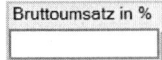 und lösen Sie das Feld gemäß der DATEV-Buchungslogik mit der **Plus-Taste** oder der **Enter-Taste** aus. Geben Sie im Feld **Konto** bzw. **Gegenkonto** (je nachdem, welches Feld bereits für das fixe Konto reserviert ist) die Kontonummer für die erste Teilbuchung ein. Erfassen Sie dann ggf. weitere notwendige Buchungsdaten für die erste Teilbuchung, z.B. einen Steuerschlüssel.

Teilbuchung auslösen. Lösen Sie die erste Teilbuchung aus, indem Sie entweder die **Enter-Taste** betätigen, wenn sich der Cursor im letzten Feld der Buchungszeile befindet oder indem Sie das Symbol **Übernehmen** klicken. Die Buchung wird im Ansichtsbereich angezeigt und der Restbetrag oberhalb der Buchungszeile mindert sich. Erfassen Sie anschließend den nächsten Einzelumsatz und wiederholen Sie den Vorgang, bis alle Teilbuchungen erfolgt sind und der Restbetrag ausgeglichen ist.

Aktion beenden

Nach der letzten Teilbuchung öffnet sich automatisch das Dialogfenster **Aufteilung beenden**, in dem Sie über entsprechende Optionsfelder entscheiden können, wie Sie fortfahren möchten. Ist der Restbetrag Null, so ist hier automatisch das Optionsfeld **Aufteilung beenden** aktiviert. Um die Buchung des aufzuteilenden Beleges abzuschließen, bestätigen Sie mit **OK**.

3 Buchen der täglichen Geschäftsvorfälle

Übung zum Kapitel 3.11

Musterbestand:
für SKR 03: 29098/3311
für SKR 04: 29098/4311

Für Hubert Müller sollen aufzuteilende Belege gebucht werden.

a) Legen Sie den Buchungsstapel „Aufzuteilende Buchungen Januar" an.
b) Vom Kreditor 70002 Koch Monika liegt die folgende Rechnung über Handelswaren vor. Sie wurde am 12. Januar erstellt:

Rechnung Nr. 7852	Betrag in €
Warenwert	10.000,00
Verpackung	50,00
netto	10.050,00
+19% USt	1.909,50
Gesamt brutto	11.959,50

Buchen Sie die Rechnung im Buchungsstapel „Aufzuteilende Buchungen Januar" und teilen Sie sie dabei auf.

Die Buchungssätze lauten:

Soll			an		Haben
3200/5200	Wareneingang	10.000,00	70002	Koch Monika	11.959,50
3800/5800	Bezugsnebenkosten	50,00			
1576/1406	Vorsteuer 19%	1.909,50			

c) Teilen Sie nachfolgende Rechnungen beim Buchen auf. Verwenden Sie zur Erfassung der Daten den Buchungsstapel „Aufzuteilende Buchungen Januar".

1. Kauf einer Regalwand am 2. Januar. Der Händler Koch Monika (Kreditor 70002) stellt am 15.01. in Rechnung, ReNr. 2707: 5000,00 € Warenwert, 150,00 € Transportkosten.

Konto	Betrag in €
0420/0650 Büroeinrichtung	5.000,00
0420/0650 Büroeinrichtung	150,00
netto	5.150,00
+19% USt	978,50
Gesamt brutto	6.128,50

2. Kassenausgang für gelieferte Handelswaren. Es wird folgende Rechnung vorgelegt: Beleg 13, Datum 18.01.

Konto	Betrag in €
3200/5200 Warenwert	100,00
3800/5800 Verpackung	14,00
netto	114,00
+19% USt	21,66
Gesamt brutto	135,66

3. Verkauf von Waren an Debitor 10005 Maier Egon, ReNr. 8, Belegdatum: 14.01.

Konto	Betrag in €
8400/4400 Erlös Polstermöbel	1.000,00
8401/4401 Erlös Gardinen	250,00
8409/4409 Erlös Montage	500,00
netto	1.750,00
+19% USt	332,50
Gesamt brutto	2.082,50

4. Kassenbeleg 14, vom 19.01.: Kauf Büromaterial

Konto	Betrag in €
4930/6815 Bürobedarf	17,50
4940/6820 Zeitschriften/Bücher	34,70
netto	52,20
+19% USt auf 17,50	3,33
+7% USt auf 34,70	2,43
Gesamt brutto	57,96

5. Kassenbeleg 15, vom 19.01.: Bewirtungsquittung über 59,50 €.

Konto	Betrag in €
4650/6640 Bewirtungskosten	35,00
4654/6644 nicht abzugsfähige Bewirtungskosten	15,00
netto	50,00
+ 19% USt	9,50
Gesamt brutto	59,50

3.12 Buchen elektronischer Bankkontoumsätze

Sie können in Rechnungswesen pro elektronische Bankkontoumsätze einlesen. Die elektronisch vorliegenden Informationen, wie z. B. Rechnungsnummern im Verwendungszweck, werden für die Erstellung von Buchungsvorschlägen genutzt. Über die Lerndatei können Sie Regeln zur Behandlung von regelmäßig wiederkehrenden Positionen festlegen und so vom Programm Mietzahlungen und andere Kosten zuordnen lassen. Sie gestalten dadurch die Erfassung der Banken komfortabler, schneller und weniger fehleranfällig.

Neben Bankkontoumsätzen können auch elektronisch vorliegende Rechnungsein- und -ausgangsbelege (aus Fremdprogrammen) oder Kassenbelege in Form von Buchungsvorschlägen eingelesen werden.

3.12.1 Bankenstammdaten ergänzen

Damit (Kanzlei-)Rechnungswesen pro elektronische Bankumsätze verarbeiten kann, müssen Sie die Bankverbindung in den Stammdaten hinterlegen.

Voraussetzung

Sie haben über die Navigationsschaltfläche **Stammdaten** das Register **Banken** geöffnet.

Funktion aktivieren

Klicken Sie auf den Link **Neue Bank anlegen**.

Das Programmfenster **Stammdaten - Unternehmen (Mandant)** wird geöffnet und das Register **Unternehmen/Vereinigung** angezeigt.

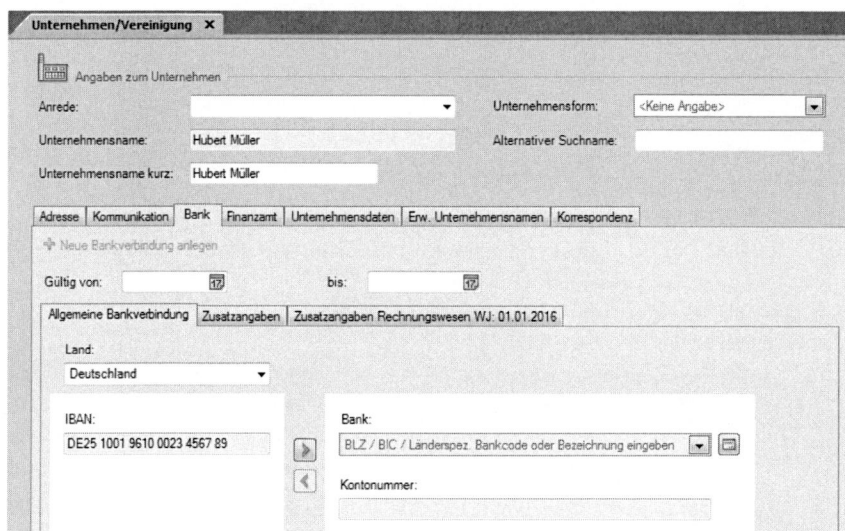

Auf dem Unterregister **Allgemeine Bankverbindung** erfassen Sie die IBAN der Bankverbindung, für die **(Kanzlei-)Rechnungswesen pro** elektronische Bankumsätze verarbeiten soll.

Wechseln Sie auf das Unterregister **Zusatzangaben Rechnungswesen**.

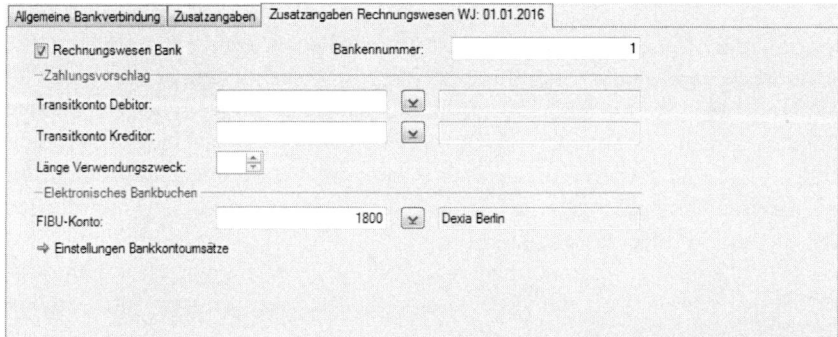

Aktivieren Sie das Kontrollkästchen **Rechnungswesen Bank** und hinterlegen Sie unter **Fibu-Konto** die Sachkontonummer der entsprechenden Bank. So stellen Sie die Verbindung zwischen der Kontoverbindung und dem Sachkonto her, und das Programm erkennt, dass Kontoauszüge dieser Bankverbindung über das hinterlegte Sachkonto gebucht werden müssen.

3 Buchen der täglichen Geschäftsvorfälle

Klicken Sie auf den Link **Einstellungen Bankkontoumsätze**, um das Dialogfenster **Einstellungen Bankkontoumsätze** zu öffnen und dort auf den Link **Quelle Kontoumsätze**.

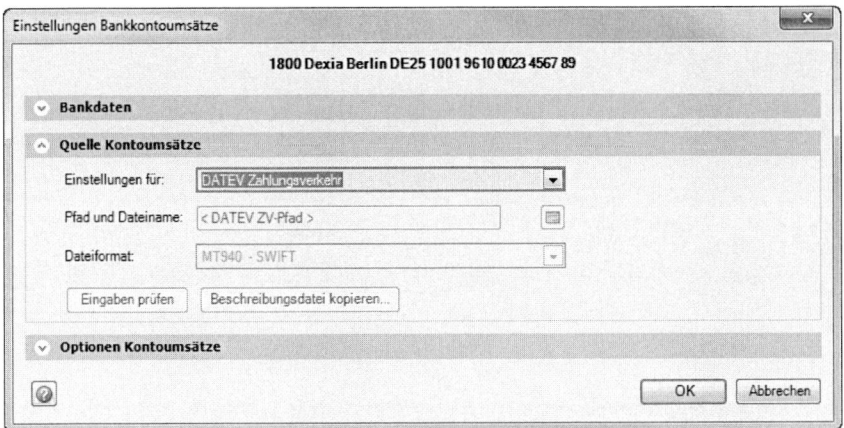

Hinterlegen Sie unter **Einstellungen für** Ihr Bankprogramm und passen Sie ggf. den **Pfad** und das **Dateiformat** an.

Wenn Sie bereits einen Kontoauszug "geholt" haben, können Sie mit der Schaltfläche **Eingaben prüfen**, können Sie testen, ob Ihre Angaben zu sinnvollen Ergebnissen führen. und ggf. Änderungen vornehmen.

Wichtiger Hinweis:

Im Musterbestand sind diese Daten erfasst und der Kontoauszug eingelesen. Wenn Sie diese Angaben im Musterbestand erneut erfassen, wird dabei der Kontoauszug gelöscht. In diesem Fall spielen Sie den Musterbestand bitte erneut ein.

3.12.2 Erzeugen von Buchungsvorschlägen

Bevor Sie den elektronischen Kontoauszug buchen können, erzeugen Sie die Buchungsvorschläge.

Der zu buchende Bestand ist geöffnet und der Buchungsstapel ist angelegt.

1) Klicken Sie auf den Link **Buchungsvorschläge bearbeiten** unter der Buchungszeile ❶.

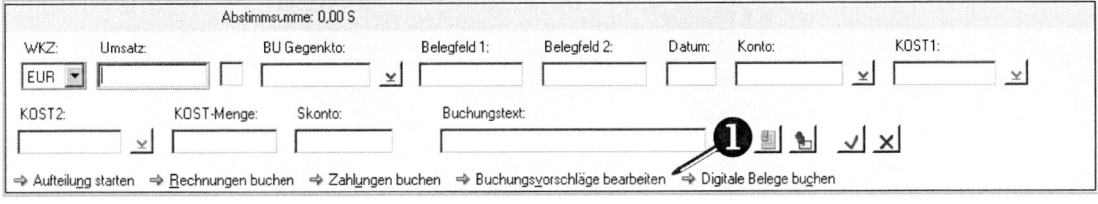

Das Dialogfenster **Buchungsvorschläge erzeugen** öffnet sich. Im Hintergrund ist das Dialogfenster **Buchungsvorschläge bearbeiten** geöffnet.

2) Prüfen Sie im Dialogfenster **Buchungsvorschläge erzeugen** den Modus und passen Sie ggf. den Umfang der zu erzeugenden Buchungsvorschläge an.

3 Buchen der täglichen Geschäftsvorfälle

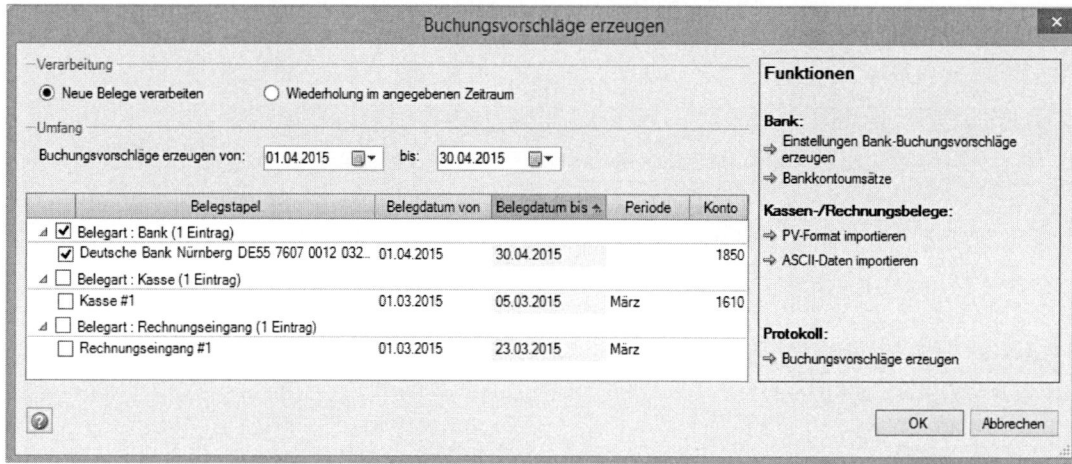

3) Bestätigen Sie mit **OK**.

4) Schließen Sie den Hinweis. Das Dialogfenster **Buchungsvorschläge bearbeiten** wird mit der Übersicht aller Bankverbindungen angezeigt, für die bereits Buchungsvorschläge erzeugt wurden.

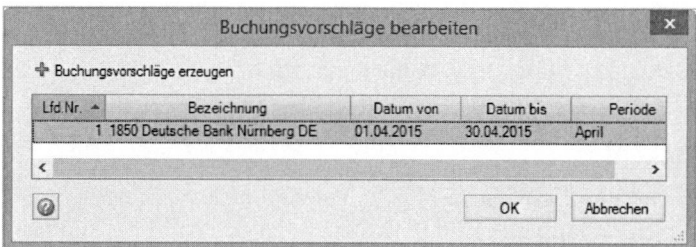

5) Doppelklicken Sie auf den Eintrag **Sparkasse Nürnberg**, um die Bank zu bearbeiten. Die erzeugten Buchungsvorschläge werden im geöffneten Stapel (Primanota) integriert. Dabei wird die Meldung **Bearbeiten von Buchungsvorschlägen** angezeigt.

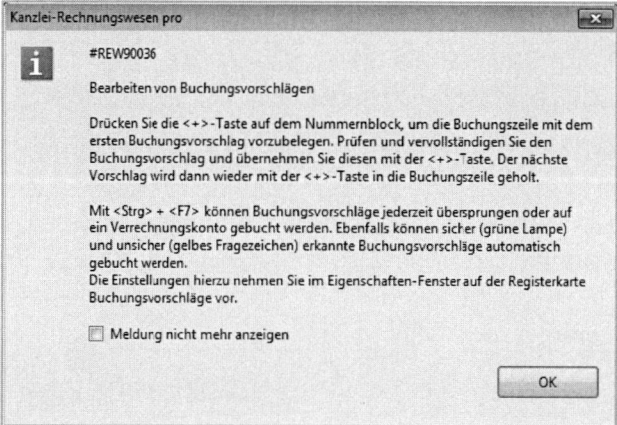

6) Lesen Sie sich die Meldung durch und bestätigen sie mit **OK**. Die Buchungsvorschläge sind erstellt.

3.12.3 Bearbeiten von Buchungsvorschlägen

Die erzeugten Buchungsvorschläge werden im Arbeitsbereich angezeigt und können jetzt bearbeitet werden. Das Programm unterscheidet hier drei Fälle, die ebenfalls anhand des Musterbeispiels erläutert werden:

- sicher erkannte Buchungsvorschläge bzw. Belege,
- Belege, die zwar zu einem Buchungssatz vervollständigt wurden, aber nicht eindeutig sind und
- Belege, denen kein Gegenkonto zugeordnet werden kann.

So bearbeiten Sie als sicher erkannte Buchungsvorschläge

1) Drücken Sie auf +[1], um die Bearbeitung der Buchungsvorschläge zu starten. Die Ansicht **OPOS-Konto** wird angezeigt und das Dialogfenster **Abgleich FIBU-Saldo mit Bankauszug** öffnet sich.

2) Schließen Sie das Dialogfenster mit **OK**, wenn das Programm keine Abweichung festgestellt hat. Der erste Buchungsvorschlag wird in die Buchungszeile übernommen. Die Anzeige **Details zu Nr. ...** wechselt auf **Elektronischer Beleg**. Darin wird der Kontoumsatz mit dem Verwendungszweck laut Kontoauszug angezeigt. Die vorgeschlagene Buchung ist vollständig (siehe Symbol 💡).

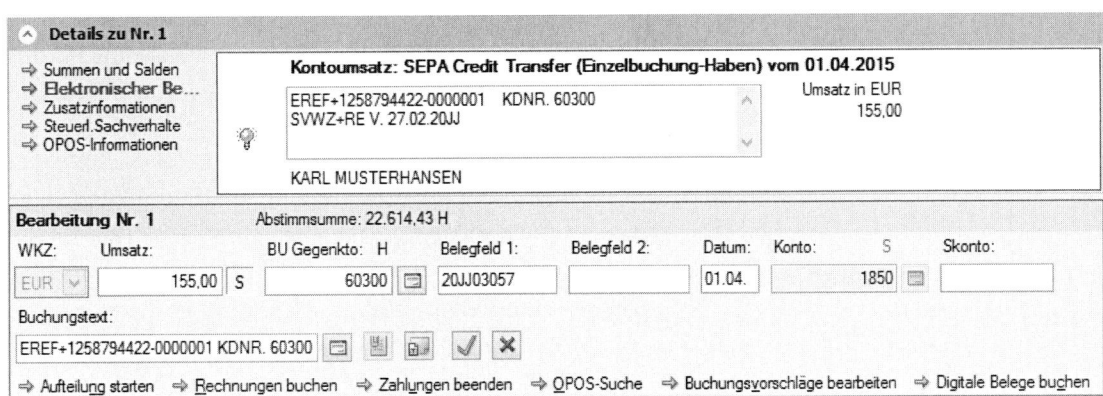

3) Prüfen Sie die Richtigkeit der vorgeschlagenen Buchung.

4) Drücken Sie +, um eine Kurzbuchung auszulösen.

5) Drücken Sie erneut +, um den nächsten Vorschlag in die Buchungszeile zu übernehmen.

Der erste Buchungsvorschlag ist verarbeitet, der offene Posten ist ausgeglichen und der zweite Buchungsvorschlag steht zur Bearbeitung in der Buchungszeile bereit. In den **Eigenschaften** unter dem Link **Buchungsvorschläge** können Sie festlegen, dass alle als sicher erkannten Buchungsvorschläge automatisch gebucht werden sollen.

Hinweis:
Nicht bei allen Buchungsvorschlägen kann das Programm den Buchungssatz sicher ermitteln. Fehlt z. B. im Verwendungszweck der Überweisung die Rechnungsnummer, wird der Buchungsvorschlag als unsicher gekennzeichnet, auch wenn die Beträge offener Posten und Überweisungsbetrag identisch sind.

---

[1] es ist jeweils die +-Taste im Nummernblock der Tastatur zu wählen

So bearbeiten Sie Belege, die zu einem Buchungssatz vervollständigt wurden, aber nicht eindeutig sind

Der zu buchende Bestand und der Buchungsstapel sind geöffnet und die Buchungsvorschläge sind erzeugt. Der zur Bearbeitung aufgerufene Buchungsvorschlag ist mit dem Symbol ? gekennzeichnet.

1) Prüfen Sie, ob der Buchungsvorschlag korrekt ist.

2) Drücken Sie auf +, um den Buchungsvorschlag zu bestätigen

   oder

   bestätigen Sie mit Strg + F7, um die Bearbeitung bis zur Klärung zurückzustellen.

3) Drücken Sie auf +, um den nächsten Buchungsvorschlag aufzurufen.

In den **Eigenschaften** unter dem Link **Buchungsvorschläge** können Sie festlegen, dass auch alle als unsicher erkannten Buchungsvorschläge automatisch gebucht werden.

Hinweis:
Sie können entscheiden, ob Sie die zu klärenden Buchungsvorschläge auch auf ein Verrechnungskonto buchen. Sie finden diese Optionen im Zusatzbereich **Eigenschaften** unter dem Link **Buchungsvorschläge** im Bereich **Zu klärende Buchungsvorschläge**.

Der als unsicher erkannte Buchungsvorschlag wurde verarbeitet oder entsprechend Ihrer Wahl bis zur Klärung des Sachverhalts zurückgestellt; der nächste Buchungsvorschlag steht in der Buchungszeile. Nicht bei allen Buchungsvorschlagen kann das Programm das Gegenkonto ermitteln.

So bearbeiten Sie Belege, deren Gegenkonten nicht erkannt wurden

Der zu buchende Bestand und der Buchungsstapel sind geöffnet und die Buchungsvorschläge sind erzeugt. Der zur Bearbeitung aufgerufene Buchungsvorschlag ist mit dem Symbol ⊖ gekennzeichnet.

1) Suchen Sie im Dialogfenster **Zahlungen buchen (OPOS-Suche)** nach dem passenden Gegenkonto und bestätigen Sie mit **OK**.

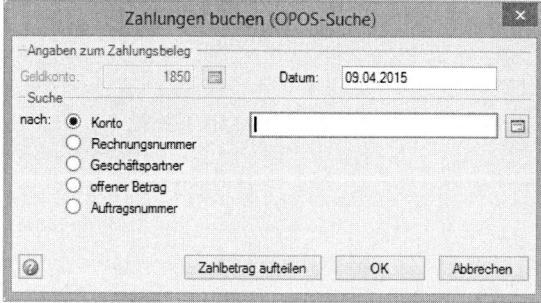

2) Ergänzen Sie die fehlenden Angaben in der Buchungezeile und bestätigen Sie mit +

   oder

   bestätigen Sie mit Strg + F7, um die Bearbeitung bis zur Klärung zurückzustellen.

3) Drucken Sie auf +, um den nächsten Buchungsvorschlag aufzurufen.
   Der als unvollständig erkannte Buchungsvorschlag wurde verarbeitet oder entsprechend Ihrer Wahl bis zur Klärung des Sachverhalts zurückgestellt; der nächste Buchungsvorschlag steht in der Buchungszeile.

3.12.4 Erstellen von Lerndateieinträgen

Nicht alle wiederkehrenden Zahlungen können vom Programm zugeordnet werden. Um auch diese Vorgänge komfortabel buchen zu können, bietet Ihnen das Programm Kanzlei-Rechnungswesen pro eine Lerndatei an, in der Sie die Buchung definieren.

Der zu buchende Bestand und der Buchungsstapel sind geöffnet und die Buchungsvorschläge sind erzeugt. Der zur Bearbeitung aufgerufene Buchungsvorschlag ist mit dem Symobl ⊖ gekennzeichnet (im Beispiel: Buchungsvorschlag 11).

1) Schließen Sie das Dialogfenster **Zahlungen buchen (OPOS-Suche)**.
2) Klicken Sie auf das Symbol . Das Dialogfenster **Lerndateieintrag neu** erscheint.

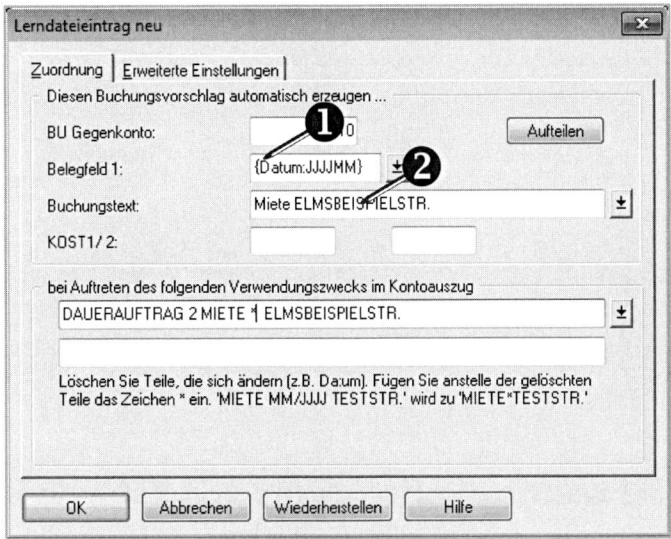

3) Erfassen Sie das **Gegenkonto** und ggf. den Buchungsschlüssel.
4) Erfassen Sie den gewünschten Eintrag in den Feldern **Belegfeld 1** ❶ und **Buchungstext** ❷. Diese Einträge bleiben bis zur Änderung des Lerndateieintrags unverändert.
5) Ersetzen Sie im Eingabefeld **bei Auftreten des folgenden Verwendungszwecks im Kontoauszug** alle sich regelmäßig ändernden Zeichen, wie etwa das Datum durch *.

   Hinweis:
   Sie können im Dialogfenster **Lerndateieintrag neu** über das Symbol ⬇ Felder einfügen, um den Buchungstext bzw. das Belegfeld 1 mit Variablen zu ergänzen.

6) Bestätigen Sie mit **OK**.
7) Drücken Sie auf +, um den Buchungsvorschlag zu bestätigen.
8) Drücken Sie auf +, um den nächsten Buchungsvorschlag aufzurufen.

Der als unvollständig erkannte Buchungsvorschlag ist verarbeitet. Der Lerndateieintrag ist erstellt. In Zukunft wird diese Mietzahlung als sicher erkannter Buchungsvorschlag angezeigt. Der nächste Buchungsvorschlag steht in der Buchungszeile.

3 Buchen der täglichen Geschäftsvorfälle

Hinweis: Spielen Sie den Musterbestand ein, bevor Sie mit der Übung beginnen. Die Stammdaten sind in diesem Bestand bereits ergänzt und der Kontoauszug hinterlegt.

Wenn Sie die Änderungen der Stammdaten nachvollziehen, kann es passieren, dass der Kontoauszug dabei "verloren" geht. In diesem Fall spielen Sie den Musterbestand bitte erneut ein.

Übung zum Kapitel 3.12

Musterbestand:
für SKR 03: 29098/3312
für SKR 04: 29098/4312

Für Hubert Müller sollen im Buchungsstapel "Sparkasse Nürnberg - Januar" Zahlungseingänge auf das Konto der Sparkasse Nürnberg (1200/1800) gebucht werden.

a) Legen Sie den Buchungsstapel an.
b) Erweitern Sie die Buchungszeile so, dass auch das Skontofeld aktiv ist.
c) Erzeugen Sie die Buchungsvorschläge für den Zeitraum 01.-31.01.
d) Verarbeiten Sie den ersten Buchungsvorschlag (AR 1)
e) Übernehmen Sie den zweiten Buchungsvorschlag (AR 3) in die Buchungszeile.
Rufen Sie die Skontoprüfung auf, und übernehmen Sie die Buchung.
Schauen Sie sich die Auswirkungen der Skontobuchung über die Funktion "Summen und Salden einer Buchung" an
f) Bearbeiten Sie die verbleibenden Buchungsvorschläge, ergänzen Sie dafür ggf. die Buchungsvorschläge und schauen Sie sich die Auswirkungen der Buchungen in der Primanotenansicht und über die Funktion "Summen und Salden einer Buchung" an.

3.13 Das manuelle Buchen von Zahlungen

Beim Buchen von Zahlungen unterstützt Sie das Programm „(Kanzlei-)Rechnungswesen pro" durch den Buchungsmodus **Zahlungen buchen**.

Selbstverständlich können Sie Zahlungen auch in der Standardansicht buchen. Es empfiehlt sich jedoch der Buchungsmodus **Zahlungen buchen**.

Das manuelle Buchen von Zahlungseingängen über den Buchungsmodus „Zahlungen buchen"

Voraussetzung

Der gewünschte Buchungsstapel ist geöffnet.

Funktion aktivieren

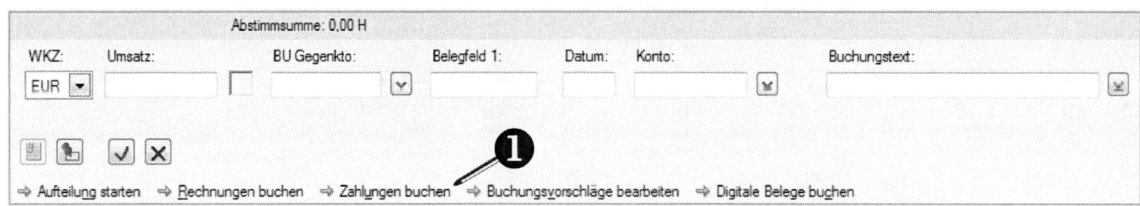

Aktivieren sie den Buchungsmodus **Zahlungen buchen** über:

- den Link **Zahlungen buchen** ❶ unterhalb der Buchungszeile
- die Tastenkombination Strg + ⇧ Umschalt + Z

Buchen der täglichen Geschäftsvorfälle 3

Dialog & Interaktion

Es öffnet sich das Dialogfenster **Konto auswählen**, in dem Sie zunächst das Geldkonto auswählen, welches Sie buchen möchten. Dieses bleibt dann solange im Feld Konto der Buchungszeile, wie Sie sich im Buchungsmodus **Zahlungen buchen** befinden oder im Dialogfenster „Zahlungen buchen (OPOS-Suche)" ein anderes Geldkonto wählen.

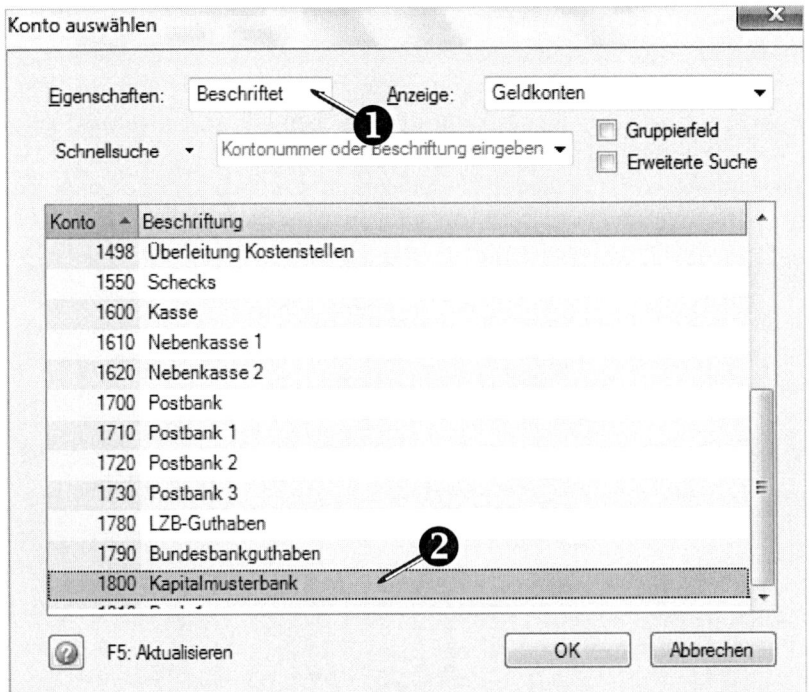

Eigenschaften ❶. Über diese Optionsfelder können Sie wählen, ob in der darunterstehenden Liste die bebuchten, beschrifteten, genutzten oder im Vorjahr bebuchten Konten angezeigt werden.

Konto auswählen ❷. Wählen Sie aus der Liste das gewünschte Geldkonto aus und bestätigen Sie mit OK.

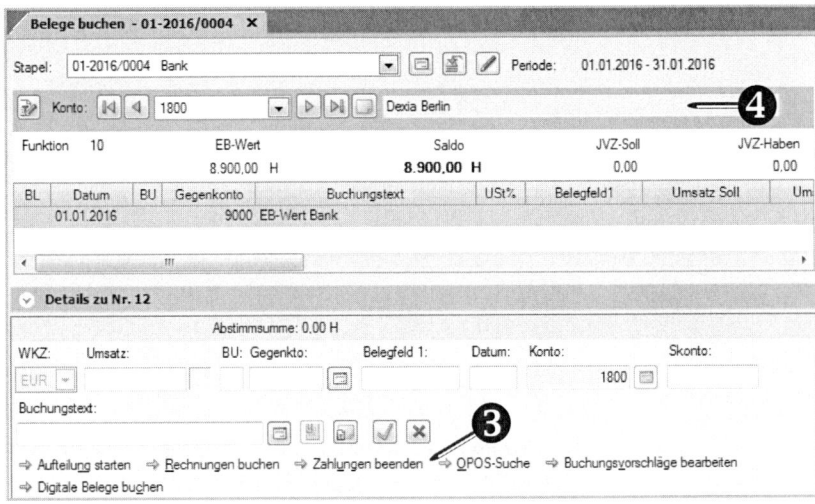

Im Anzeigebereich des Buchungsfensters wird nun der Buchungsmodus **Zahlungen buchen** aktiviert. In der Statuszeile wird der Modus durch den Link Zahlungen beenden entsprechend angezeigt ❸. Oberhalb der Kontenliste wird das zuvor gewählte Geldkonto mit Kontonummer und Kontobezeichnung angezeigt ❹.

3 Buchen der täglichen Geschäftsvorfälle

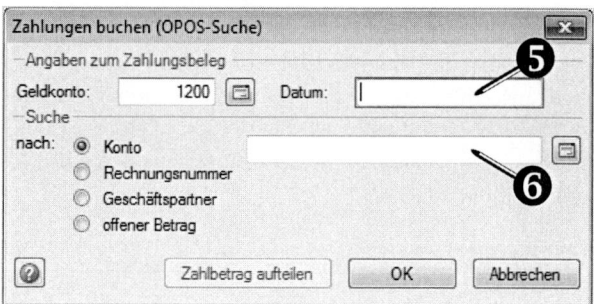

OPOS-Suche. Im Buchungsmodus **Zahlungen buchen** öffnet sich zunächst automatisch das Dialogfenster **Zahlungen buchen (OPOS-Suche)**. Geben Sie das **Datum** der Zahlung ein ❺. Nutzen Sie die Suchfunktion, um das entsprechende Personenkonto schnell zu finden (siehe auch Kapitel 3.9) ❻. Falls das Dialogfenster nicht automatisch eingeblendet wird, öffnen Sie es über den Link **OPOS-Suche** unterhalb der Buchungszeile.

Durch die Auswahl in der OPOS-Suche wird das entsprechende OPOS-Konto mit den offenen Posten angezeigt ❼. Liegt auf dem Personenkonto lediglich ein offener Posten vor, werden die Daten sofort in die Buchungszeile übernommen.

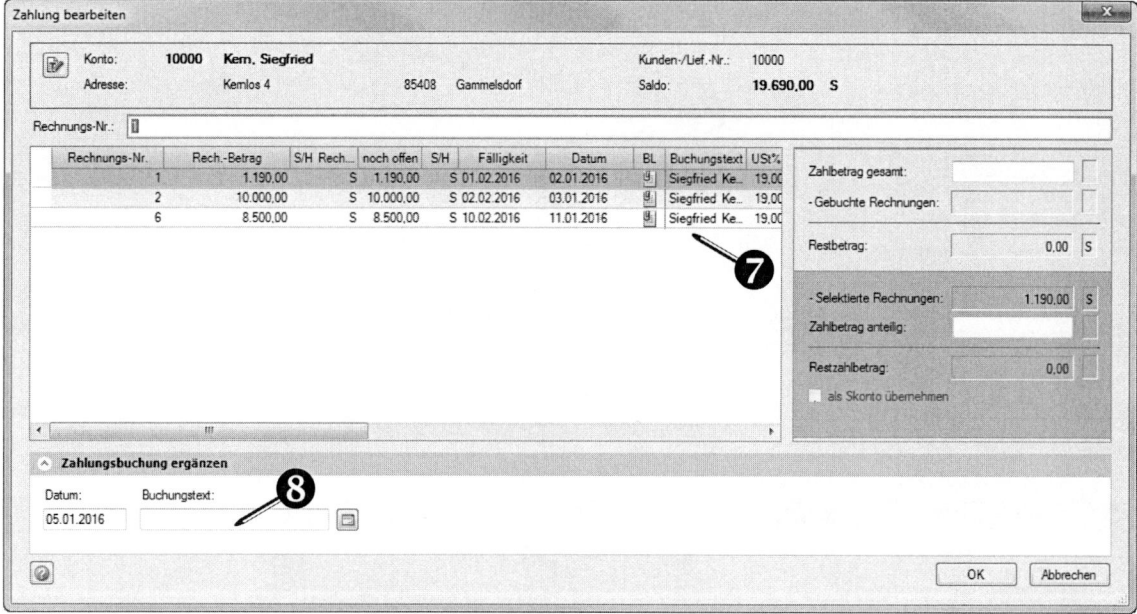

Markieren Sie die Rechnung, die Sie ausgleichen möchten und geben Sie anschließend den Buchungstext ein ❽. Bestätigen Sie Ihre Auswahl mit **OK**.

Buchungsdaten eingeben. Die Daten werden automatisch in die Buchungszeile übernommen. Beim Auslösen des Umsatzes brauchen Sie nicht auf das Auslösen achten, da das Soll-/Habenkennzeichen automatisch richtig gesetzt ist. Die Buchung muss nur noch übernommen werden.

Aktion beenden

Lösen Sie die Buchung wie gewohnt aus. Die Buchungszeile wird geleert und in der oberen OPOS-Konto-Ansicht verschwindet die entsprechende Rechnung, da der offene Posten nun ausgeglichen ist. Das Dialogfenster **Zahlungen buchen (OPOS-Suche)** wird automatisch geöffnet, damit Sie das nächste Personenkonto für weitere Buchungen auswählen können.

3 Buchen der täglichen Geschäftsvorfälle

Zahlungen mit Skontoabzug buchen

Bei Zahlungsbuchungen mit Skontoabzug werden Sie vom Programm durch eine Skontoprüfung unterstützt. Bei dieser Prüfung wird der Skontobetrag, der entsprechende Skontoprozentsatz sowie der Steuersatz der zugrunde liegenden Rechnung ermittelt und angezeigt. Darüber hinaus prüft das Programm anhand der angelegten Zahlungsbedingung, ob der Skontoabzug berechtigt ist. Die Skontoprüfung ist nur in einem OPOS-Bestand möglich.

Voraussetzung

Der gewünschte Buchungsstapel ist geöffnet. Der Buchungsmodus **Zahlungen buchen** ist aktiviert und das entsprechende Geldkonto ist ausgewählt (siehe Seite 104). Nutzen Sie die OPOS-Suche, um das entsprechende Personenkonto auszuwählen.

Damit der Skontobetrag automatisch gebucht werden kann, muss das Feld **Skonto** in der Buchungszeile eingeblendet sein. Um die Buchungszeile ggf. entsprechend anzupassen, aktivieren Sie im rechten Zusatzbereich den Link **Buchungssatz**. Es öffnen sich weitere Kategorien der Eigenschaften. Scrollen Sie mit der Maus nach unten zu **Optionale Erfassungsfelder** und wählen Sie den Eintrag **Skonto** aus (siehe „Buchungszeile anpassen" auf Seite 53).

Dialog & Interaktion

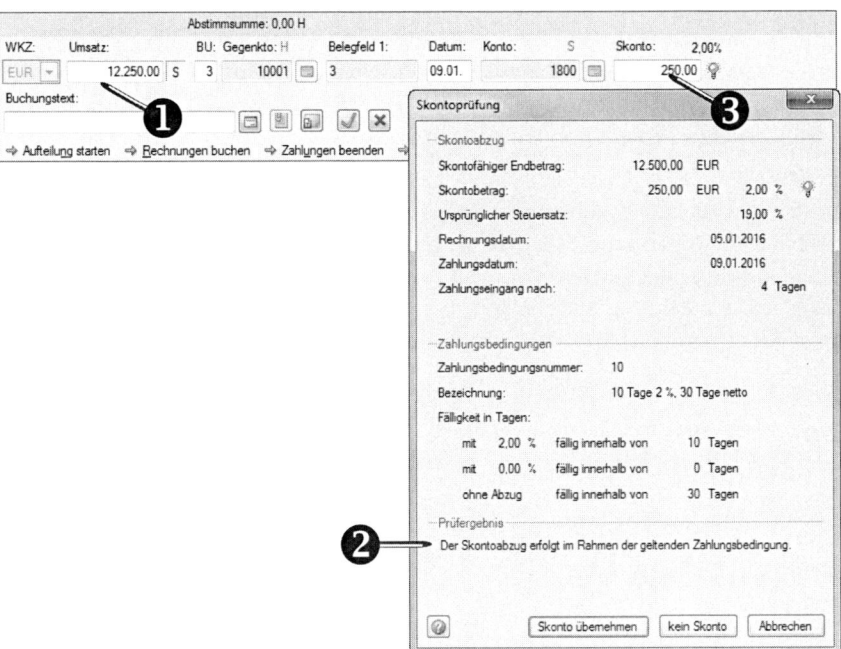

Buchungsdaten eingeben. Durch die Auswahl der betreffenden Rechnung über die OPOS-Suche übernimmt das Programm bereits alle wichtigen Buchungsdaten in die Felder der Buchungszeile.

Umsatz ❶. Ersetzen Sie nun den voreingestellten Umsatzbetrag durch den tatsächlichen Zahlungsbetrag. Da das Soll- bzw. Habenkennzeichen bereits vom Programm gesetzt wurde, muss in diesem Fall nicht auf das Auslösen des Umsatzbetrages gemäß der DATEV-Buchungslogik geachtet werden. Verlassen Sie das Umsatzfeld mit der **Enter-Taste** ⏎ Enter, da die +-Taste eine Buchung auslösen würde, sofern alle Pflichtfelder befüllt wären.

3 Buchen der täglichen Geschäftsvorfälle

Skontoprüfung. Über die Taste F2 aktivieren Sie die Skontoprüfung. Das eingeblendete Dialogfenster zeigt Ihnen alle wichtigen Informationen zur Rechnung und zur Zahlung. Im **Prüfergebnis** ❷ stellt das Programm fest, ob der Skontoabzug im Rahmen der zugeordneten Zahlungsbedingungen zulässig ist.

Skonto akzeptieren oder ablehnen. Wenn Sie den Skontoabzug akzeptieren, bestätigen Sie ihn mit der Schaltfläche **Skonto übernehmen**. Wenn Sie den Skontoabzug nicht akzeptieren, können Sie ihn über die Schaltfläche **kein Skonto** ablehnen. In diesem Fall wird der eingegebene Teilbetrag ausgeglichen und der Restbetrag des offenen Postens besteht als offener Posten weiter.

Skontofeld ❸. Wenn Sie den Skontoabzug akzeptiert haben, wird der Skontobetrag automatisch im Skontofeld der Buchungszeile eingestellt und mit einem Symbol markiert. Ein 💡 bedeutet, dass der Skontoabzug berechtigt ist; ein ⊖ bedeutet, dass der Skontoabzug nicht berechtigt ist. Oberhalb des Skontobetrages wird in beiden Fällen der Skontosatz in Prozent angezeigt.

Aktion beenden

Lösen Sie die Buchung aus.

Skontibuchung mit Blick auf die E-Bilanz

Für die E-Bilanz müssen der Wareneinkauf und der Erwerb von Roh-, Hilfs- und Betriebsstoffen (RHB) streng getrennt werden. Da Skonti die Anschaffungskosten mindern, müssen auch sie auf getrennten Konten erfasst werden, um den Anforderungen der E-Bilanz gerecht zu werden.

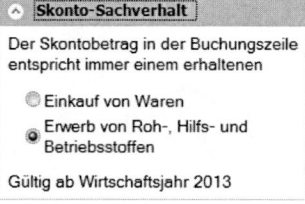

In den Eigenschaften zum Buchungssatz im Bereich **Skonto-Sachverhalt** können Sie festlegen, ob Skonti grundsätzlich dem Wareneinkauf oder dem Erwerb von RHB zugeordnet werden sollen. Sie können beim Buchen einer Zahlung entscheiden, dass der Skontobetrag dem anderen Bereich zugeordnet werden soll.

Voraussetzung

Die Zahlung steht zur Be- und Verarbeitung in der Buchungszeile.

Dialog & Interaktion

Öffnen Sie das Kontextmenü zur **Buchungszeile** und klicken auf **Skonto-Sachverhalt auswählen…**

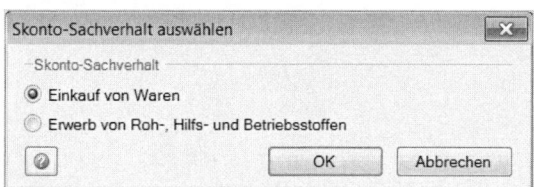

Aktivieren Sie die gewünschte Option und bestätigen mit OK.

Aktion beenden

Lösen Sie die Buchung aus.

3 Buchen der täglichen Geschäftsvorfälle

Buchen von Sammelzahlungen

Über eine Sammelzahlung können Sie im Buchungsmodus **Zahlungen buchen** mehrere offene Rechnungen mit einer Zahlungsbuchung ausgleichen. Insbesondere können Sie hierbei mehrere Rechnungen und Gutschriften eines Personenkontos oder etwa Zahlungs-Ein- und -Ausgänge unterschiedlicher Personenkonten ausgleichen.

Voraussetzung

Sie befinden sich in **Belege buchen** und der gewünschte Buchungsstapel ist geöffnet. Der Buchungsmodus **Zahlungen buchen** ist aktiviert und das entsprechende Geldkonto ist ausgewählt (siehe Seite 104). Nutzen Sie die OPOS-Suche, um das entsprechende Personenkonto auszuwählen.

Funktion aktivieren

Wenn das gewählte Personenkonto mehr als eine Rechnung als offenen Posten hinterlegt hat, öffnet sich nach Auswahl des Kontos automatisch das Dialogfenster **Zahlung bearbeiten**.

Dialog & Interaktion

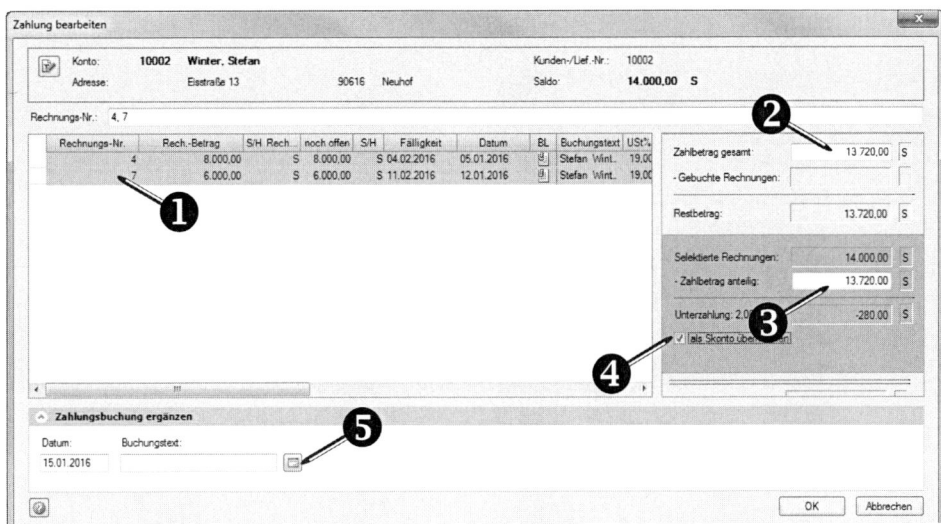

Offene Rechnungen ❶. In der Liste werden alle offenen Rechnungen dieses Personenkontos angezeigt. Markieren Sie die offenen Rechnungen, die Sie ausgleichen möchten. Für eine Sammelzahlung müssen mehrere Rechnungen markiert werden. Halten Sie dazu die Strg-Taste gedrückt und klicken Sie die gewünschten Rechnungen in der Liste an.

Zahlbetrag gesamt ❷. Erfassen Sie in diesem Feld den Zahlbetrag gemäß Bankauszug. Hier ist auf die DATEV-Buchungslogik zu achten und das Feld entsprechend auszulösen.

Restzahlbetrag ❸. Ergibt sich zwischen den selektierten Rechnungen und dem von Ihnen eingegebenen **Zahlbetrag gesamt** eine Differenz, wird diese als Restzahlbetrag oder Unterzahlung angezeigt. Diesen Betrag können Sie – falls berechtigt – als Skonto übernehmen ❹.

Buchungstext ❺. Erfassen Sie hier den Buchungstext der Sammelzahlung.

Aktion beenden

Bestätigen Sie Ihre Eingaben mit **OK**.

Nach der letzten Teilbuchung öffnet sich automatisch das Dialogfenster **Sammelzahlung beenden**, in dem Sie über entsprechende Optionsfelder entscheiden können, wie Sie fortfahren möchten. Ist der Restbetrag **Null**, so ist hier automatisch das Optionsfeld **Sammelzahlung beenden** aktiviert. Um die Buchung des aufzuteilenden Beleges abzuschließen bestätigen Sie mit **OK**.

Die in der Sammelzahlung zusammengefassten Rechnungen sind nun ausgeglichen. Das Dialogfenster **Zahlungen buchen (OPOS-Suche)** wird automatisch geöffnet, damit Sie das nächste Personenkonto für weitere Buchungen auswählen können.

Wenn Sie in die Primanotaansicht wechseln, sehen Sie die einzelnen Buchungen, die das Programm durch die Sammelzahlung erzeugt hat.

Das Aufteilen einer Sammelzahlung auf mehrere Konten

Ähnlich wie beim Aufteilen von Rechnungen (siehe hierzu Kapitel 3.11) können auch Zahlungsbuchungen auf mehrere Konten aufgeteilt werden.

Voraussetzung

Der gewünschte Buchungsstapel ist im Buchungsmodus **Zahlungen buchen** geöffnet. Das Geldkonto, auf das die Zahlung gebucht werden soll, ist ausgewählt; die OPOS-Suche ist geöffnet.

Funktion aktivieren

Öffnen Sie das Dialogfenster **Aufteilung starten** über die Schaltfläche **Zahlbetrag aufteilen** im Dialogfenster **Zahlungen buchen (OPOS-Suche)**.

Dialog & Interaktion

- Geben Sie die Daten in das Dialogfenster ein und bestätigen Sie mit **OK**. Sie gelangen in die OPOS-Suche der ersten Teilbuchung.
- Wählen Sie in der OPOS-Suche der Teilbuchung das erste Konto aus, dessen Teilzahlung Sie buchen möchten (z.B. 30000). Es öffnet sich das OPOS-Konto des gewählten Lieferanten oder Kunden.
- Wählen Sie die zum Ausgleich fällige Rechnung aus. Die Rechnung wird in die Buchungszeile übernommen.
- Übernehmen Sie die Buchung. Die OPOS-Suche öffnet sich wieder.
- Wählen Sie das Personenkonto für die zweite Teilrechnung (z.B. 80000) und die zum Ausgleich fällige Rechnung (1824) aus. Die Rechnung wird in die Buchungszeile übernommen.
- Übernehmen Sie auch diese Buchung.
- Die Buchung wird übernommen. Da nun der eingegebene Gesamtbetrag vollständig aufgeteilt ist, öffnet sich das Dialogfenster **Sammelzahlung beenden**.

Aktion beenden

Durch Betätigen der Schaltfläche **OK** wird die Sammelzahlung beendet und die Buchungen werden übernommen.

Buchen der täglichen Geschäftsvorfälle 3

Hinweis: Wenn Sie die elektronischen Bankumsätze gebucht haben, müssen Sie diese Buchungen löschen oder den Musterbestand erneut einspielen, bevor Sie die folgende Übung bearbeiten können.

Übung zum Kapitel 3.13

👉 Musterbestand:
für SKR 03: 29098/3312
für SKR 04: 29098/4312

Für Hubert Müller sollen im Buchungsstapel „Sparkasse Nürnberg Januar" Zahlungseingänge auf das Konto der Sparkasse Nürnberg (1200/1800) gebucht werden. Erweitern Sie die Buchungszeile so, dass auch das Skontofeld aktiv ist.

a) Der Bankauszug der Sparkasse Nürnberg weist am 14.01. den Zahlungseingang für die Ausgangsrechnung Nr. 1 von Siegfried Kern aus.

Der Buchungssatz lautet:

Soll		an			Haben
1200/1800	Sparkasse Nürnberg	1.190,00	10000	Kern Siegfried	1.190,00

b) Der Kunde 10001 Mahler Viktor bezahlt seine Rechnung Nr. 3 am 15.01. unter Abzug eines Skontobetrags. Dem Bankkonto von Hubert Müller werden 12.250,00 € gutgeschrieben. Nutzen Sie bei der Buchung die Skontoprüfung, um festzustellen, ob der Skontoabzug berechtigt ist. Schauen Sie sich die Auswirkungen der Skontobuchung über die Funktion „Summen und Salden einer Buchung" an.

c) Laut Bankbeleg hat der Kunde Stefan Winter die Rechnungen Nr. 4 und 7 in Höhe von insgesamt 13.125,00 € (13.143,00 € abzüglich 18,00 € Skonto) am 18.01. beglichen. Schauen Sie sich nach der Buchung die Auswirkungen der Sammelbuchung in der Primanota-Ansicht an.

d) Buchen Sie folgende Posten eines Bankauszugs.

Datum	Einnahme	Ausgabe	Beleg-Nr.	Skonto	Debitor	Kreditor
21.01.		11.720,31	7852	2%		70002
28.01.		8.925,00	6876	Nein		70001
30.01.	18.300,00		2 und 6	Nein	10000	

e) Buchen Sie eine Gutschrift des beantragten Darlehens mit Datum 30.01. über 100.000,00 € abzgl. Disagio (3000,00 €) im Wert von 97.000,00 €

f) Buchen Sie eine Zinsgutschrift mit Datum 31.01. auf das Festgeldkonto für die Zeit von 01.11. des Vorjahres bis zum 31.01. des aktuellen Jahres im Wert von 1.500,00 €.

3.14 Das Buchen von Anlagegütern

Den Einkauf eines Anlagegutes buchen

Nutzen Sie zum Buchen von Anlagekäufen den Buchungsmodus **Rechnungen buchen** (siehe Seite 88). Dabei ist zu beachten, dass die Konten des Anlagevermögens in den Standardkontenrahmen keine Kontenfunktion zur automatischen Steuerrechnung haben. Aus diesem Grund müssen Anlagekäufe mit einem Steuerschlüssel (z.B. 9 für 19% VSt.) gebucht werden. Wenn Sie den Steuerschlüssel nicht wissen, können Sie im Feld **BU** der Buchungszeile das Auswahlmenü der Steuerschlüssel mit der Tastenkombination ⇧ Umschalt + F3 öffnen (siehe Seite 66).

Skontoabzug bei einem Anlagekauf buchen

Im Gegensatz zum Skontoabzug bei Warenbezügen oder Aufwendungen muss beim Anlagekauf der Skontoabzug die Anschaffungs- und Herstellungskosten mindern. Das bedeutet, der Skontobetrag darf nicht auf ein Skontokonto, sondern muss gegen das Anlagekonto gebucht werden. Auch hierbei unterstützt Sie das Programm „(Kanzlei-)Rechnungswesen pro" mit einer so genannten **Generalumkehrbuchung**, die das Programm automatisch erstellt.

Gehen Sie bei der Buchung vor, wie bei herkömmlichen Zahlungen mit Skontoabzug (siehe Seite 107). Nach der Skontoprüfung erscheint ein Hinweisfenster, in dem Sie über die automatische Generalumkehrbuchung informiert werden. Bestätigen Sie die Meldung mit **OK**.

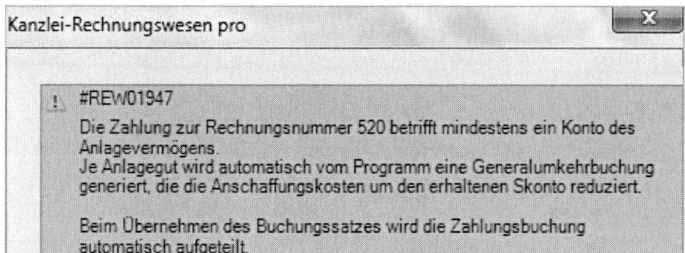

Wenn Sie nach dem Übernehmen der Buchung in die Primanotaansicht wechseln, sehen Sie, dass das Programm im Hintergrund zwei Buchungssätze gebildet hat. Der erste Buchungssatz entspricht dem Zahlungsausgang, die zweite Buchung mindert das Anlagenkonto um den Skontobetrag.

| 2 | 15.160,60 H | | 70003 | 123457 | 18.01.2016 | 1800 | Dachs Johann |
| 3 | 309,40 H | 29 | 70003 | 123457 | 18.01.2016 | 520 | Skonto Anlagenzugang |

Wählen Sie für die zweite Buchung die **Summen und Salden einer Buchung** (siehe Seite 58) und Sie sehen, wie das Programm gebucht hat. Die Beträge werden mit einem negativen Vorzeichen auf der Soll-Seite des Anlagenkontos gebucht. Damit werden die Anschaffungskosten des Anlagegutes gemindert. Dies wurde durch die „2" an der ersten Stelle des BU-Feldes ausgelöst. Das Stornieren einer Rechnung mit diesem Schlüssel nennt man **Generalumkehr**.

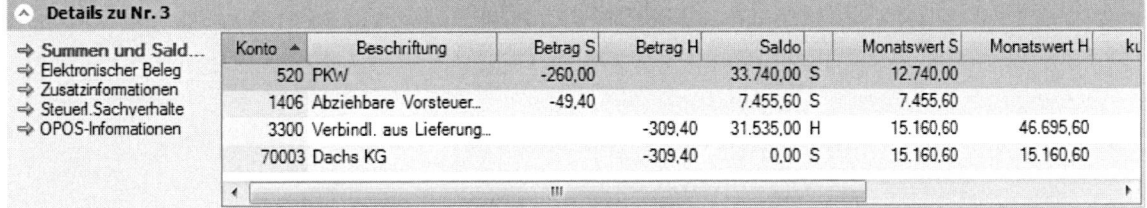

Für Hubert Müller sollen Anlagekäufe gebucht werden.

a) Legen Sie den Buchungsstapel „Anlagegüter Januar" an.

b) Hubert Müller hat bei der Firma Johann Dachs (Kreditor 70003) am 13.01. einen neuen Pkw gekauft. Die Anschaffungskosten betragen 13.000,00 € + 2.470,00 € Vorsteuer. Der Beleg hat die Rechnungsnummer 123457.

Der Buchungssatz lautet:

Soll			an		Haben
0320/0520	Pkw	13.000,00	70003	Dachs Johann	15.470,00
1576/1406	Vorsteuer 19%	2.470,00			

Buchen Sie den Vorgang als offenen Posten im Buchungsstapel „Anlagegüter Januar". Verwenden Sie beim Buchen den entsprechenden Buchungsschlüssel zur automatischen Steuerrechnung. Schauen Sie sich anschließend die Auswirkungen der Buchung über die Funktion „Summen und Salden einer Buchung" an.

c) Die Rechnung des Autokaufs aus Aufgabe a) wird am 18.01. unter Abzug von 2% Skonto vom Konto der Sparkasse Nürnberg (1200/1800) beglichen, Zahlbetrag: 15.160,60 €. Buchen Sie die Zahlung im Buchungsstapel „Anlagegüter Januar". Nutzen Sie für die Skontobuchung die automatische Generalumkehrbuchung.

Übung zum Kapitel 3.14

Musterbestand:
für SKR 03: 29098/3314
für SKR 04: 29098/4314

3.15 Besondere Buchungen der laufenden Buchungsperiode

Einrichten eines individuellen Steuerschlüssels für Bewirtungskosten

Ausgaben für die Bewirtung von Kunden aus geschäftlichem Anlass dürfen nur zu 70% als Bewirtungskosten gebucht werden; 30% müssen als nicht abzugsfähige Betriebsausgaben gebucht werden. Die Vorsteuer ist zu 100% abzugsfähig. Das bedeutet, dass Sie zwei Buchungssätze bilden müssen:

Soll	an	Haben
4650/6640 Bewirtungskosten		1000/1600 Kasse
1576/1406 VSt. 19%		

Soll	an	Haben
4654/6644 Nicht abzugsf. Bewirtungskosten	4650/6640 Bewirtungskosten	

Damit Sie diese Bewirtungskosten nicht als zwei Buchungen eingeben müssen, können Sie über einen **individuellen Steuerschlüssel** automatisch eine abgeleitete Buchung erzeugen lassen, die 30% der Bewirtungskosten auf das Konto **Nicht abzugsfähige Bewirtungskosten** (4654/6644) umbucht.

Voraussetzung

Der gewünschte Mandant ist geöffnet.

Um individuelle Steuerschlüssel einrichten zu können, muss für den Mandanten die Eigenschaft **individuelle Funktionen** aktiviert sein. Sofern Sie dies noch nicht bei der Neuanlage des Mandanten getan haben, können Sie es unter dem Menüpunkt **Stammdaten → Mandantendaten → Arbeitsblatt Grunddaten Rechnungswesen** nachholen.

Funktion aktivieren

Öffnen Sie das Arbeitsblatt **Steuerschlüssel** über den Menüpunkt **Stammdaten → Steuerschlüssel**.

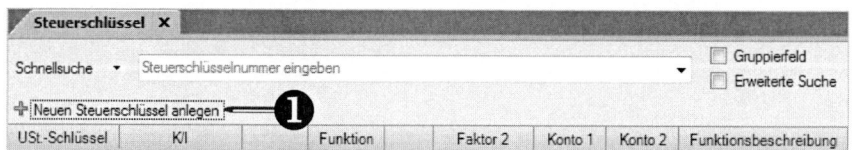

Öffnen Sie das Dialogfenster **Individuelle Steuerschlüssel** über den Link **Neuen Steuerschlüssel anlegen** ❶.

3 Buchen der täglichen Geschäftsvorfälle

Dialog & Interaktion

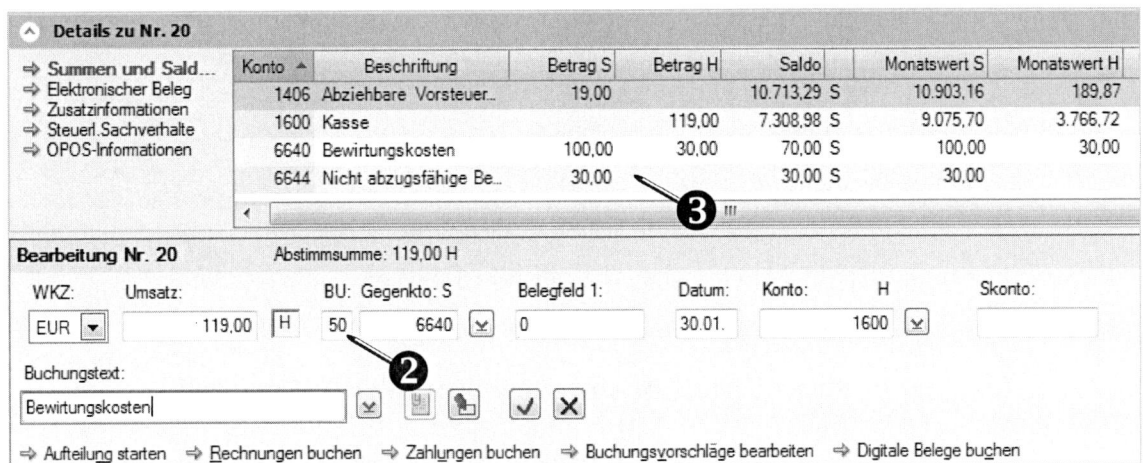

Im Dialogfenster sehen Sie mehrere Felder, über die Sie einen individuellen Steuerschlüssel anlegen können. Um einen Steuerschlüssel für die Bewirtungskosten anzulegen, füllen Sie die Felder wie in der Abbildung gezeigt aus.

Aktion beenden

Bestätigen Sie Ihre Eingabe mit **OK**.

Das Dialogfenster wird geschlossen und der neu angelegte Steuerschlüssel wird im Arbeitsblatt **Steuerschlüssel** angezeigt. Schließen Sie das Arbeitsblatt.

Wenn Sie künftig die Bewirtungskosten mit dem Steuerschlüssel 50 buchen ❷, so können Sie über die Ansicht **Summen und Salden einer Buchung** ❸ nachvollziehen, welche Einzelbuchungen das Programm automatisch vollzogen hat:

- Die Kasse wird um den Gesamtbetrag gemindert.

- Es werden 19% Steuer aus dem Bruttobetrag herausgerechnet.

- Der Nettobetrag wird im Soll auf dem Konto Bewirtungskosten gebucht.

- Anschließend werden 30% des Nettobetrages vom Konto **Bewirtungskosten** auf das Konto **Nicht abzugsfähige Bewirtungskosten** umgebucht.

115

Buchen einer innergemeinschaftlichen Lieferung

Unter einer innergemeinschaftlichen Lieferung versteht man eine Warenlieferung in ein anderes Mitgliedsland der Europäischen Union. Für diese Waren muss keine deutsche Umsatzsteuer abgeführt werden.

Eine der Voraussetzungen für die Steuerbefreiung ist der Nachweis über die Unternehmereigenschaft des Kunden. Dies geschieht über die **Umsatzsteuer-Identifikationsnummer** des Kunden (**USt-IdNr.**), die auf der Rechnung vermerkt und beim Buchungssatz gespeichert werden muss.

Das Buchen der innergemeinschaftlichen Lieferung können Sie in „(Kanzlei-)Rechnungswesen pro" entweder über entsprechende Automatikkonten (8125/4125) oder über den Steuerschlüssel „11" vornehmen (zum Buchen von Ausgangsrechnungen über den Buchungsmodus „Rechnungen buchen" siehe Kapitel 3.9).

Die **USt-IdNr.** kann entweder direkt bei der Erfassung des Buchungssatzes eingegeben oder im **Debitorenkonto** hinterlegt werden, sodass das Programm die USt-IdNr. bei jeder Buchung des Debitors automatisch verwendet (siehe „Anlegen von Debitoren- und Kreditorenkonten" auf Seite 46).

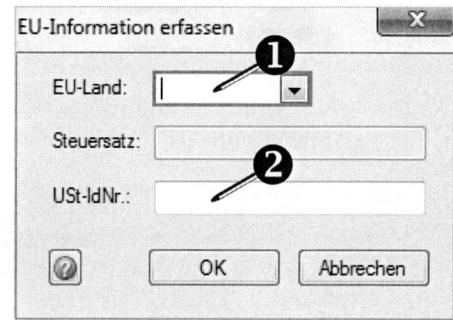

Ist die USt-IdNr. nicht im Debitorenkonto gespeichert, so erscheint nach dem Übernehmen des Buchungssatzes das Dialogfenster **EU-Information erfassen**. Wählen Sie im Feld **EU-Land** ❶ das Länderkürzel und geben Sie die Identifikationsnummer im Feld **USt-IdNr.** ❷ ein. Bestätigen Sie mit **OK**.

Buchungen von innergemeinschaftlichen Lieferungen erscheinen sowohl auf der Umsatzsteuer-Voranmeldung als auch auf der zusammenfassenden Meldung (siehe Seite 181).

Buchen eines innergemeinschaftlichen Erwerbs

Das Gegenstück zur innergemeinschaftlichen Lieferung ist der innergemeinschaftliche Erwerb. Hierbei werden Waren von einem Unternehmen eines anderen EU-Mitgliedsstaates erworben. Da der Lieferant dabei eine innergemeinschaftliche Lieferung tätigt, ist dieser Umsatz für ihn steuerfrei. Im Gegenzug muss der Käufer die Ware der Umsatzbesteuerung unterziehen.

Ist der Käufer der Ware zum Vorsteuerabzug berechtigt, so kann er die Steuer als Vorsteuer absetzen (Nullsummenspiel). Dieses wird vom Programm automatisch durchgeführt, wenn Sie die dafür vorgesehenen Automatikkonten ansprechen (z.B. 3425/5425 EG-Erwerb 19% VSt und 19% USt) oder mit dem Steuerschlüssel „19" buchen (zum Buchen von Eingangsrechnungen über den Buchungsmodus „Rechnungen buchen" siehe Seite 88).

Auch beim innergemeinschaftlichen Erwerb kann eine USt-IdNr. eingegeben werden. Diese wird auf keiner amtlichen Auswertung ausgewiesen, sie hat nur dokumentarischen Charakter.

Buchen der täglichen Geschäftsvorfälle   3

Steuerschuldnerschaft nach § 13b UStG

In der Regel muss der Lieferant einer Ware oder Dienstleistung die Umsatzsteuer an das Finanzamt abführen, er ist also der Steuerschuldner. Allerdings sieht das Umsatzsteuer-Gesetz Abweichungen davon vor. Ein solcher Fall wurde bereits im Kapitel „Buchen eines innergemeinschaftlichen Erwerbs" dargestellt. Weitere Fälle sind im § 13b UStG geregelt:

Beispielsweise schuldet nach § 13b Abs. 2 UStG der Leistungsempfänger (Unternehmer oder juristische Person des öffentlichen Rechts) für folgende steuerpflichtige Umsätze die Steuer:

- Werklieferungen und sonstige Leistungen eines im Ausland ansässigen Unternehmers, § 13b Abs. 2 Nr. 1 UStG (gültig ab 01.01.2002)
- Lieferungen sicherungsübereigneter Gegenstände durch den Sicherungsgeber an den Sicherungsnehmer außerhalb des Insolvenzverfahrens,
  § 13b Abs. 2 Nr. 2 UStG (gültig ab 01.01.2002)
- Umsätze, die unter das Grunderwerbsteuergesetz fallen,
  § 13b Abs. 2 Nr. 3 UStG (gültig ab 01.01.2004)
- Bauleistungen eines im Inland ansässigen Unternehmers,
  § 13b Abs. 2 Nr. 4 UStG (gültig ab 01.01.2004).
- Lieferungen von Gas und Elektrizität eines im Ausland ansässigen Unternehmers unter den Bedingungen des § 3g UStG,
  § 13b Abs. 2 Nr. 5 UStG (gültig ab 01.01.2005).

In diesen Fällen wird die Steuerschuldnerschaft auf den Empfänger einer Lieferung bzw. Leistung verschoben. Das heißt, der Empfänger erhält von seinem Lieferanten/Leistungserbringer eine Rechnung ohne Ausweis der Umsatzsteuer. Der Empfänger muss die anfallende Umsatzsteuer berechnen und an die Finanzbehörden abführen.

Im DATEV-Kontenrahmen sind hierfür zahlreiche Automatikkonten vorgesehen, die dieses „heraufrechnen" der Steuer automatisch durchführen. Die wichtigsten dieser Konten sind:

AV 3120-3121 / 5920-5921   Bauleistungen eines im Inland ansässigen Unternehmers 19% Vorsteuer und 19% Umsatzsteuer

AV 3125-3126 / 5925-5926   Leistungen eines im Ausland ansässigen Unternehmens 19% Vorsteuer und 19% Umsatzsteuer

Analog dazu kann auch auf ein Konto ohne Automatikfunktion (siehe Seite 65) mit dem Umsatzsteuerschlüssel „94" gebucht werden. Dieser BU-Schlüssel deckt alle Sachverhalte des § 13b UStG ab. Da diese Sachverhalte aber teilweise in der Umsatzsteuervoranmeldung in unterschiedlichen Kennzahlen eingetragen werden, muss beim Buchen der genaue Sachverhalt eingegeben werden.

Voraussetzung

Beim gewünschten Mandanten ist ein Buchungsstapel geöffnet.

Dialog & Interaktion

Buchungssatz ❶. Erfassen Sie den Buchungssatz mit dem Buchungsschlüssel „94".

Lösen Sie die Buchung aus. Es öffnet sich automatisch das Dialogfenster **Sachverhalt auswählen**.

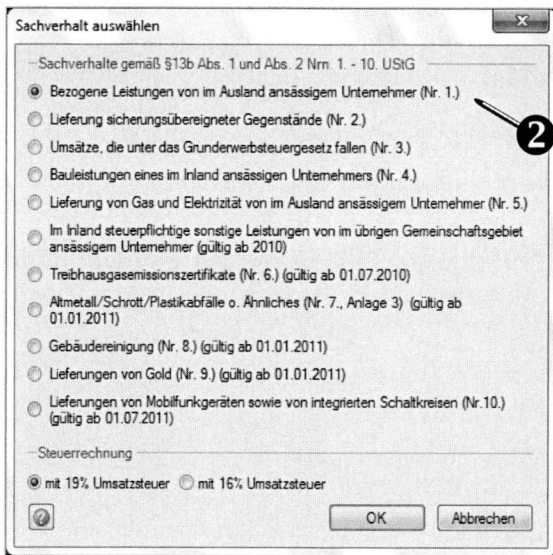

Wählen Sie den gewünschten Sachverhalt gemäß § 13b UStG aus, indem sie die zutreffende Option markieren ❷.

Aktion beenden

Schließen Sie das Fenster mit **OK**. Der Buchungssatz wird in die Buchungsübersicht übernommen.

Auf der Summen- und Salden-Übersicht einer Buchung ist ersichtlich, was der Buchungsschlüssel „94" bewirkt hat:

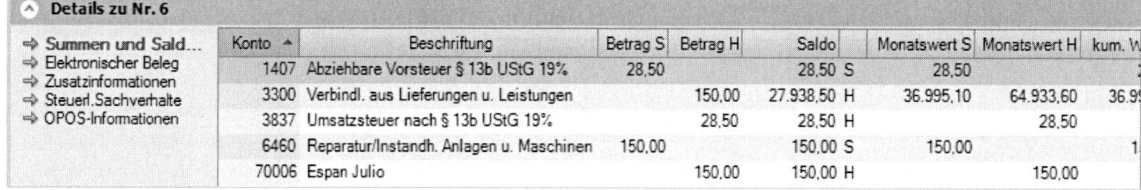

Aufgrund des eingegebenen Nettobetrages in Höhe von 150,00 € wurden 19% USt und gleichzeitig 19% VSt gerechnet (Nullsummenspiel).

Buchen der täglichen Geschäftsvorfälle 3

Erfassen einer Rechnung in Fremdwährung

Haben Sie einen Beleg zu buchen, der in einer von Euro abweichenden Währung erstellt ist, so können Sie diese Fremdwährung ebenfalls direkt beim Buchen erfassen. Das Programm rechnet den Fremdwährungsbetrag automatisch in Euro um.

Voraussetzung

Beim gewünschten Mandanten ist ein Buchungsstapel geöffnet.

Dialog & Interaktion

Wählen Sie im Feld **WKZ** ❶ die zu buchende Fremdwährung aus. Den Umfang der zur Auswahl stehenden Währungen im Feld **WKZ** können Sie unter Extras → Fremdwährung → Währungstabelle definieren.

Erfassen Sie nun die restlichen Felder der Buchungszeile und lösen Sie den Buchungssatz aus. Handelt es sich bei der eingegebenen Währung um eine Nicht-EWU-Währung (= Währung eines Landes, das nicht zur Europäischen Wirtschaftsunion gehört), so öffnet sich beim Auslösen des Buchungssatzes eine Maske zur Eingabe des Währungskurses.

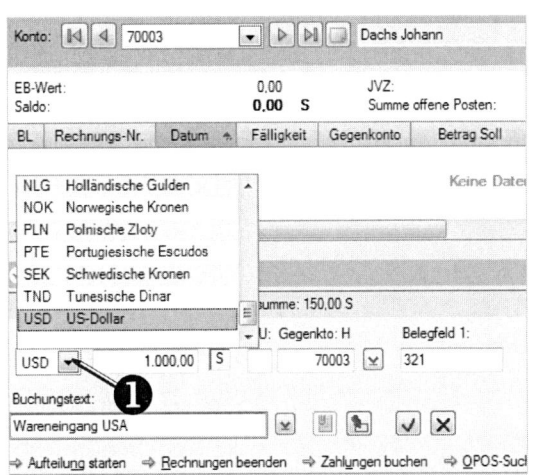

Währungsumrechnung ❷. Geben Sie den Währungskurs im Verhältnis zum Euro ein. In dem oben abgebildeten Beispiel ist die Umrechnung 1,00 € = 1,40 USD. Das Programm zeigt automatisch den eingegebenen Fremdbetrag an (hier 1.000,00 USD), sowie unter **Umgerechneter Wert** den in die Fremdwährung umgerechneten Euro-Betrag (hier: 714,29 €). Der eingegebene Betrag von 1.000,00 USD entspricht also 714,29 € bei dem eingegebenen Kurs von 1,40. Wurde die Währung bereits einmal verwendet, so schlägt das Programm automatisch den letzten eingegebenen Kurs vor.

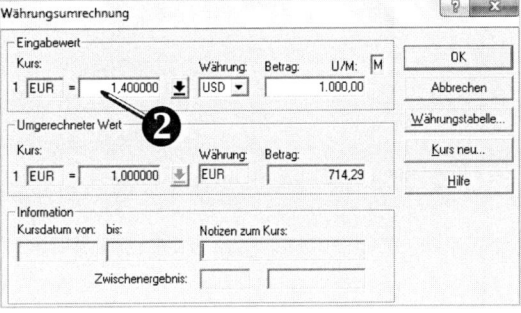

Aktion beenden

Schließen Sie das Dialogfenster **Währungsumrechnung** mit OK.

Der Buchungssatz wird in die Buchungsübersicht übernommen. Dabei wird der eingegebene Fremdwährungsbetrag in Euro umgerechnet und dargestellt.

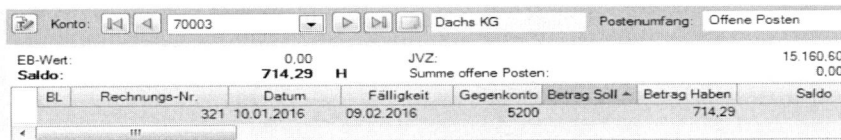

119

Erfassen von Zahlungen einer in Fremdwährung gebuchten Rechnung

Das Programm „(Kanzlei-)Rechnungswesen pro" kann derzeit nur in Euro geführte Bankkonten verwalten. Aus diesem Grund ist die Auswahl eines Währungskennzeichens im Buchungsmodus OPOS-Zahlungen nicht möglich. Hat sich nun der Kurs in der Zeit zwischen Rechnungsstellung und Bezahlung geändert, muss entweder ein niedrigerer Euro-Betrag (= Kursgewinn) oder ein höherer Euro-Betrag (= Kursverlust) überwiesen und gebucht werden. In dem oben angefangenen Beispiel hat sich der Kurs des US-Dollars zwischen der Rechnungsstellung und der Bezahlung auf 1,49 USD geändert. Für einen Euro werden also 1,49 USD berechnet. Auf dem Kontoauszug wird deshalb ein Betrag von 671,14 € abgezogen.

So buchen Sie eine Zahlung in Euro, deren Rechnung in einer Fremdwährung eingegeben wurde

Voraussetzung

Der gewünschte Mandant sowie ein Buchungsstapel sind geöffnet. Sie befinden sich im Buchungsmodus **Zahlungen buchen** und das zu buchende Personenkonto ist ausgewählt.

Dialog & Interaktion

Wählen Sie die zur Zahlungsbuchung anstehende Rechnung aus. Der offene Posten wird in die Buchungszeile eingestellt. Ändern Sie den Betrag auf den Zahlbetrag ab ❶.

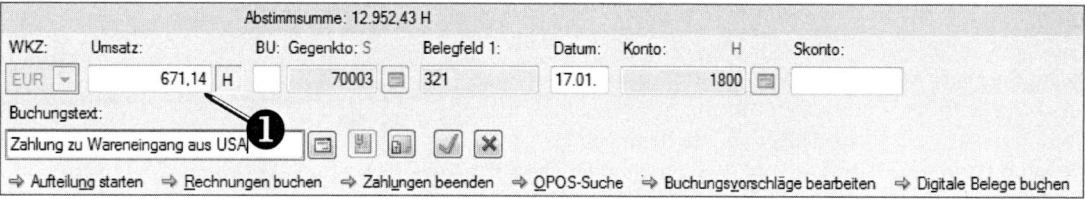

Füllen Sie ggf. die restlichen Felder der Buchungszeile aus.

Aktion beenden

Verarbeiten Sie die Buchung.

Die Buchung wird in die Buchungsansicht übernommen, der noch offene Betrag der Rechnung ist sichtbar (43,15 €).

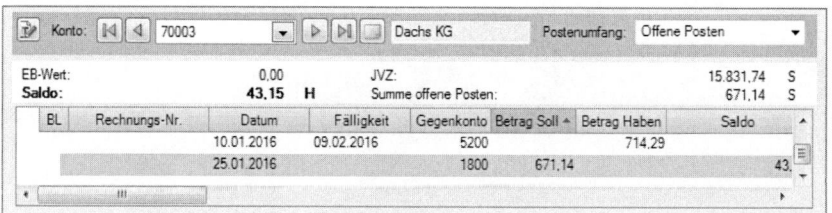

Dieser Differenzbetrag ergibt sich aufgrund des geänderten Kurses zwischen Rechnungsbuchung und Zahlungsbuchung. In diesem Fall war der Zahlbetrag (671,14 €) niedriger als der Rechnungsbetrag (714,29 €). Es handelt sich also um einen Gewinn, der aufgrund der Kursänderung zustande gekommen ist (Kursgewinn).

Buchen der täglichen Geschäftsvorfälle 3

So buchen Sie Kursgewinne/-verluste

Damit der offene Posten ausgeglichen ist, muss der noch offene Betrag als Kursgewinn oder Kursverlust gebucht werden. Da im Buchungsmodus **Zahlungen buchen** immer das Geldkonto eingestellt ist, kann diese Buchung nicht in diesem Buchungsmodus eingegeben werden.

Voraussetzung

Der gewünschte Mandant sowie ein Buchungsstapel sind geöffnet. Der Buchungsmodus **Zahlungen buchen** ist beendet. Die Buchungsansicht OPOS-Konto ist aktiv und das zu buchende Personenkonto ist ausgewählt.

Dialog & Interaktion

Geben Sie den Betrag der Kursdifferenz ein ❶.

Achten Sie bei der Eingabe des **Belegfeldes 1** ❷ darauf, dass Sie die gleiche Rechnungsnummer verwenden wie bei der Rechnungsbuchung.

Lösen Sie den Betrag mit ⏎ Enter oder + entsprechend aus:

Kursgewinn:

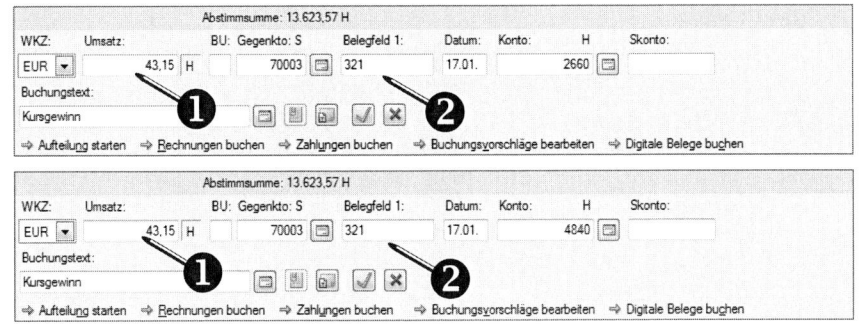

Kursverlust:

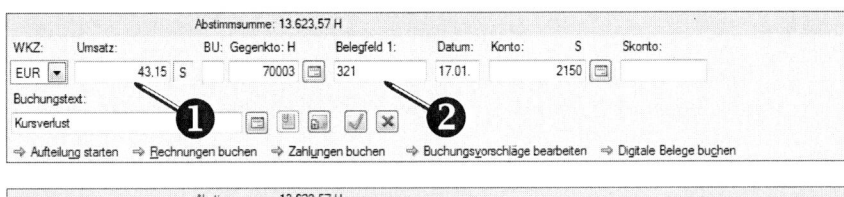

Aktion beenden

Lösen Sie die Buchung aus. Die Buchung wird übernommen. Der offene Posten verschwindet aus der Ansicht **OPOS-Konto**.

3 Buchen der täglichen Geschäftsvorfälle

Übung zum Kapitel 3.15

Musterbestand:
für SKR 03: 29098/3315
für SKR 04: 29098/4315

Für Hubert Müller sollen folgende Geschäftsfälle gebucht werden.

a) Legen Sie den Buchungsstapel „Besondere Buchungen Januar" an.

b) Sie buchen die Kasse. Es liegt Ihnen ein Beleg Nr. 5 für Bewirtungskosten vom 23.01. vor, der alle Bedingungen gem. EStG erfüllt. Der Betrag lautet auf 119,00 € inkl. 19% Umsatzsteuer. Vom Nettobetrag sind 70% abzugsfähig (= 70,00 €) und 30% nicht abzugsfähig (= 30,00 €).

Die Buchungssätze lauten:

Soll			an		Haben
4650/6640	Bewirtungskosten	100,00	1000/16000	Kasse	119,00
1576/1406	Vorsteuer 19%	19,00			

Soll			an		Haben
4654/6644	nicht abzugsfähige Betriebsausgaben	30,00	4650/6640	Bewirtungskosten	30,00

Legen Sie zunächst den individuellen Steuerschlüssel „50" an, mit dem die nicht abzugsfähigen Bewirtungskosten herausgerechnet und umgebucht werden.

Schauen Sie sich die Ergebnisse Ihrer Buchung mit der Funktion „Summen und Salden einer Buchung" an.

c) Hubert Müller verkauft am 19. Januar Sofas auf Ziel an den Kunden France Marcel in Frankreich. Warenwert: 40.000,00 €. Der Beleg hat die Rechnungsnummer 6. Auf der Rechnung ist keine Umsatzsteuer ausgewiesen. Es ist der Vermerk enthalten, dass es sich um eine „innergemeinschaftliche Lieferung" handelt. Die USt-IdNr. des Kunden ist auf der Rechnung mit „FR-50322790437" angegeben.

Der Buchungssatz lautet:

Soll			an		Haben
10004	France Marcel	40.000,00	8125/4125	steuerfreie innergemeinschaftliche Lieferung	40.000,00

Buchen Sie die Ausgangsrechnung über das Automatikkonto für steuerfreie innergemeinschaftliche Lieferungen (8125/4125). Ergänzen Sie ggf. die USt-IdNr. des Kunden.

Prüfen Sie mit der Funktion „Summen und Salden einer Buchung" die Auswirkungen der Buchung über das Automatikkonto.

Hubert Müller erhält eine Rechnung Nr. 7 vom 22.01. des italienischen Lieferanten Rossini (70004) über 24.000,00 €.

Der Buchungssatz lautet:

Soll			an		Haben
3425/5425	innergemeinschaftlicher Erwerb 19%	24.000,00	70004	Rossini Bruno	24.000,00
1574/1404	abziehbare VSt. EG-Erwerb	4.560,00	1774/3804	Umsatzsteuer aus innergemeinschaftlichem Erwerb	4.560,00

Buchen Sie den Eingang von Rohstoffen über das Automatikkonto für den innergemeinschaftlichen Erwerb (3425/5425). Prüfen Sie mit der Funktion „Summen und Salden einer Buchung" die Auswirkungen der Buchung über das Automatikkonto.

d) Buchen Sie nachfolgende Wareneingangsrechnung 256 vom 18.01., die in Höhe von 1.500,00 USD ausgestellt ist:

Soll		an		Haben
3200/5200	Wareneingang	70005	Lincoln Tom	

Berücksichtigen Sie folgenden Kurs: 1 € = 1,40 USD.

e) Die Rechnung 256 wird am 25.01. per Bank bezahlt. Zahlbetrag: 1034,48 €. Der Kurs beträgt 1 € =1,45 USD.

f) Buchen Sie die Kursdifferenz.

g) Rechnung des spanischen Unternehmers Espan Julio (Kreditor 70006) über Reparaturarbeiten an der EDV-Anlage. Rechnungsbetrag 1500,00 € netto, Beleg ES152, Rechnungsdatum: 27.01.

3.16 Erhaltene Anzahlungen

Die Komfortfunktion „Anzahlungen" unterstützt Sie bei der Bearbeitung von erhaltenen Anzahlungen. Die Buchungen, die in Zusammenhang mit einer Anzahlung stehen, werden anhand einer Auftragsnummer identifiziert und automatisch zugeordnet.

Komfortfunktion „Anzahlungen" einrichten

Bevor Sie erstmalig eine erhaltene Anzahlung buchen, müssen Sie die Komfortfunktion einrichten, wobei Sie vom einem Assistenten unterstützt werden.

Voraussetzung

Belege buchen ist geöffnet.

Funktion aktivieren

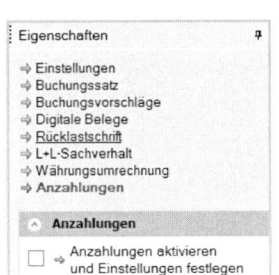

Klicken Sie im rechten Zusatzbereich in den **Eigenschaften** auf den Link Anzahlungen und aktivieren Sie dann das Kontrollkästchen Anzahlungen aktivieren und Einstellungen festlegen.

Dialog & Interaktion

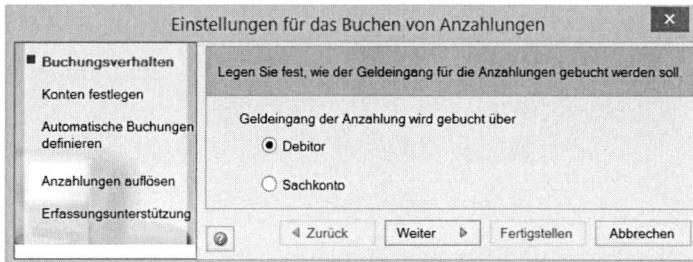

In dem sich öffnenden Assistenten legen Sie fest, ob Sie die Anzahlung auf einem Personenkonto oder einem Sachkonto buchen wollen. Wenn Sie die Variante **Debitor** wählen, ist der Vorgang in der Offenen-Posten-Buchführung sichtbar. So kann z. B. der Zahlungseingang mit der Komfortfunktion **Mahnungen** überwacht werden.

Auf der zweiten Seite im Assistenten geht es um die Auswahl der Anzahlungskonten. Die Konten Erhaltene Anzahlungen, Erhaltene Anzahlungen 7% USt. und Erhaltene Anzahlungen 19% USt. sind bereits übernommen ❶. Sollten Sie weitere Konten benötigen, markieren Sie diese ❷ und klicken auf das Pfeilsymbol ❸, um das Konto in den rechten Bereich zu übernehmen.

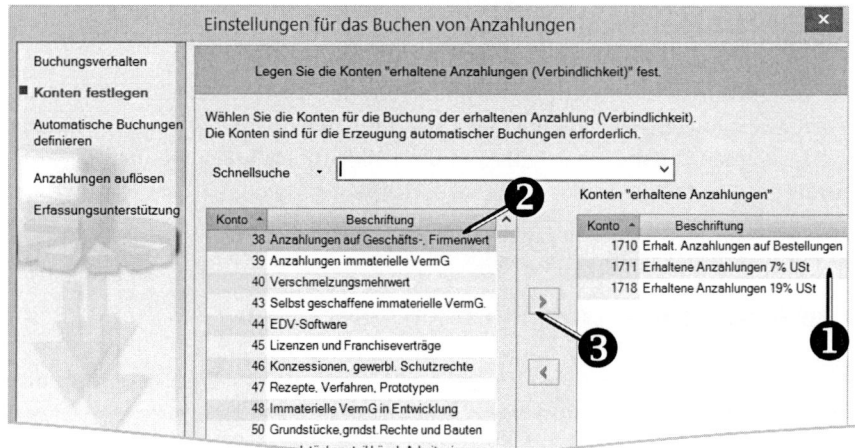

Klicken Sie auf der dritten Seite auf den Link **Buchung erhaltene Anzahlung anlegen** ❶.

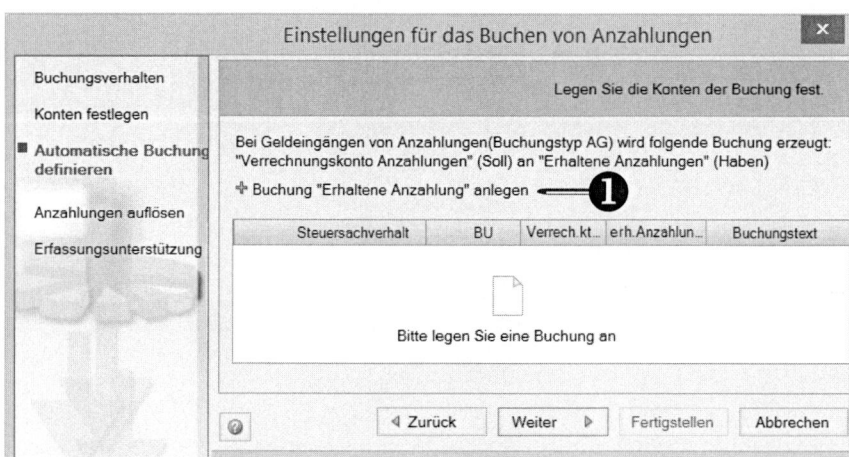

Einen Buchungssatz definieren Sie, indem Sie über das Auswahlmenü den Steuersachverhalt festlegen ❶ und das passende Konto, z. B. Erhaltene Anzahlungen 19% USt., auswählen ❷. Ergänzen Sie ggf. Steuerschlüssel und Buchungstext und bestätigen Sie Ihre Auswahl mit **OK**.

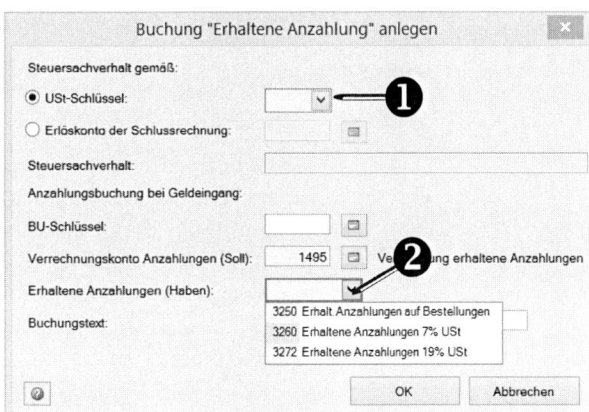

Für jeden Steuersachverhalt müssen Sie eine Buchung anlegen. Der Steuersachverhalt kann auf Basis des USt-Schlüssels oder des Erlöskontos definiert werden.

Auf der vierten Seite des Assistenten erfassen Sie die Buchungstexte für die Buchungen, die im Zusammenhang mit der Schlussrechnung zusätzlich anfallen. Außerdem legen Sie fest, mit welcher Belegnummer die Auflösung der Anzahlung gebucht werden soll.

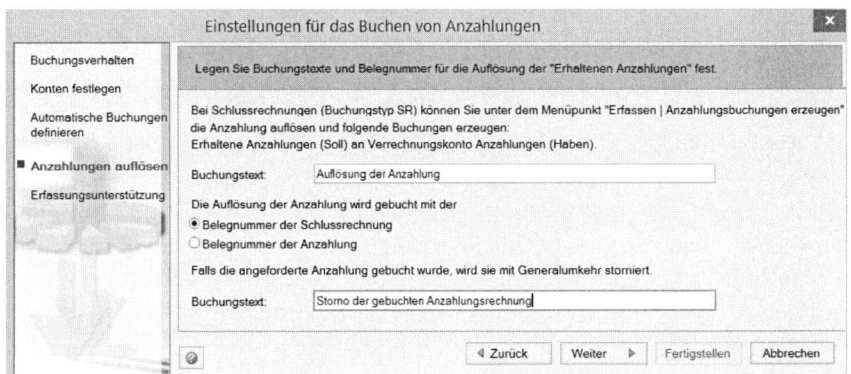

Aktivieren Sie die Kontrollkästchen, damit das Programm Sie weitestgehend bei der Erfassung und Bearbeitung von erhaltenen Anzahlungen unterstützt und beenden Sie den Assistenten mit der Schaltfläche **Fertigstellen** ❶.

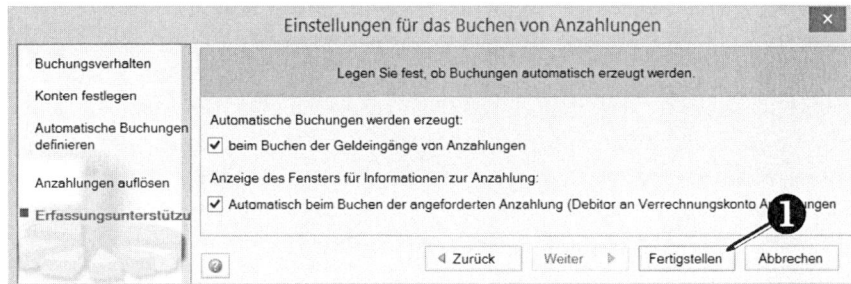

Wenn Sie auf der ersten Seite des Assistenten die Option **Debitor** ausgewählt haben, öffnet sich eine Hinweismeldung, die Sie darauf aufmerksam macht, dass bei diesem Buchungsverhalten eventuell im Rahmen des Jahresabschlusses Umbuchungen erforderlich sind.

Erhaltene Anzahlungen bearbeiten

Wenn Sie jetzt eine Anzahlungsrechnung an einen Kunden versenden, können Sie diesen Beleg einschließlich der Auftragsinformationen buchen.

Dabei erfassen Sie den Beleg im Modus **Rechnungen buchen** wie eine gewöhnliche Ausgangsrechnung. Da noch keine Erlöse erzielt wurden, tritt an die Stelle des Erlöskontos das Konto Verrechnung erhaltene Anzahlungen (1593/1495). Bevor Sie die Buchung verarbeiten, rufen Sie über den Kontextmenü-Eintrag **Anzahlungsinformationen eingeben...** das gleichnamige Erfassungsfenster auf. Erfassen bzw. wählen Sie die passenden Angaben, bestätigen Sie mit **OK** und verarbeiten Sie die Buchung.

Zahlungseingang auf Anzahlungsrechnung bearbeiten

Den Zahlungseingang zur Anzahlungsrechnung bearbeiten Sie im Modus Zahlungen buchen. Wenn Sie den Offenen-Posten über die Rechnungsnummer suchen, werden beim Buchen des Zahlungseingangs die Anzahlungsinformationen vom Programm generiert. Mit dem Auslösen der Buchung wird vom Programm die umsatzsteuerwirksame Umbuchung der Anzahlung generiert.

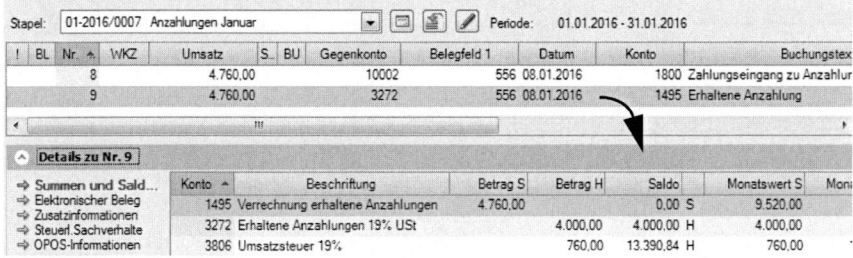

Schlussrechnung bearbeiten

Erfassen Sie die Schlussrechnung ebenfalls über den Modus **Rechnungen buchen**. Während des Buchens erfassen Sie die passenden Anzahlungsinformationen über das Kontextmenü wie bereits bei der Buchung der Anzahlungsrechnung.

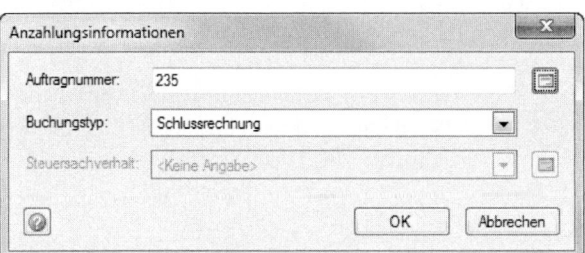

Buchen der täglichen Geschäftsvorfälle 3

Nachdem Sie die Schlussrechnung verarbeitet haben, muss die Anzahlung aufgelöst werden. Um die hierfür erforderlichen Buchungen **Erhaltene Anzahlung an Verrechnungskonto** und **Verrechnungskonto an Debitor (als Generalumkehr)** zu erzeugen, öffnen Sie über den Menüpunkt Erfassen → Anzahlungsbuchungen das Register Anzahlungsbuchungen erzeugen.

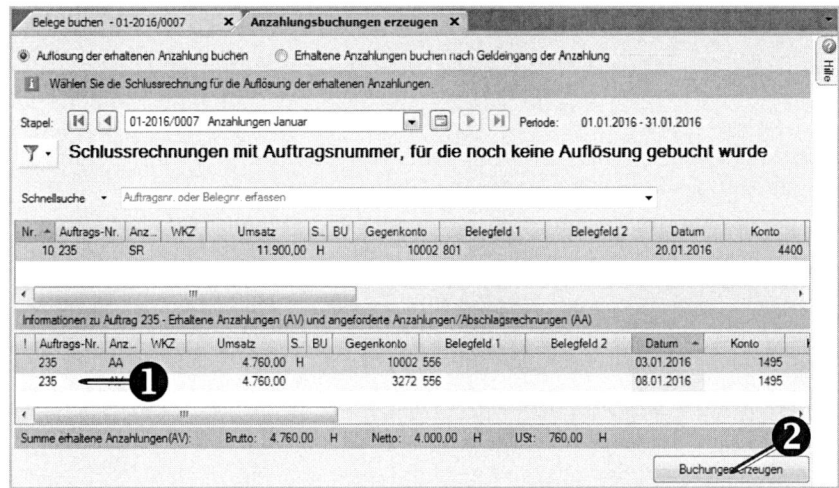

Markieren Sie die Auftragsnummer, zu der Sie die Buchungen erzeugen wollen ❶ und klicken Sie auf **Buchungen erzeugen** ❷. Die Buchungen werden ihnen in einer Vorschau angezeigt, die Sie mit **Weiter** bestätigen. Im Fenster **Stapel anhängen** wählen Sie den Stapel aus, in dem die Buchungen verarbeitet werden sollen und bestätigen Ihre Auswahl mit **OK**. Die Anzahlung ist aufgelöst.

10	11.900,00	H		10002	801	20.01.2016	4400	Schlussrechnung
11	4.760,00		20	10002	801	20.01.2016	1495	Storno der Anzahlungsrechnung
12	4.760,00	H		3272	801	20.01.2016	1495	Auflösung der Anzahlung

Den Zahlungseingang zu der Schlussrechnung buchen Sie wie ab Seite 104 beschrieben. Die Anzahlungsinformationen werden dabei vom Programm generiert.

Fazit: Dank der Komfortfunktion **Anzahlungen** müssen Sie lediglich die natürlichen Belege (Anzahlungs- und Schlussrechnung sowie die Kontoauszüge) buchen, während die internen Buchungen vom Programm generiert werden.

Zahlungseingang zur Schlussrechnung bearbeiten

3 Buchen der täglichen Geschäftsvorfälle

Übung zum Kapitel 3.16

Musterbestand:
für SKR 03: 29098/3316
für SKR 04: 29098/4316

Hubert Müller will künftig die Komfortfunktion Anzahlungen nutzen.

a) Legen Sie den Buchungsstapel „Anzahlungen Januar" an.

b) Aktivieren Sie die Funktion Anzahlungen. Der Geldeingang soll über Kundenkonten gebucht werden. Die Anzahlungen werden Sachverhalte mit 19 % USt. betreffen. Die Erfassungsunterstützung soll im vollen Umfang genutzt werden.

c) Stefan Winter hat am 02.01. Polstermöbel für 11.900,00 € inkl. 19 % USt gekauft (Auftragsnummer 234). Es wird eine Anzahlung in Höhe von 40 % des Bruttoverkaufspreises vereinbart.

Hubert Müller stellt am 03.01. die Anzahlungsrechnung 555 über 4.760,00€ zu Auftrag 234. Buchen Sie die Anzahlungsrechnung.

Der Buchungssatz lautet:

Soll			an			Haben
10002	Stefan Winter/	4.760,00	1593 *1495*	Verrechnung Erhaltene Anzahlungen		4.760,00

Anzahlungsinformationen: Auftragsnummer: 234, Buchungstyp: AA (angeforderte Anzahlung), Steuersachverhalt: 19 % Umsatzsteuer

d) Am 08.01. geht der mit der Anzahlungsrechnung angeforderte Betrag auf dem Bankkonto (1200/1800) ein. Buchen Sie den Zahlungseingang über das Konto Stefan Winter (10002).

e) Am 20.01. stellt Hubert Müller die Schlussrechnung (Rechnungs-Nr. 800). Buchen Sie die Schlussrechnung und verlassen Sie die Auflösung der Anzahlung sowie die Stornierung der Anzahlungsrechnung.

Der Buchungssatz lautet:

Soll			an		Haben
10002	Stefan Winter/	11.900,00	8400 *4400*	Erlöse Polstermöbel 19% USt	10.000,00
			1776 *3806*	Umsatzsteuer 19%	1.900,00

Anzahlungsinformationen: Auftragsnummer: 234, Buchungstyp: Schlussrechnung

f) Am 31.01. gehen auf Hubert Müllers Bankkonto bei der Sparkasse Nürnberg (1200/1800) 7.140,00 € zur Schlussrechnung 800 ein.
Buchen Sie den Zahlungseingang.

3.17 Wiederkehrende Buchungen

Buchungen, die sich in regelmäßigen Abständen wiederholen und für die es keinen "natürlichen" Beleg gibt, können Sie einmalig erfassen und dann stichtagsbezogen beliebig oft verarbeiten. Zum Beispiel können Sie die Aufwendungen für jährlich fällige Versicherungsprämien oder den Aufwand für Weihnachtsgeldzahlungen mit Hilfe der wiederkehrenden Buchungen gleichmäßig auf die einzelnen Monate verteilen.

Wiederkehrende Buchungen erfassen

Sie können eine wiederkehrende Buchung im **Belege buchen** anlegen. Dazu markieren Sie im **Belege buchen** in der Ansicht **Primanota** die entsprechende Buchung und öffnen über das Kontextmenü das Fenster **Wiederkehrende Buchung anlegen**. Ergänzen Sie dann die Informationen für die wiederkehrende Buchung (B1, Intervall, Beginndatum) und schließen Sie das Fenster mit **OK**.

Sie können die Buchungen auch über den Menüpunkt **Erfassen | Wiederkehrende Buchungen | Erfassen** anlegen.

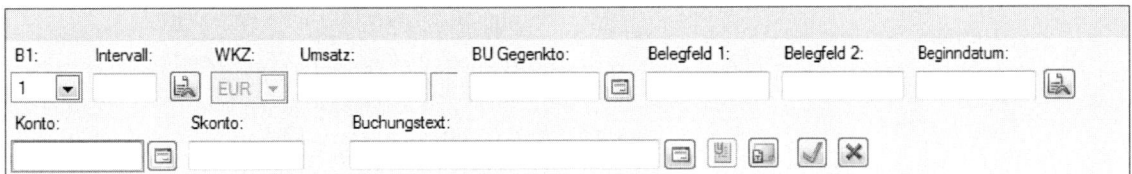

Für die korrekte Verarbeitung eines Buchungssatzes müssen in den folgenden Feldern Einträge vorhanden sein:

- **B1** (Behandlung von Belegfeld 1),
- **Intervall** (regelt die Häufigkeit der Verarbeitung),
- **Umsatz** mit Soll- / Haben-Kennzeichen,
- **Gegenkonto**,
- **Beginndatum** (das gewünschte erste Verarbeitungsdatum)
- **Konto**

3 Buchen der täglichen Geschäftsvorfälle

Eingabefeld / Liste	Zweck / Bedeutung
B1	Sie legen hier die Behandlung von **Belegfeld 1** fest. Die Schlüssel haben folgende Bedeutung: **1** = Die Eingabe der Rechnungsnummer ist maximal 12-stellig und kann im Rahmen der Verarbeitung nicht verändert werden. **2** = Die Eingabe der Rechnungsnummer ist maximal 10-stellig und wird im Rahmen der Verarbeitung um 2 Stellen von rechts ergänzt. **3** = Es erfolgt bei der Erfassung keine Eingabe der Rechnungsnummer. Erst bei der Verarbeitung wird die Rechnungsnummer für die betreffenden Buchungen (ausgehend von einer Start-Rechnungsnummer) hochgezählt.
Intervall	Sie geben hier das **Verarbeitungsintervall** der Buchung ein. Eingabebeispiele: 1M: Es erfolgt eine monatliche Verarbeitung. 3M: Es erfolgt eine vierteljährliche Verarbeitung. 10T: Es erfolgt alle 10 Tage eine Verarbeitung. Sie können das Verarbeitungsintervall auch im Fenster **Buchungsserie** erfassen. Dazu klicken Sie neben dem Feld auf das Symbol.
Beginndatum	Sie erfassen hier das Datum, ab welchem die wiederkehrende Buchung verarbeitet werden soll. Sie können das Beginndatum auch im Fenster **Buchungsserie** erfassen. Dazu klicken Sie neben dem Feld auf das Symbol.

Wiederkehrende Buchungen verarbeiten

Die Verarbeitung der wiederkehrenden Buchungen veranlassen Sie über den Menüpunkt Erfassen | Wiederkehrende Buchungen | Verarbeiten.

Im Zusatzbereich Eigenschaften können Sie in der Kategorie Einstellungen in der Gruppe Verarbeitung folgende Einstellungen für die Verarbeitung der wiederkehrenden Buchungen festlegen:

- **Vorschau anzeigen:** Wenn Sie dieses Kontrollkästchen aktivieren, wird bei der Verarbeitung die Vorschau angezeigt.

- **Buchungen immer in neuen Stapel einfügen:** Wenn Sie dieses Kontrollkästchen aktivieren, wird bei der Verarbeitung immer sofort das Fenster Stapel anlegen angezeigt, auch wenn Stapel zum Anhängen vorhanden sind.

Abstimmung der Buchführung und Drucken von Auswertungen

Zum Abschluss eines Buchungsmonats ist es sinnvoll, die Buchführung abzustimmen und zu kontrollieren. Hierzu haben Sie im Programm „(Kanzlei-)Rechnungswesen pro" eine Vielzahl an Möglichkeiten, die in diesem Kapitel beschrieben werden.

Inhalt

- Das Abstimmen der FIBU-Konten im Buchungsmodus
- Das Abstimmen der offenen Posten im Buchungsmodus
- Der Kassen-/Bankbericht
- Die Summen- und Saldenliste als Kontrollinstrument
- Die Programmfunktion „Buchführung abstimmen"
- Die Kontenabstimmliste
- Der Arbeitsbereich Umsatzsteuer-Voranmeldung (UStVA)
- Die Offenen-Posten-Auswertungen
- Die Ausgabe der Betriebswirtschaftlichen Auswertung (BWA)

4 Abstimmung der Buchführung und Drucken von Auswertungen

4.1 Das Abstimmen der FIBU-Konten im Buchungsmodus

Ein wichtiges Instrument zur Kontrolle der Buchführung ist das Abstimmen von FIBU-Konten. Dabei schauen Sie sich im Buchungsmodus bestimmte Konten an und prüfen sie manuell auf „Auffälligkeiten". Kontrollieren Sie z.B. für Konten, auf denen gleichbleibende Buchungen zu erwarten sind (z.B. Miete, Leasingkosten etc.), ob alle Buchungen der aktuellen Buchungsperiode vorhanden sind. Oder prüfen Sie Konten, auf denen normalerweise eine Steuerrechnung durchgeführt wird, ob alle Buchungen mit Steuerrechnung ausgelöst wurden.

Für ein komfortables Abstimmen der Konten nutzen Sie den Standardbuchungsmodus und die Ansicht „FIBU-Konto". Fehlerhafte Buchungssätze können dann in der Buchungszeile aufgerufen und korrigiert werden.

Die Buchungsansicht „FIBU-Konto"

Die Buchungsansicht „FIBU-Konto" eignet sich deshalb hervorragend für die Abstimmung von Konten, weil Ihnen hier für jeweils ein Konto alle Buchungen angezeigt werden und Sie beliebig durch die Konten „blättern" und gezielt ein Konto aufrufen können.

Voraussetzung

Der gewünschte Buchungsstapel ist geöffnet.

Funktion aktivieren

Aktivieren Sie die Buchungsansicht **FIBU-Konto** über:

- den Menüpunkt **Ansicht → FIBU-Konto**
- das Symbol ⛭ **FIBU-Konto anzeigen** in der Symbolleiste
- die Tastenkombination Strg + ⇧ Umschalt + F

Dialog & Interaktion

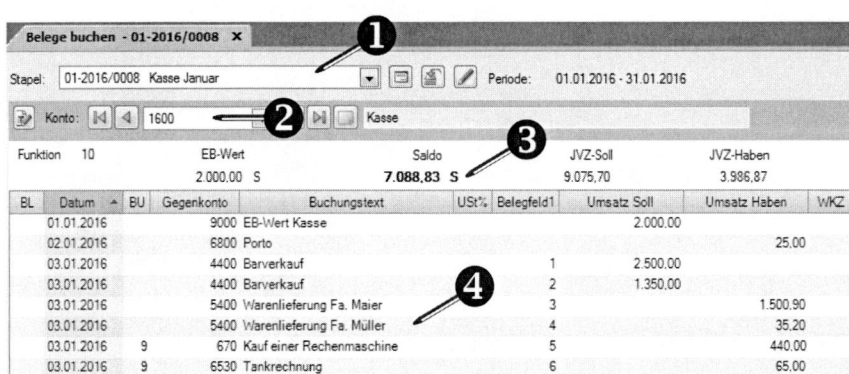

Im oberen Bereich des Kontoblattes befinden sich drei Informationszeilen:

Stapel ❶. Hier wird angezeigt, in welchem Buchungsstapel Sie sich befinden. Neben der Stapel-Nummer und der Bezeichnung des Buchungsstapels, wird auch das Anfangs- und Enddatum der Buchungsperiode angezeigt. Über das Drop-Down-Menü können Sie auch in einen anderen Buchungsstapel wechseln.

Abstimmung der Buchführung und Drucken von Auswertungen — 4

Konto ❷. In diesem Feld sehen Sie, welches Konto aktuell angezeigt wird. Die jeweilige Konto-Bezeichnung steht neben dem Eingabefeld. Über die Schaltflächen können Sie zu anderen bebuchten Konten wechseln. Um ein bestimmtes Konto direkt anzuzeigen, geben Sie die gewünschte Kontonummer in das Eingabefeld ein und bestätigen mit der **Enter-Taste** ⏎ Enter.

Kontostand ❸. In dieser Informationszeile wird der EB-Wert, der aktuelle Saldo sowie die Jahresverkehrszahlen Soll und Haben des angezeigten Kontos dargestellt.

Buchungsliste ❹. Im Anzeigebereich werden alle Buchungen des ausgewählten Kontos aufgelistet.

Kontenbezug ausschalten

Für die Buchungsansicht „FIBU-Konto" im Standardbuchungsmodus ist standardmäßig eingestellt, dass nach Auslösen einer Buchung automatisch das Kontenblatt des entsprechenden Gegenkontos angezeigt wird. Für das Abstimmen von Konten ist dies jedoch unvorteilhaft, weil nach einer erfolgten Korrektur nicht beim letzten Konto „weitergeblättert" werden kann, sondern die Anzeige zum Gegenkonto springt. Damit Sie frei durch die Konten blättern können, müssen Sie den Kontenbezug ausschalten.

Voraussetzung

Der gewünschte Buchungsstapel ist geöffnet.

Funktion aktivieren

Aktivieren Sie den rechten Zusatzbereich über den Menüpunkt **Ansicht → Eigenschaften** und klicken Sie auf den Link **Einstellungen**.

Dialog & Interaktion

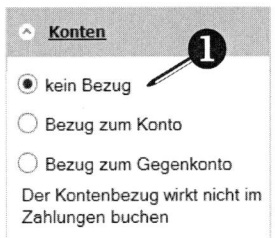

Kontenbezug ❶. Über die Optionsfelder können Sie festlegen, welches Konto nach erfolgter Buchung angezeigt werden soll. Um den oben dargestellten Bezug zwischen angezeigtem Konto und der Buchungszeile zu deaktivieren, wählen Sie die Option **kein Bezug**.

Aktion beenden

Schließen Sie den Zusatzbereich **Eigenschaften**.

Aufwandskonten kontrollieren

Wenn Sie kontrollieren möchten, ob in der aktuellen Buchungsperiode der Vorsteuerabzug auf den Aufwandskonten korrekt erfolgt ist, schauen Sie sich die entsprechenden Konten in der Buchungsansicht „FIBU-Konto" im Standardbuchungsmodus an (siehe Seite 132).

Geben Sie im Feld ❶ das erste Aufwandskonto ein (z.B. 3000/5000) und blättern Sie über die rechts nebenstehende Schaltfläche durch die weiteren Aufwandskonten. Ob bei den Buchungen die Vorsteuer berechnet wurde, erkennen Sie in der Spalte **USt%** ❷. Hier wird der berechnete Steuersatz angezeigt.

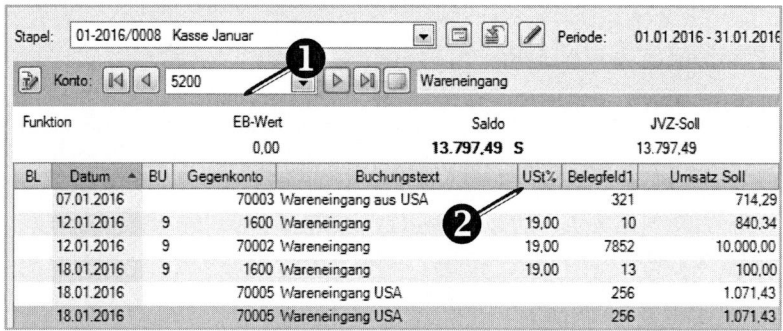

Buchungen korrigieren

Selbstverständlich können Buchungen beim Abstimmen nicht nur kontrolliert, sondern ggf. auch korrigiert werden, sofern die Festschreibung des betreffenden Buchungsstapels noch nicht ausgeführt wurde. Ein Buchungssatz kann dabei allerdings nur in dem Buchungsstapel geändert werden, in dem er eingegeben wurde. Damit Sie den Buchungsstapel nicht jedes Mal wechseln müssen, übernimmt dies das Programm für Sie.

Voraussetzung

Der gewünschte Buchungsstapel ist geöffnet.

Funktion aktivieren

Aktivieren Sie im Standardbuchungsmodus die Ansicht **FIBU-Konto** und rufen Sie das gewünschte Konto auf (siehe Seite 132).

Dialog & Interaktion

Klicken Sie in der Liste der Buchungen doppelt auf die Buchung, die Sie korrigieren möchten. Stammt die Buchung aus einem anderen Buchungsstapel, blendet das Programm folgende Meldung ein:

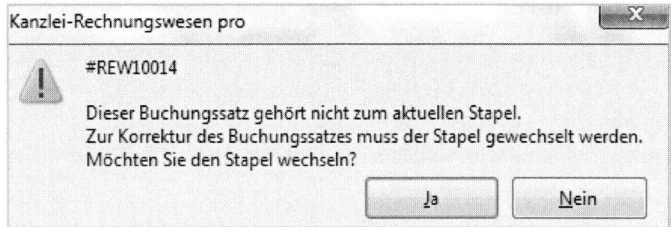

Bestätigen Sie die Meldung mit **Ja**. Das Programm wechselt in den Buchungsstapel, in dem sich die zu korrigierende Buchung befindet und übernimmt den Buchungssatz in die Buchungszeile. Dort können Sie nun die gewünschten Korrekturen vornehmen.

4 Abstimmung der Buchführung und Drucken von Auswertungen

Kontoblätter ausgeben

Wenn Sie Kontoblätter ausgeben möchten, legen Sie zunächst fest, in welcher Form und für welche Konten dies geschehen soll.

Voraussetzung

Der gewünschte Mandant ist geöffnet, Sie befinden sich nicht im Buchungsmodus.

Funktion aktivieren

Aktivieren Sie das Arbeitsblatt **Ausgeben (PC) – Finanzbuchführung** über den Menüpunkt **Bestand → Ausgeben (PC) – Finanzbuchführung**.

Dialog & Interaktion

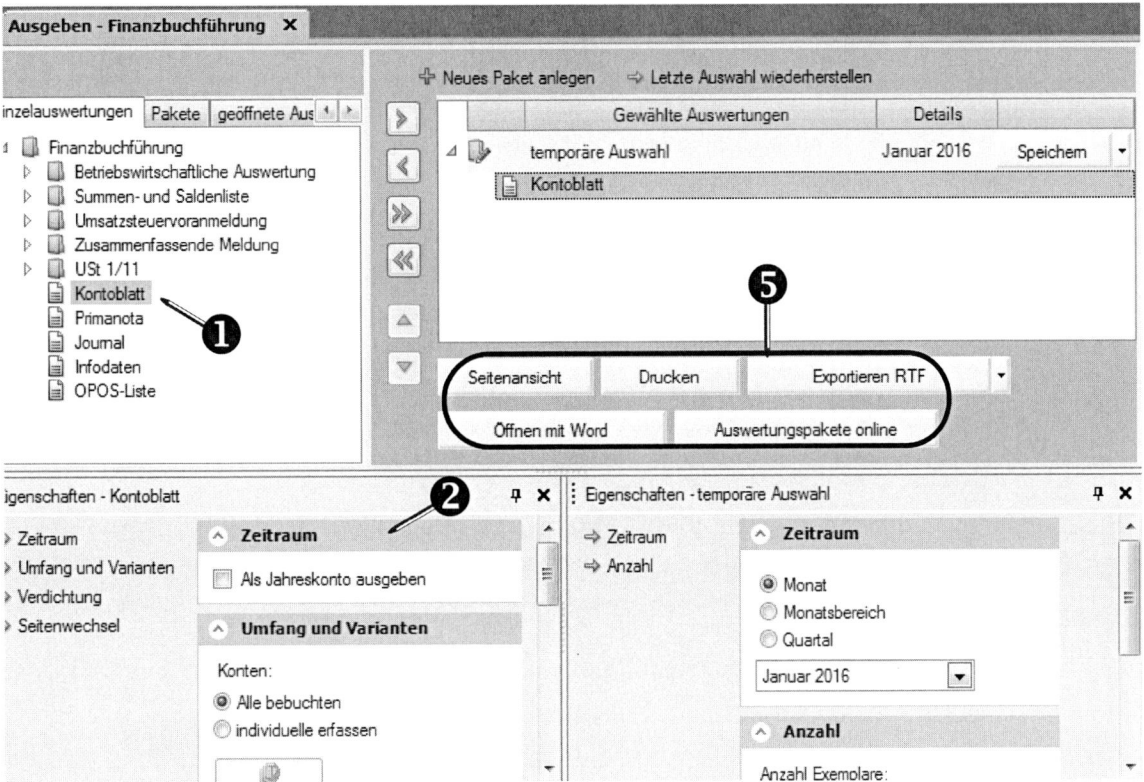

Im Register **Einzelauswertungen** markieren Sie zunächst den Eintrag **Kontoblatt** ❶. Klicken Sie auf das Symbol [>], um die markierte Auswertung **Kontoblatt** zu übernehmen.

Im unteren Zusatzbereich ❷ haben Sie zusätzlich die Möglichkeit, Einstellungen für die anzuzeigende Auswertung vorzunehmen:

- **Zeitraum**. Legen Sie über die Optionsfelder fest, ob das Kontoblatt als Monats-, Jahres- oder als Mehrmonatskonto ausgegeben werden soll. Wählen Sie **Als Jahreskonto ausgeben**, so 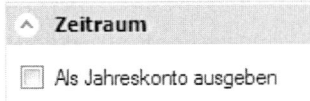 werden alle bisher erfassten Buchungssätze des laufenden Geschäftsjahres ausgegeben.

    Wenn es genügt, die Buchungssätze eines bestimmten Monats auszugeben, aktivieren Sie die Option **Monat** und wählen im untenstehenden Auswahlfeld den gewünschten Monat. Um die Buchungssätze für mehrere Monate auszugeben, wählen Sie die Option **Monatsbereich** und legen in den untenstehenden Feldern die gewünschten Monate fest.

135

4 Abstimmung der Buchführung und Drucken von Auswertungen

- **Umfang und Varianten.** Sie wählen mit der Option **Alle bebuchten** ❸ aus, ob die Kontenblätter insgesamt oder mit der Option **individuelle erfassen** und ob eine Auswahl an Kontenblättern ausgegeben werden soll.

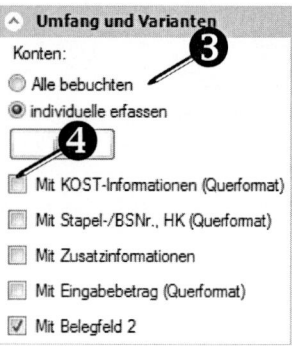

Legen Sie über die Kontrollkästchen ❹ fest, ob auf den Kontenblättern Zusatzinformationen und/oder der Eingabebetrag dargestellt werden sollen. **Zusatzinformationen** sind Daten, die Sie beim Buchen zu einem Buchungssatz erfassen können.

Wenn Sie beim Buchen Umsätze in abweichender Währung erfasst haben, können die **Eingabebeträge**, der Kurs und die Alternativsalden zusätzlich angezeigt werden. Möchten Sie die Zusatzinformationen und/oder die Eingabebeträge mit ausdrucken, so aktivieren Sie die Kontrollkästchen.

Aktion beenden

Wählen Sie im Arbeitsblatt **Ausgeben (PC) - Finanzbuchführung** aus, wie die Kontoblätter ausgegeben werden sollen ❺. Sie haben folgende Möglichkeiten:

- Das Anzeigen der Konten als Wertekontrolle am Bildschirm oder in der Seitenansicht. Die Seitenansicht zeigt die Konten so an, wie sie ausgedruckt aussehen würden. Über die Seitenansicht haben Sie ebenfalls die Möglichkeit, den Kontenumfang einzugrenzen und die Ausgabe am Drucker auszulösen ❻.
- Die Ausgabe am Drucker.
- Den Export der Konten.
- Die Weitergabe der Konten zur Weiterbearbeitung in © Microsoft Word.

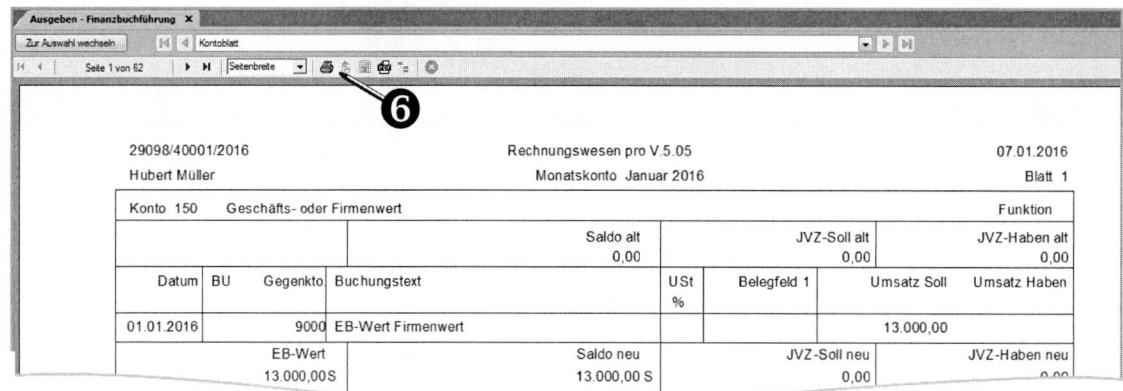

Übung zum Kapitel 4.1

Musterbestand:
für SKR 03: 29098/3400
für SKR 04: 29098/4400

Für Hubert Müller soll die Buchführung auf Korrektheit geprüft werden. Insbesondere soll kontrolliert werden, ob bei den Aufwandskonten der Vorsteuerabzug richtig erfolgt ist.

a) Schalten Sie für den Buchungsstapel „Sparkasse Nürnberg Januar" den Kontenbezug aus.

b) Überprüfen Sie die Aufwandskonten, beginnend mit dem Konto 3200 / 5200 im Buchungsstapel „Sparkasse Nürnberg Januar".

c) Nehmen Sie im Konto 3425 / 5425 eine Korrektur vor. Ändern Sie den Buchungstext der Buchung auf „EG-Erwerb Rossini".

4 Abstimmung der Buchführung und Drucken von Auswertungen

4.2 Das Abstimmen der offenen Posten im Buchungsmodus

Möchten Sie im Buchungsmodus Ihre offenen Posten abstimmen, so können Sie anstelle der Ansicht „FIBU-Konto", die Ansicht **OPOS-Konto** verwenden. In dieser Ansicht können Sie durch die einzelnen Personenkonten blättern und bekommen jeweils die offenen Posten des Personenkontos angezeigt. Das Kontrollieren, Korrigieren und Drucken der Konten erfolgt analog zu den FIBU-Konten, wie in Kapitel 4.1 ab Seite 132 beschrieben.

4.3 Der Kassen-/Bankbericht

Mit Hilfe des Kassen-/Bankberichtes können Sie die Geldkonten prüfen. Er enthält eine chronologische Auflistung aller Geschäftsvorfälle, die auf dem ausgewählten Geldkonto gebucht wurden.

Voraussetzung

Der gewünschte Mandant ist geöffnet.

Funktion aktivieren

Öffnen Sie den Kassen-/Bankbericht über:

- den Menüpunkt **Auswertungen → Finanzbuchführung → Kassen-/Bankbericht**
- den Eintrag **Kassen-/Bankbericht** in der Übersicht des Navigationsbereiches

Dialog & Interaktion

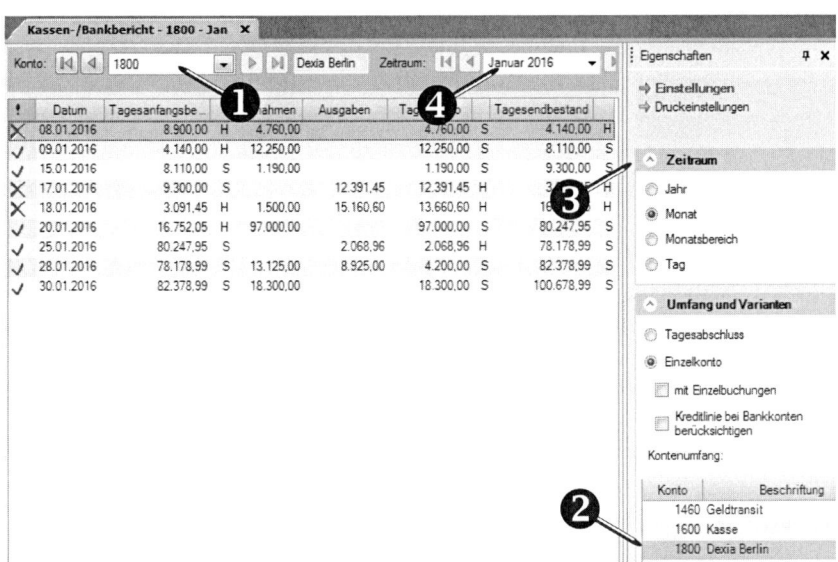

Konto wählen ❶. Im Auswahlbereich werden alle Konten angezeigt, für die der Kassen-/Bankbericht für den gewünschten Zeitraum erstellt werden kann. Markieren Sie das entsprechende Konto in der Liste. Zusätzlich können Sie über die Eigenschaften im rechten Zusatzbereich das anzuzeigende Konto direkt wählen ❷.

Zeitraum ❸. Legen Sie über die Eigenschaften im rechten Zusatzbereich fest, ob der Bericht für den kompletten Jahresbestand, nur für einen Kalendermonat oder einen Monatsbereich erstellt werden soll. Wählen Sie ggf. den gewünschten Kalendermonat aus ❹.

4 Abstimmung der Buchführung und Drucken von Auswertungen

Einzelbuchungen ❺. Aktivieren Sie dieses Kontrollkästchen, wenn auf dem Bericht die Einzelbuchungssätze ❻ angezeigt werden sollen. Ist dieses Kontrollkästchen deaktiviert, so wird das gewählte Konto tageweise verdichtet, d.h. es werden nur der Tagesanfangsbestand, die Summen der Einnahmen und Ausgaben, der Tagessaldo sowie der Tagesendbestand angezeigt.

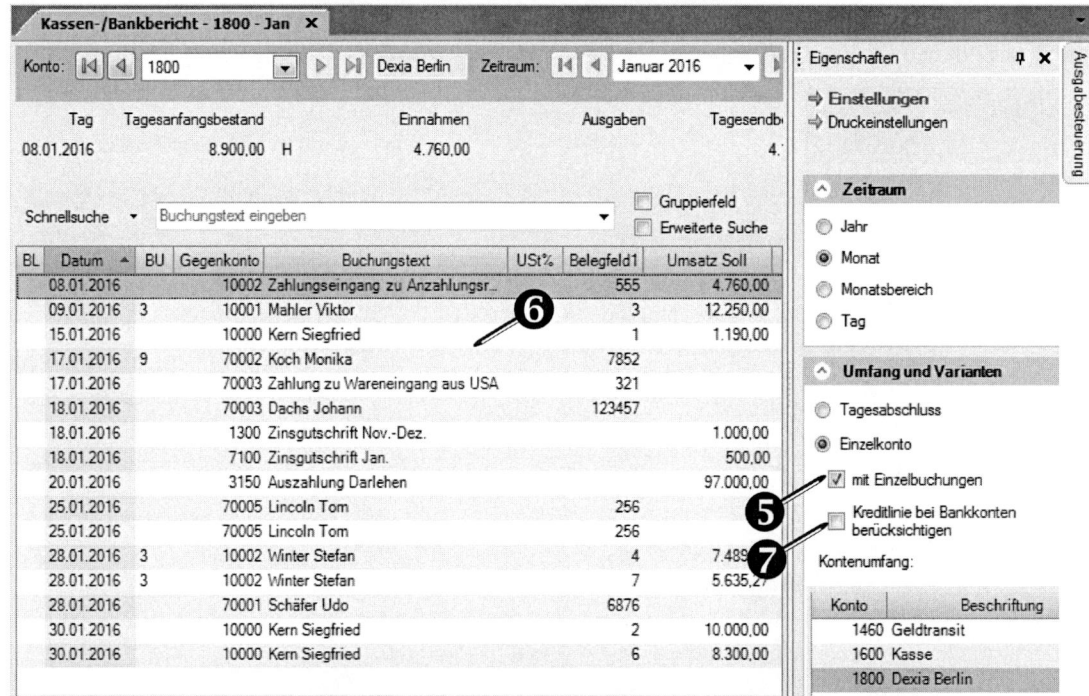

Kreditlinie berücksichtigen ❼. Haben Sie im Stammdatendienst eine Kreditlinie für die ausgewählte Bank hinterlegt, so können Sie die Bank auf diese Kreditlinie prüfen lassen. Weist ein Tagesbestand der Bank einen Habenbetrag auf, der oberhalb des hinterlegten Wertes liegt, so wird dieser Tagesbestand im Kassen-/Bankbericht gekennzeichnet.

Aktion beenden

Der Kassen-/Bankbericht wird gemäß der Eingaben erstellt und angezeigt. Um den Kassen-/Bankbericht auszugeben, starten Sie den Druck über:

- den Menüpunkt **Liste drucken** im Kontextmenü der rechten Maustaste
- die Tastenkombination Strg + P

Übung zum Kapitel 4.3

Musterbestand:
für SKR 03: 29098/3400
für SKR 04: 29098/4400

a) Erstellen Sie einen Bankbericht für die Sparkasse Nürnberg.

b) Lassen Sie sich die Tagesübersicht anzeigen, und bestimmen Sie die Tage, an denen das Konto negative Bestände aufweist.

Abstimmung der Buchführung und Drucken von Auswertungen **4**

4.4 Die Summen- und Saldenliste als Kontrollinstrument

Die Summen- und Saldenliste (SUSA) stellt alle bebuchten Konten eines bestimmten Monats dar und zeigt zu jedem Konto – je nach Darstellung – unterschiedliche Informationen an.

Die Summen- und Saldenliste aufrufen

Voraussetzung

Der gewünschte Mandant ist geöffnet.

Funktion aktivieren

Aktivieren Sie das Arbeitsblatt **Summen- und Salden** über:

- den Menüpunkt **Auswertungen → Finanzbuchführung → Summen- und Saldenliste**
- den Eintrag **Summen- und Saldenliste** in der Übersicht des linken Navigationsbereiches

Dialog & Interaktion

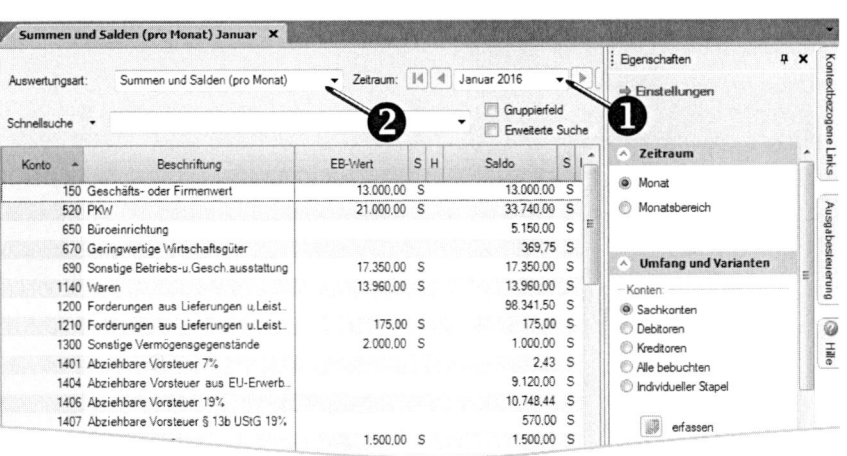

Zeitraum ❶. Wählen Sie den Monat, den Sie abstimmen möchten.

Auswertungsart ❷. Hier legen Sie fest, in welcher Darstellung die Summen- und Saldenliste angezeigt werden soll:

- Die **Summen und Salden (pro Monat)** zeigt für den gewählten Monat die Summen und Salden jedes einzelnen bebuchten Kontos an. Alternativ können die Summen und Salden auch als kumulierte Werte für ganze Kontenklassen und -gruppen angezeigt werden (Summenübersicht).

- In der **SUSA-Jahresübersicht** werden für jedes bebuchte Konto die Summen und Salden der letzten Monate nebeneinander dargestellt und können so verglichen werden. Die Darstellung erfolgt über alle bebuchten Monate des aktuellen Wirtschaftsjahres.

4 Abstimmung der Buchführung und Drucken von Auswertungen

- In der **Entwicklungsübersicht**[1] werden für jedes bebuchte Konto die Summen und Salden der letzten 13 Monate nebeneinander dargestellt und können so verglichen werden. Die Darstellung erfolgt jahresübergreifend. Um diese Übersicht wählen zu können, müssen Vorjahreswerte vorhanden sein.
- In der **Kontenabstimmliste** erhalten Sie eine Auswertung, die eine wesentliche Erleichterung der Buchführung ermöglicht (siehe Seite 141).

Aktion beenden

Um die angezeigte Summen- und Saldenliste auszugeben, starten Sie den Druck über:

- den Menüpunkt **Liste drucken** im Kontextmenü der rechten Maustaste
- die Tastenkombination Strg + P

4.5 Die Programmfunktion „Buchführung abstimmen"

Um die weiteren Abstimmarbeiten in der Buchführung in einem Arbeitsvorgang zu steuern und den Abstimmprozess durch leichtere Fehlerfindung zu beschleunigen, steht Ihnen die Programmfunktion **Buchführung abstimmen** zur Verfügung.

Voraussetzung

Der gewünschte Mandant ist geöffnet.

Funktion aktivieren

Öffnen Sie die Programmfunktion **Buchführung abstimmen** über:

- den Menüpunkt **Auswertungen → Finanzbuchführung → Buchführung abstimmen**
- den Eintrag **Buchführung abstimmen** in der Übersicht des linken Navigationsbereiches

Dialog & Interaktion

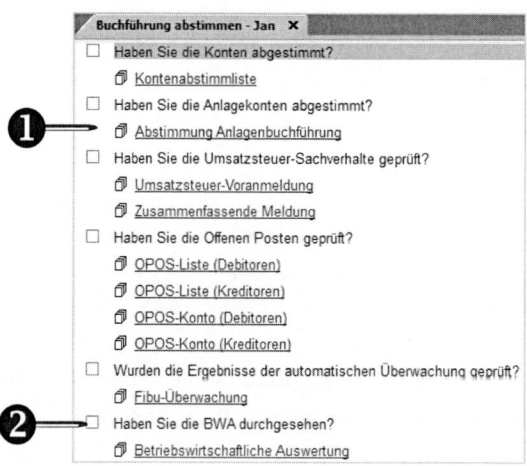

---

1 Hinweis zur Bearbeitung: Da zur Ausgabe der Entwicklungsübersicht das Vorjahr nötig ist, ist dieses Kapitel im Musterbestand 29098/55034/2016 „Muster GmbH" oder 29098/55003/2016 „Musterholz GmbH" nachvollziehbar. Ggf. müssen Sie diesen Musterbestand einspielen (siehe Kapitel 1.5).

4 Abstimmung der Buchführung und Drucken von Auswertungen

In der geöffneten Programmfunktion **Buchführung abstimmen** werden in Form einer übergreifenden Checkliste zentrale Prüfpunkte abgefragt, anhand derer die Korrektheit der Buchführung des laufenden Monats überprüft werden kann.

Durch Mausklick auf die unterstrichenen Links ❶ können folgende Auswertungen direkt aufgerufen und geprüft werden.

- Abstimmung von Konten mit Hilfe der Kontenabstimmliste
- Abstimmung Anlagenbuchführung
- Abstimmung von umsatzsteuerlichen Sachverhalten
- Abstimmung der OPOS-Konten
- Abstimmung der Buchführung über die automatisierte Prüfung der FIBU-Überwachung
- Analyse der Betriebswirtschaftlichen Auswertungen

Aktion beenden

Nach Prüfung eines Sachverhaltes aktivieren Sie das entsprechende Kontrollkästchen ❷.

4.6 Die Kontenabstimmliste

Die **Kontenabstimmliste**[1] stellt zum einen die Salden des laufenden Jahres den Salden des Vorjahres und zum anderen die Salden des aktuellen Monats denen des Vormonats und des Vorjahresmonats gegenüber. Diese Darstellung ist für Abstimmzwecke besonders gut geeignet, da aus ihr auffällige Abweichungen der Konten schnell ersichtlich werden. Die Kontenabstimmliste ist im Arbeitsbereich der „Summen- und Saldenliste" eingegliedert.

Voraussetzung

Der gewünschte Mandant ist geöffnet.

Funktion aktivieren

Öffnen Sie das Arbeitsblatt **Kontenabstimmliste** über:

- den Menüpunkt **Auswertungen → Finanzbuchführung → Summen- und Saldenliste → Auswertungsart Kontenabstimmliste**
- den Eintrag **Summen- und Saldenliste** in der Übersicht des Navigationsbereiches und stellen anschließend die Auswertungsart **Kontenabstimmliste** ein

---

[1] Hinweis zur Bearbeitung: Da zur Ausgabe der Kontenabstimmliste das Vorjahr nötig ist, ist dieses Kapitel im Musterbestand 29098/55034/2016 „Muster GmbH" oder 29098/55003/2016 „Musterholz GmbH" nachvollziehbar. Ggf. müssen Sie diesen Musterbestand einspielen (siehe Kapitel 1.5).

4 Abstimmung der Buchführung und Drucken von Auswertungen

Dialog & Interaktion

Die Gegenüberstellung ❶ der Monatswerte des laufenden Jahres und der Monatswerte des Vormonats sowie des Vorjahresmonats ermöglicht eine weitere differenzierte Betrachtung der Entwicklung der Konten. Auffällige Abweichungen, die auf Buchungsfehler hinweisen, können schnell erkannt werden.

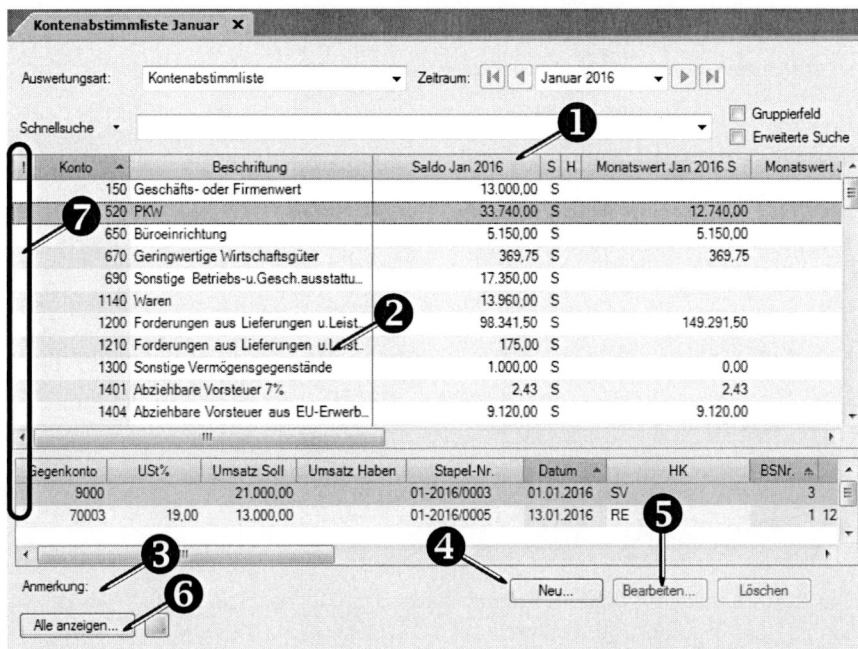

Einzelbuchungen ❷. Wenn Sie in der Kontenliste ein Konto markieren, sehen Sie im unteren Bereich die Einzelbuchungen der ausgewählten Buchungsperiode.

Anmerkungen. In der Kontenabstimmliste können Sie Anmerkungen zu einem Konto erfassen. Die jeweilige Anmerkung wird sowohl in der Spalte **Anmerkung** (Scrollen Sie in der Ansicht ggf. ganz nach rechts) als auch in der Informationszeile ❸ angezeigt und beim Drucken der Kontenabstimmliste mit ausgegeben.

Um eine Anmerkung zu erfassen, markieren Sie das gewünschte Konto und öffnen Sie das Textfenster über die Schaltfläche **Neu** ❹. Mit den Schaltflächen **Bearbeiten** ❺ und **Löschen** ❻ können Sie bereits vorhandene Anmerkungen nachträglich ändern oder entfernen (alternativ aktivieren Sie die Anmerkungen auch über das Kontextmenü der rechten Maustaste).

Buchungen korrigieren. Um aus dieser Auswertung heraus Korrekturen vorzunehmen, klicken Sie doppelt auf den zu korrigierenden Buchungssatz. Das Programm öffnet automatisch den Buchungsstapel, in dem sich die zu korrigierende Buchung befindet und übernimmt den Buchungssatz in die Buchungszeile, in der Sie ihn korrigieren können.

Bearbeitungsstatus ❼. Um den jeweiligen Bearbeitungsstatus eines Kontos zu markieren, klicken Sie mit der rechten Maustaste auf das Konto in der Liste und wählen im Kontextmenü den zutreffenden Bearbeitungsstatus aus.

Aktion beenden

Um die Kontenabstimmliste auszugeben, starten Sie den Druck über:

- den Menüpunkt **Liste drucken** im Kontextmenü der rechten Maustaste
- die Tastenkombination Strg + P

4.7 Der Arbeitsbereich Umsatzsteuer-Voranmeldung (UStVA)

Die Auswertung Umsatzsteuer-Voranmeldung besteht aus der Umsatzsteuer-Voranmeldung selbst sowie den Nachweisen zur Verprobung der UStVA.

Die Umsatzsteuer-Voranmeldung

Das Arbeitsblatt **Umsatzsteuer-Voranmeldung** wird als Werteblatt angezeigt, welches alle Werte für das amtliche Formular zur Umsatzsteuer-Voranmeldung enthält.

Voraussetzung

Der gewünschte Mandant ist geöffnet.

Funktion aktivieren

Öffnen Sie das Arbeitsblatt **Umsatzsteuer-Voranmeldung** über:

- den Menüpunkt **Auswertungen → Finanzbuchführung → Umsatzsteuer-Voranmeldung**
- den Eintrag **Umsatzsteuer-Voranmeldung** in der Übersicht des Navigationsbereiches

Dialog & Interaktion

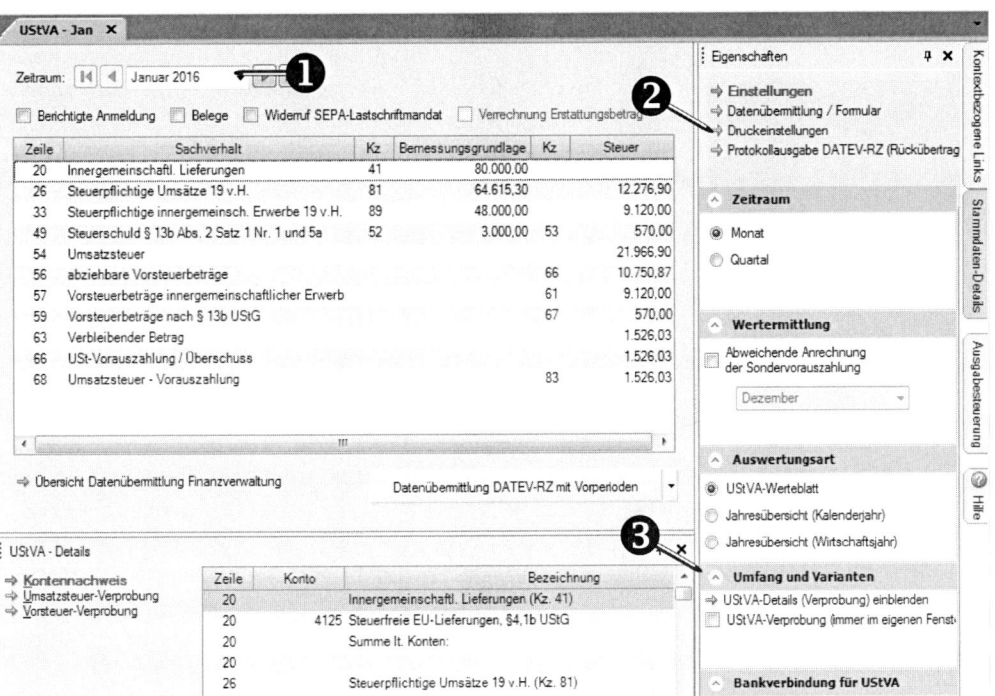

Zeitraum ❶. Die UStVA wird standardmäßig für den letzten gebuchten Monat eingestellt. Möchten Sie sie für einen anderen Monat erstellen, so wählen Sie hier den gewünschten Monat aus.

Druckeinstellung ❷. In den Eigenschaften des rechten Zusatzbereiches legen Sie fest, ob Sie die UStVA als amtliches Formular oder als Werteblatt ausdrucken möchten.

Sie können die **UStVA-Verprobung** auch in einem eigenen Fenster anzeigen lassen, indem Sie das entsprechenden Kontrollkästchen aktivieren ❸.

4 Abstimmung der Buchführung und Drucken von Auswertungen

Die Umsatzsteuer-Verprobung

Die Werte der Umsatzsteuer-Voranmeldung sollten unbedingt geprüft werden, bevor die UStVA an das Finanzamt übermittelt wird. Zu diesem Zweck können Sie die UStVA-Details einblenden.

Voraussetzung

Der gewünschte Mandant ist geöffnet und das Arbeitsblatt **Umsatzsteuer-Voranmeldung** aktiviert.

Funktion aktivieren

Aktivieren Sie den Link **UStVA-Details (Verprobung) einblenden** beim Eintrag **Umfang und Varianten** ❸ in den Eigenschaften des rechten Zusatzbereiches.

Dialog & Interaktion

Es öffnen sich im unteren Zusatzbereich die UStVA-Details, die sich in drei Teile gliedern:

- **Kontennachweis**. Mit ihm können Sie nachvollziehen, welche Teilbeträge von welchem Konten in die einzelnen Zeilen der UStVA eingeflossen sind.

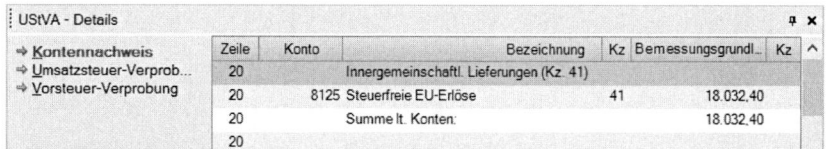

- **Umsatzsteuer-Verprobung**. In der UStVA sind nur die Umsatzsteuerwerte enthalten, die über ein Automatikkonto oder mit einem Steuerschlüssel gebucht wurden. Wenn Umsatzsteuersammelkonten (z.B. Konto 1776/3806 Umsatzsteuer 19%) hingegen direkt in einem Buchungssatz angesprochen wurden, führt dies zu Differenzen zwischen der Umsatzsteuer laut UStVA und den bebuchten Steuersammelkonten.

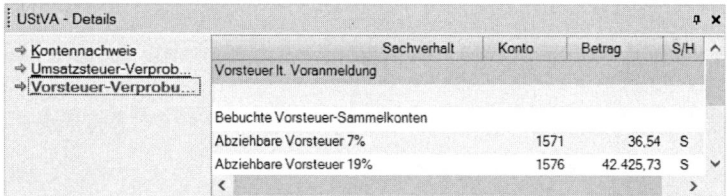

- **Vorsteuer-Verprobung**. Im Bereich der Vorsteuer können die Sammelkonten direkt angesprochen werden und führen auch zu einem Ausweis in der UStVA, da hier keine Bemessungsgrundlagen berechnet werden müssen. In einer deutschen UStVA sollten hier keine Differenzen auftauchen. Die Vorsteuer-Verprobung ist daher im Wesentlichen für österreichische Bestände von Bedeutung, da bei diesen (im Gegensatz zur deutschen UStVA) nur inländische Steuersätze einfließen.

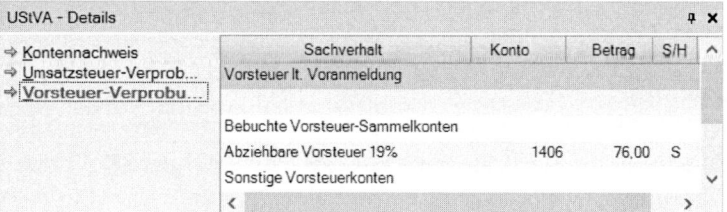

4 Abstimmung der Buchführung und Drucken von Auswertungen

Zum Drucken der Auswertung Umsatzsteuer-Voranmeldung wählen Sie den Menüpunkt **Bestand → Ausgeben (PC) → Finanzbuchführung** (siehe „Kontoblätter ausgeben" auf Seite 135).

Aktion beenden

Übung zum Kapitel 4.7

a) Erstellen Sie die UStVA des Musterbestandes für den Januar 2016.
b) Welche Konten sind in die KZ 66 der UStVA (abziehbare Vorsteuerbeträge) geflossen?

Musterbestand:
für SKR 03: 29098/3400
für SKR 04: 29098/4400

4.8 Die Offenen-Posten-Auswertungen

Wie man OPOS-Konten im Buchungsmodus abstimmen kann, wurde bereits im Kapitel 4.2 gezeigt. Darüber hinaus können Sie sich die OPOS-Konten am Bildschirm anzeigen lassen und ausdrucken. Im Vergleich zu den FIBU-Konten enthalten die OPOS-Konten zusätzliche Informationen zu den offenen Posten wie z.B. die Fälligkeit der Rechnungen. Auch die OPOS-Liste können Sie am Bildschirm anzeigen lassen und ausdrucken. Sie enthält eine Auflistung der offenen Posten pro Debitor bzw. Kreditor und bietet daher einen guten Überblick der offenen Forderungen und Verbindlichkeiten.

OPOS-Konto anzeigen und drucken

Voraussetzung

Der gewünschte Mandant ist geöffnet.

Funktion aktivieren

Öffnen Sie das Arbeitsblatt **OPOS-Konto** über:

- das Arbeitsblatt **Buchführung abstimmen** durch Mausklick auf den Eintrag **OPOS-Konto (Debitoren)**
- den Menüpunkt **Auswertungen → Debitoren → OPOS-Konto**
- den Eintrag **OPOS-Konto** in der Übersicht des Navigationsbereiches

145

4 Abstimmung der Buchführung und Drucken von Auswertungen

Dialog & Interaktion

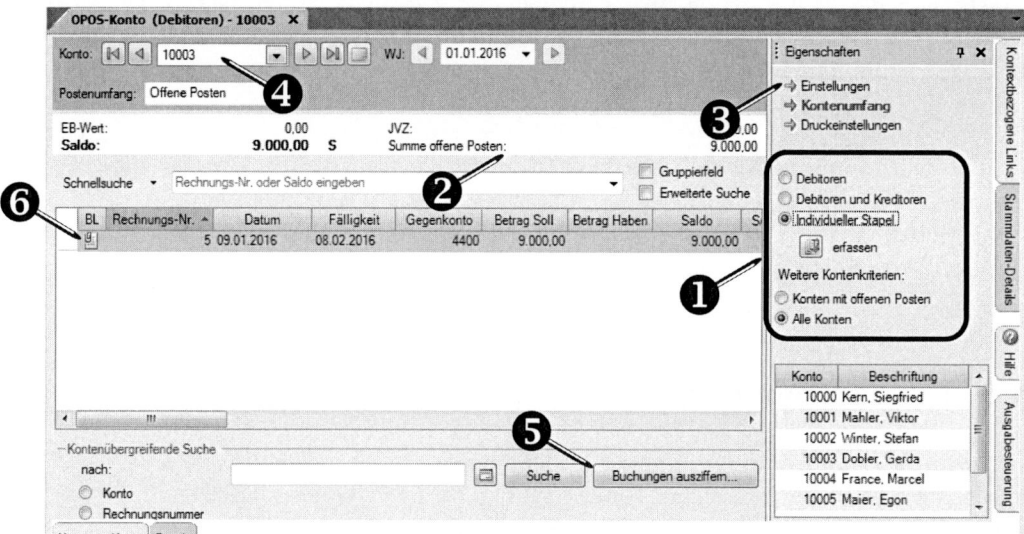

Kontenumfang ❶. In den Eigenschaften des rechten Zusatzbereiches können Sie die Auswahl über die anzuzeigenden Personenkonten wählen. Um alle Personenkonten anzeigen zu lassen, wählen Sie die Option **Debitoren und Kreditoren**.

Wenn Sie hier die Option **Konten mit offenen Posten** wählen, so werden Ihnen nur die Konten zur Auswahl angezeigt, die auch wirklich offene Posten haben. Wurden auf einem OPOS Konto also Bewegungen gebucht, aber alle Posten sind ausgeglichen, so wird Ihnen dieses Konto nicht mit angezeigt.

Möchten Sie auch die Konten angezeigt bekommen, die zum Zeitpunkt der Ausgabe keine offenen Posten haben, so wählen Sie **Alle Konten**.

Postenumfang ❷. Über diese Optionsfelder können Sie wählen, ob im Kontoblatt nur die offenen Posten, nur die ausgeglichenen Posten oder alle Buchungen angezeigt werden sollen.

Verdichtung ❸. In den Eigenschaften des rechten Zusatzbereiches können Sie bei den Einstellungen die Entscheidung treffen, ob Buchungssätze zusammengefasst werden sollen oder nicht. Unter bestimmten Bedingungen fasst das Programm OPOS-Buchungen zusammen, um die Übersichtlichkeit zu erhöhen. Dabei werden Buchungen auf einem OPOS-Konto mit:

- gleichem Belegdatum **und**
- gleichem Belegfeld 1 **und**
- gleichem Belegfeld 2 **und**
- gleicher Eingabewährung

zu einer Summe auf dem OPOS-Konto zusammengefasst (**Gerafft**). Möchten Sie diese Buchungen einzeln sehen, so wählen Sie die Option **Ungerafft**.

Konto ❹. In diesem Feld sehen Sie, welches Konto aktuell angezeigt wird. Die jeweilige Konto-Bezeichnung steht neben dem Eingabefeld. Über die Schaltflächen können Sie zu anderen bebuchten Konten wechseln. Um ein bestimmtes Konto direkt anzuzeigen, geben Sie die gewünschte Kontonummer in das Eingabefeld ein und bestätigen mit der **Enter-Taste** 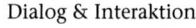.

Über die Schaltfläche **Buchungen ausziffern** ❺ können Sie für OPOS-Konten Posten mit unterschiedlichen Rechnungsnummern manuell zusammenführen und ausgleichen. Das Ausziffern kann nur erfolgen, wenn der Saldo der Posten, die ausgeglichen werden sollen, Null ergibt.

Abstimmung der Buchführung und Drucken von Auswertungen 4

Buchungen korrigieren. Um aus dieser Auswertung heraus Korrekturen vorzunehmen, klicken Sie doppelt auf den zu korrigierenden Buchungssatz. Das Programm öffnet automatisch den Buchungsstapel, in dem sich die zu korrigierende Buchung befindet und übernimmt den Buchungssatz in die Buchungszeile, wo Sie ihn korrigieren können. In der Spalte BL wird mit dem Symbol "57 - Symbol - Digitaler Beleg" angezeigt, dass die Buchung mit einem digitalen Beleg verlinkt ist. Mit einem Doppelklick auf das Symbol können Sie sich den Beleg anzeigen lassen.

In der **Spalte BL** ❻ wird mit dem Symbol 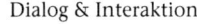 angezeigt, dass die Buchung mit einem digitalen Beleg verlinkt ist. Mit einem Doppelklick auf das Symbol können Sie sich den Beleg anzeigen lassen.

Aktion beenden

Um das angezeigte OPOS-Konto auszugeben, starten Sie den Druck über:

- den Menüpunkt **Liste drucken** im Kontextmenü der rechten Maustaste
- die Tastenkombination `Strg` + `P`

OPOS-Liste anzeigen und drucken

Voraussetzung

Der gewünschte Mandant ist geöffnet.

Funktion aktivieren

Öffnen Sie das Arbeitsblatt **OPOS-Liste** über:

- das Arbeitsblatt **Buchführung abstimmen** durch Mausklick auf den Eintrag **OPOS-Liste (Debitoren)**
- den Menüpunkt **Auswertungen → Debitoren → OPOS-Liste**
- den Eintrag **OPOS-Liste** in der Übersicht des Navigationsbereiches

Dialog & Interaktion

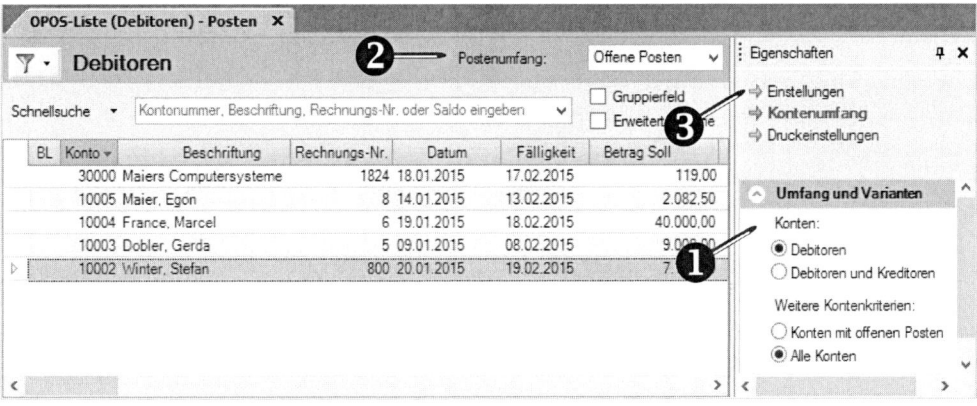

Kontenumfang ❶. In den Eigenschaften des rechten Zusatzbereiches können Sie die Auswahl über die anzuzeigenden Personenkonten wählen. Um alle Personenkonten anzeigen zu lassen, wählen Sie die Option **Debitoren und Kreditoren**.

Wenn Sie hier die Option **Konten mit offenen Posten** wählen, so werden Ihnen nur die Konten zur Auswahl angezeigt, die auch wirklich offene Posten haben.

4 Abstimmung der Buchführung und Drucken von Auswertungen

Wurden auf einem OPOS Konto Bewegungen gebucht, aber alle Posten sind ausgeglichen, so wird Ihnen dieses Konto nicht mit angezeigt. Möchten Sie auch die Konten angezeigt bekommen, die zum Zeitpunkt der Ausgabe keine offenen Posten haben, so wählen Sie **Alle Konten**.

Postenumfang ❷. Über diese Optionsfelder legen Sie fest, ob auf der OPOS-Liste nur die offenen Posten, nur die ausgeglichenen Posten oder alle Buchungen angezeigt werden sollen.

Detaillierungsgrad ❸. In den Eigenschaften des rechten Zusatzbereiche können Sie bei den Einstellungen die Entscheidung treffen, wie detailliert die offenen Posten angezeigt werden sollen. Der Detaillierungsgrad **Posten** bewirkt, dass in der OPOS-Liste alle offenen Posten einzeln angezeigt werden. Beim Detaillierungsgrad Konten werden die offenen Summen pro Konto angezeigt.

Buchungen korrigieren. Um aus dieser Auswertung heraus Korrekturen vorzunehmen, muss zunächst der Detaillierungsgrad Posten eingestellt sein. Klicken Sie anschließend doppelt auf den zu korrigierenden Buchungssatz. Das Programm öffnet automatisch den Buchungsstapel, in dem sich die zu korrigierende Buchung befindet und übernimmt den Buchungssatz in die Buchungszeile, wo Sie ihn korrigieren können.

Aktion beenden

Um die angezeigte OPOS-Liste auszugeben, starten Sie den Druck über:

- den Menüpunkt **Liste drucken** im Kontextmenü der rechten Maustaste
- die Tastenkombination `Strg` + `P`

Übung zum Kapitel 4.8
Musterbestand:
für SKR 03: 29098/3400
für SKR 04: 29098/4400

Erstellen Sie eine OPOS-Liste des Musterbestandes.

4.9 Die Ausgabe der Betriebswirtschaftlichen Auswertung (BWA)

Die Betriebswirtschaftliche Auswertung (BWA) fasst die Werte der Buchführung monatlich nach betriebswirtschaftlichen Aspekten zusammen. Die dafür benötigten BWA-Schemata werden zusammen mit den Standardkontenrahmen eingespielt. Die verschiedenen Schemata legen fest, welche Konten nach welchen betriebswirtschaftlichen Kriterien ausgewertet werden.

Anlegen einer BWA

Eine BWA kann ganz unterschiedliche Buchführungswerte in verschiedener Weise auswerten. In den Mandantenstammdaten können Sie daher mehrere BWA-Profile anlegen, in denen die Form der Auswertung definiert wird. Bevor Sie eine BWA aufrufen, weisen Sie ihr eines der angelegten Profile zu.

Voraussetzung

Der gewünschte Mandant ist geöffnet.

Funktion aktivieren

Aktivieren Sie das Dialogfenster **BWA-Stammdaten verwalten** über den Menüpunkt **Stammdaten → BWA-Stammdaten**.

4 Abstimmung der Buchführung und Drucken von Auswertungen

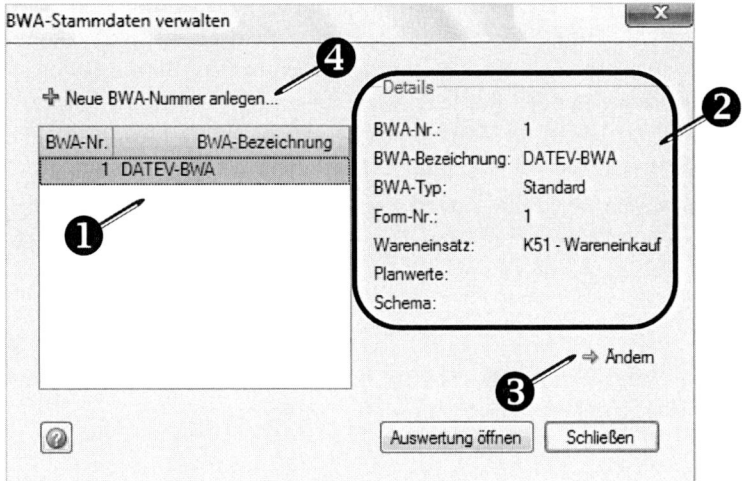

Auf der linken Seite des Dialogfensters sehen Sie bereits angelegte **BWA-Profile** ❶. Wenn Sie ein angelegtes BWA-Profil markieren, sehen Sie auf der rechten Seite die **Details** zur hinterlegten BWA-Form ❷. Über die Schaltfläche **Ändern** ❸ können Sie das markierte BWA-Profil bearbeiten. Um eine neue BWA anzulegen, betätigen Sie die Schalfläche **Neue BWA anlegen** ❹.

Dialog & Interaktion

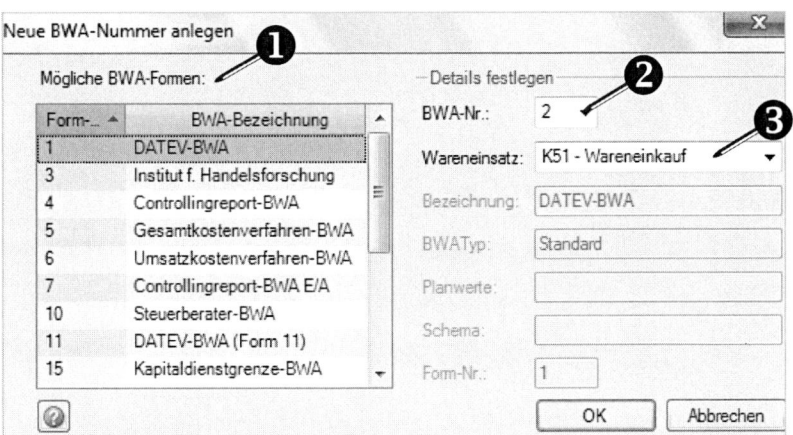

BWA-Form ❶. In diesem Feld bestimmen Sie das Schema, das diese BWA haben soll, d.h. welche Konten nach welchen betriebswirtschaftlichen Kriterien ausgewertet werden sollen. Die wohl am häufigsten genutzte BWA-Form ist die DATEV-BWA.

BWA-Nummer ❷. Das Programm „(Kanzlei-)Rechnungswesen pro" vergibt automatisch die nächste freie BWA-Nummer. Insgesamt können 99 BWA-Nummern angelegt werden.

Wareneinsatz ❸. Selektieren Sie in dem Auswahlfeld, wie der Wareneinsatz der BWA berechnet werden soll. Hierzu haben Sie drei Optionen:

- Bei der Option **Wareneinkauf** werden die Kontenklassen abgefragt, in der Sie den Wareneinkauf buchen (Kontenklasse 3 im SKR 03, Kontenklasse 51 im SKR 04). Diese Methode wird angewendet, wenn die genaue Ermittlung des Warenverbrauchs nicht möglich ist. Man geht davon aus, dass die eingekauften Waren einer Abrechnungsperiode auch in derselben wieder verkauft werden.
Der in der BWA ausgewiesene Wert für den Wareneinsatz enthält alle gebuchten Waren- und Materialeinkäufe, zuzüglich der Anschaffungsnebenkosten sowie der Fremdleistungen, vermindert um erhaltene Skonti und andere Preisnachlässe. Außerdem wird der Wareneinkaufswert um den Eigenverbrauch und den Sachbezügen an Waren vermindert.

4 Abstimmung der Buchführung und Drucken von Auswertungen

- Wählen Sie die Option **Warenverbrauch**, so wird bei der BWA unterstellt, dass Sie eine Lagerbuchhaltung einsetzen und Ihren Wareneinsatz durch das Umbuchen in den Warenverbrauchsbereich ermittelt haben wollen. Für die BWA werden dann die entsprechenden Kontenklassen abgefragt (4er Klasse im SKR 03, Klasse 50 im SKR 04). Um in der BWA ein möglichst genaues Ergebnis zu erzielen, ist es empfehlenswert, den Warenverbrauch auf diesem Weg zu ermitteln.

- Wählen Sie die Option **Prozent**, so wird der Wareneinsatz in Prozent vom Umsatz bzw. der Gesamtleistung berechnet. Den gewünschten Prozentsatz hinterlegen Sie im darunterstehenden Eingabefeld.

Aktion beenden

Bestätigen Sie Ihre Eingaben mit **OK**. Die neu angelegte BWA erscheint nun auf der linken Seite des Dialogfensters **BWA-Stammdaten verwalten**.

Aufrufen einer BWA

Voraussetzung

Der gewünschte Mandant ist geöffnet.

Funktion aktivieren

Aktivieren Sie das Arbeitsblatt **BWA** über:

- das Arbeitsblatt **Buchführung abstimmen** durch Mausklick auf den Eintrag **Betriebswirtschaftliche Auswertung**
- den Menüpunkt **Auswertungen → Finanzbuchführung → Betriebswirtschaftliche Auswertung**
- den Eintrag **Betriebswirtschaftliche Auswertung** in der Übersicht des linken Navigationsbereiches

Dialog & Interaktion

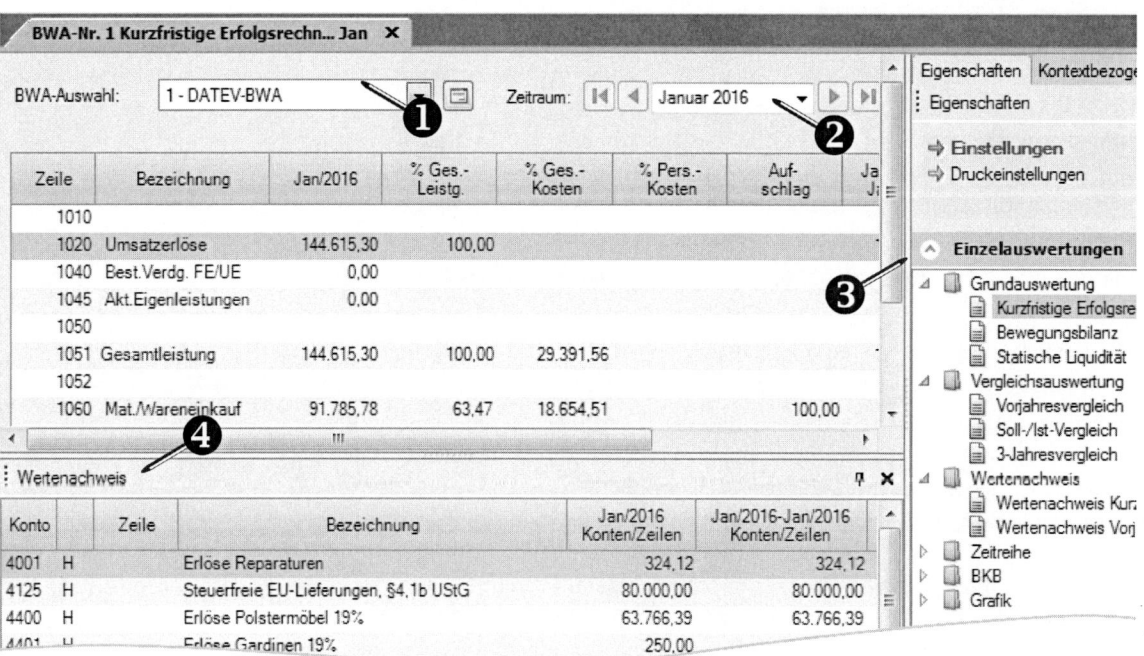

4 Abstimmung der Buchführung und Drucken von Auswertungen

BWA-Auswahl ❶. Wählen Sie hier das BWA-Profil aus, das Sie verwenden möchten (zum Anlegen eines BWA-Profils siehe Seite 148).

Zeitraum ❷. Standardmäßig ist als Zeitraum der letzte gebuchte Monat eingestellt. Möchten Sie die BWA für einen anderen Zeitraum erstellen, so können Sie diesen hier auswählen.

Auswertungsart ❸. Hier haben Sie die Wahl aus einer Vielzahl betriebswirtschaftlicher Auswertungen. Auf die wichtigsten Auswertungen wird im Folgenden[1] näher eingegangen.

Wertenachweis ❹. Über das Symbol 📄 oder den Menüpunkt **Ansicht → Wertenachweis** aktivieren Sie im unteren Teil der Auswertung den Wertenachweis. Dieser zeigt, welche Konten in die einzelnen Zeile der BWA geflossen sind.

Aktion beenden

Um die angezeigte BWA auszugeben, starten Sie den Druck über:

- den Menüpunkt **Liste drucken** im Kontextmenü der rechten Maustaste
- die Tastenkombination [Strg] + [P]

Die kurzfristige Erfolgsrechnung

Die kurzfristige Erfolgsrechnung ist eine Auswertungsart der BWA (zum Aufrufen einer BWA siehe Seite 150). Sie fragt die **Erfolgskonten** der Buchhaltung ab und ermittelt das vorläufige Ergebnis. Hierbei werden die Werte der jeweiligen Buchungsperiode und die bisher gebuchten Werte des laufenden Geschäftsjahres betrachtet.

Bezeichnung	Jan/2016	% Ges.-Leistg.	% Ges.-Kosten	% Pers.-Kosten	Auf-schlag	Jan/2016 - Jan/2016	% Ges.-Leistg.	% Ges.-Kosten	% Pers.-Kosten	Auf-schlag
Umsatzerlöse	144.615,30	100,00				144.615,30	100,00			
Best.Verdg. FE/UE	0,00					0,00				
Akt.Eigenleistungen	0,00					0,00				
Gesamtleistung	144.615,30	100,00	29.391,56			144.615,30	100,00	29.391,56		
Mat./Wareneinkauf	91.785,78	63,47	18.654,51		100,00	91.785,78	63,47	18.654,51		100,00
Rohertrag	52.829,52	36,53	10.737,05		57,56	52.829,52	36,53	10.737,05		57,56
So. betr. Erlöse	73,90	0,05	15,02			73,90	0,05	15,02		
Betriebl. Rohertrag	52.903,42	36,58	10.752,07		57,64	52.903,42	36,58	10.752,07		57,64
Kostenarten:		0,00					0,00			

---

[1] Hinweis zur Bearbeitung: Da auch bei der Betriebswirtschaftlichen Auswertung teilweise auf Vorjahreswerte zurückgegriffen wird, sind die nachfolgenden Abbildungen aus dem Musterbestand 29098/55034/2016 „Muster GmbH" oder 29098/55003/2016 „Musterholz GmbH" entnommen.

Die Vergleichsauswertungen der BWA

Weitere, auf dem Schema der kurzfristigen Erfolgsrechnung aufbauende BWA-Auswertungen sind die **Vergleichsauswertungen** (siehe Seite 150). Dazu zählen:

- der Vorjahresvergleich
- der Soll-Ist-Vergleich
- der Drei-Jahresvergleich

Im Folgenden werden diese Vergleiche einzeln aufgeführt.

- Der **Vorjahresvergleich** vergleicht die Werte der kurzfristigen Erfolgsrechnung eines Monats (oder Quartals) mit dem Monat (bzw. Quartal) des Vorjahres.

```
29098/55039/2016                    Rechnungswesen pro V.5.05                              07.01.2016
Küchenbeispiel GmbH                 Vorjahresvergleich Dezember 2016                       Blatt 1
                    SKR 04   BWA-Nr. 1   BWA-Form   DATEV-BWA   Wareneinsatz K51
```

Bezeichnung	Dez/2016	Dez/2015	Veränderung absolut	in %	Jan/2016 - Dez/2016	Jan/2015 - Dez/2015	Veränderung absolut	in %
Umsatzerlöse	447.954,93	0,00	447.954,93		4.718.445,92	1.109.753,99	3.608.691,93	325,18
Best.Verdg. FE/UE	0,00	0,00	0,00		0,00	-54,99	54,99	100,00
Akt.Eigenleistungen	0,00	0,00	0,00		0,00	0,00	0,00	
Gesamtleistung	447.954,93	0,00	447.954,93		4.718.445,92	1.109.699,00	3.608.746,92	325,20
Mat./Wareneinkauf	167.765,50	0,00	167.765,50		2.222.947,13	526.642,13	1.696.305,00	322,10
Rohertrag	280.189,43	0,00	280.189,43		2.495.498,79	583.056,87	1.912.441,92	328,00
So. betr. Erlöse	294,12	0,00	294,12		3.529,44	882,36	2.647,08	300,00
Betriebl. Rohertrag	280.483,55	0,00	280.483,55		2.499.028,23	583.939,23	1.915.089,00	327,96
Kostenarten:								
Personalkosten	102.084,80	0,00	102.084,80		1.212.515,61	355.085,90	857.429,71	241,47
Raumkosten	12.971,45	0,00	12.971,45		157.386,70	46.878,71	110.507,99	235,73
Betriebl. Steuern	821,00	0,00	821,00		7.618,00	2.110,00	5.508,00	261,04
Versich./Beiträge	3.508,66	0,00	3.508,66		49.856,81	17.275,56	32.581,25	188,60

- Der **Soll-Ist-Vergleich** stellt die Werte der kurzfristigen Erfolgsrechnung den zuvor erfassten Planwerten gegenüber. Diese Planwerte können im Programm „(Kanzlei-)Rechnungswesen pro" unter dem Menüpunkt **Auswertungen → Finanzbuchführung → BWA-Planwerte** erfasst oder von den Wirtschaftsberatungsprogrammen der DATEV übernommen werden.

```
29098/55034/2015                    Kanzlei-Rechnungswesen pro V.4.4                       10.01.2015
Muster GmbH                         Soll-/Ist-Vergleich März 2015                          Blatt 1
                    SKR 04   BWA-Nr. 1   BWA-Form   DATEV-BWA   Wareneinsatz K51
```

Bezeichnung	Ist Mrz/2015	Plan Mrz/2015	Abweichung absolut	in %	Ist Jan/2015-Mrz/2015	Plan Jan/2015-Mrz/2015	Abweichung absolut	in %
Umsatzerlöse	384.659,03	378.460,00	6.199,03	1,64	1.073.455,00	1.073.710,00	-255,00	-0,02
Best.Verdg. FE/UE	613,97	837,00	-223,03	-26,65	-54,99	173,00	-227,99	-131,79
Akt.Eigenleistungen	0,00	0,00	0,00		0,00	0,00	0,00	
Gesamtleistung	385.273,00	379.297,00	5.976,00	1,58	1.073.400,01	1.073.883,00	-482,99	-0,04
Mat./Wareneinkauf	192.716,93	184.206,00	8.510,93	4,62	522.648,09	515.116,00	7.532,09	1,46
Rohertrag	192.556,07	195.091,00	-2.534,93	-1,30	550.751,92	558.767,00	-8.015,08	-1,43
So. betr. Erlöse	294,12	294,00	0,12	0,04	882,36	882,00	0,36	0,04
Betriebl. Rohertrag	192.850,19	195.385,00	-2.534,81	-1,30	551.634,28	559.649,00	-8.014,72	-1,43
Kostenarten: SiBwakfe.BWA_KFE_ZLBEZ_Format (Zeichenfolge)								
Personalkosten	117.900,70	120.802,00	-2.901,30	-2,40	355.085,90	360.512,00	-5.426,10	-1,51
Raumkosten	15.843,98	15.417,00	426,98	2,77	46.878,71	48.485,00	-1.606,29	-3,31

- Der **Drei-Jahresvergleich** stellt den aktuellen Monat bzw. das aktuelle Quartal den entsprechenden Zeiträumen des Vorjahres und Vorvorjahres gegenüber. Durch die Betrachtung von drei Jahren ist es möglich, Tendenzen in der betrieblichen Entwicklung zu erkennen. Der Zeilenaufbau des Drei-Jahresvergleichs entspricht dem der Kurzfristigen Erfolgsrechnung.

Die Zeitreihen der BWA

Die Zeitreihen sind eine Auswertungsart der BWA (siehe Seite 150). Bei den Zeitreihen werden die Werte des aktuellen Wirtschaftsjahres monatsbezogen dargestellt. Sie bauen ebenfalls auf dem Schema der kurzfristigen Erfolgsrechnung auf. Bei der Jahresübersicht werden die Werte der einzelnen Monate und die kumulierten Werte seit Jahresbeginn dargestellt. Die Entwicklungsübersicht stellt die Werte der letzten 13 Monate dar.

Der Betriebswirtschaftliche Kurzbericht der BWA

Der **Betriebswirtschaftliche Kurzbericht (BKB)** ist eine Auswertungsart der BWA (zum Aufrufen einer BWA siehe Seite 150). Er verdichtet die Zahlen der kurzfristigen Erfolgsrechnung und ermöglicht so einen schnellen Überblick über das Unternehmen. Beim BKB kann zwischen dem BKB und den Vergleichs-BKB gewählt werden. Während der BKB einen ausgewählten Monat darstellt, zeigt der **Vergleichs-BKB** diese Werte im Vergleich zum Vorjahresmonat.

4 Abstimmung der Buchführung und Drucken von Auswertungen

Die BWA-Grafiken

Die BWA-Grafiken sind eine Auswertungsart der BWA (siehe Seite 150). Mit Hilfe der BWA-Grafiken können die Betriebswirtschaftlichen Auswertungen in optisch ansprechender Form dargestellt werden. Als Grafik können folgende Auswertungen ausgegeben werden:

- Kreisdiagramm der kurzfristigen Erfolgsrechnung
- Balkendiagramm des Vorjahresvergleichs
- Liniendiagramm der Jahresübersicht
- Liniendiagramm der Entwicklungsübersicht

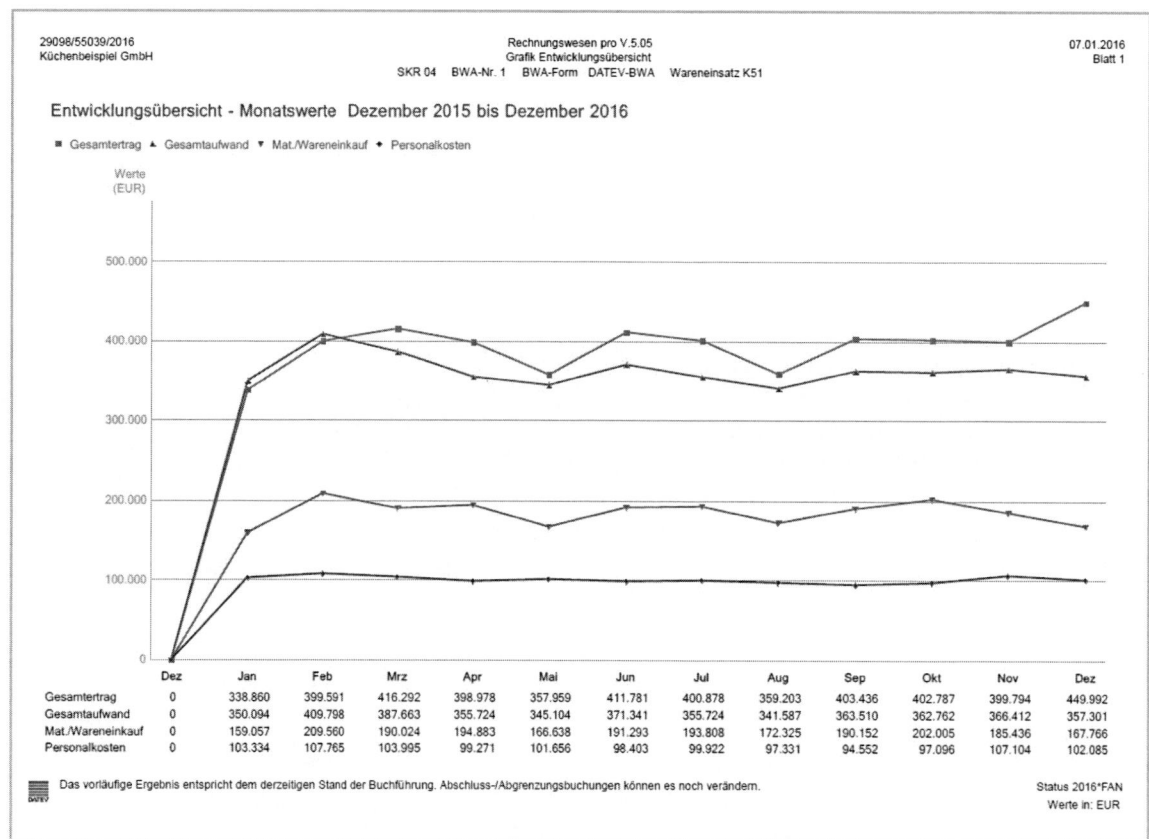

Übung zum Kapitel 4.9

Musterbestand:
für SKR 03: 29098/3400
für SKR 04: 29098/4400

Für Hubert Müller solle eine BWA erstellt werden.

a) Legen Sie ein BWA-Profil mit dem BWA-Schema „DATEV-BWA" an. Als Wareneinsatz verwenden Sie den Wareneinkauf.

b) Rufen Sie für Hubert Müller eine kurzfristige Erfolgsrechnung unter Verwendung des in Aufgabe a) angelegten BWA-Profils auf.

5

Exkurs: Mahnwesen und Zahlungsvorschlag

In diesem Kapitel erfahren Sie, wie Sie das Programm „(Kanzlei-)Rechnungswesen pro" beim Mahnwesen unterstützt und wie Sie den Zahlungsvorschlag für Ihren Zahlungsverkehr nutzen können.

Inhalt

- Das Mahnwesen vorbereiten
- Arbeiten mit Mahnvorschlägen
- Mahnzinsen und -gebühren automatisch buchen
- Der Zahlungsvorschlag in „(Kanzlei-)Rechnungswesen pro"

5 Exkurs: Mahnwesen und Zahlungsvorschlag

5.1 Das Mahnwesen vorbereiten

Bevor Sie im Programm eine Mahnvorschlagsliste und daraus resultierende Mahnungen und Kontoauszüge erstellen und versenden, müssen Sie in den Stammdaten hinterlegen, welche Mahn- bzw. Kontoauszugstexte Sie verwenden möchten und welche Bedingungen für das Mahnwesen gelten sollen.

Mit einem Kontoauszug soll ein Kunde darauf hingewiesen werden, dass er einen Zahltermin übersehen hat. Der Kontoauszug entspricht somit einer Zahlungserinnerung, er ist nicht zum Abstimmen der Forderungshöhe gedacht. Wenn Sie möchten, dass ein Debitor die Höhe Ihrer Forderungen an ihn anerkennt, nutzen Sie die Saldenbestätigung. Diese finden Sie unter dem Menüpunkt Auswertungen → Debitoren.

Mahn- und Kontoauszugstexte eingeben

Im Programm stehen Ihnen verschiedene Mahntexte zur Verfügung, aus denen Sie wählen können. Bei Bedarf können Sie diese Texte auch ändern.

Voraussetzung

Der gewünschte Mandant ist geöffnet.

Funktion aktivieren

Aktivieren Sie in „(Kanzlei-)Rechnungswesen pro" das Dialogfenster **Textbausteine bearbeiten** über den Menüpunkt Stammdaten → Debitoren → Texte Mahnwesen.

Dialog & Interaktion

Über das Listenfeld **Textgruppe** können Sie sich die unterschiedlichen Mahntexte anzeigen lassen und den gewünschten Text auswählen.

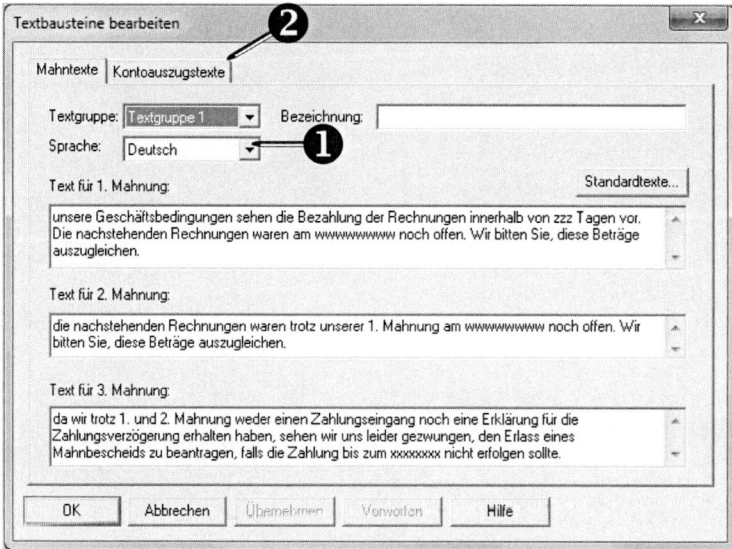

Über das Listenfeld **Sprache** ❶ können Sie unter verschiedenen Sprachen wählen. Markieren Sie die Textpassagen, die Sie ändern möchten und erfassen Sie den gewünschten Text. Beachten Sie dabei, dass individuelle Texte nicht vom Programm in andere Sprachen übersetzt werden. Speichern Sie Ihre Änderungen mit OK.

Über die Registerkarte **Kontoauszugstexte** ❷ können Sie den Text eines Kontoauszugs anpassen.

Exkurs: Mahnwesen und Zahlungsvorschlag 5

Das Mahnwesen einrichten

Beim Einrichten des Mahnwesens legen Sie z. B. fest, welche Mahnfristen gelten, wie hoch die Mahngebühren sind und ob diese automatisch vom Programm gebucht werden sollen. Diese Werte gelten grundsätzlich für alle Debitoren.

Voraussetzung

Der gewünschte Mandant ist geöffnet.

Funktion aktivieren

Doppelklicken Sie im Programmteil **Buchführung** in der Übersicht **Stammdaten** auf **Mandantendaten**. Das Programmfenster **Stammdaten** öffnet sich.

Dialog & Interaktion

Doppelklicken Sie in der Übersicht im Bereich **Grunddaten Rechnungswesen** auf **OPOS**. Die Registerkarte OPOS wird im Arbeitsbereich angezeigt. Aktivieren Sie auf der Registerkarte OPOS das Register **Mahnwesen**.

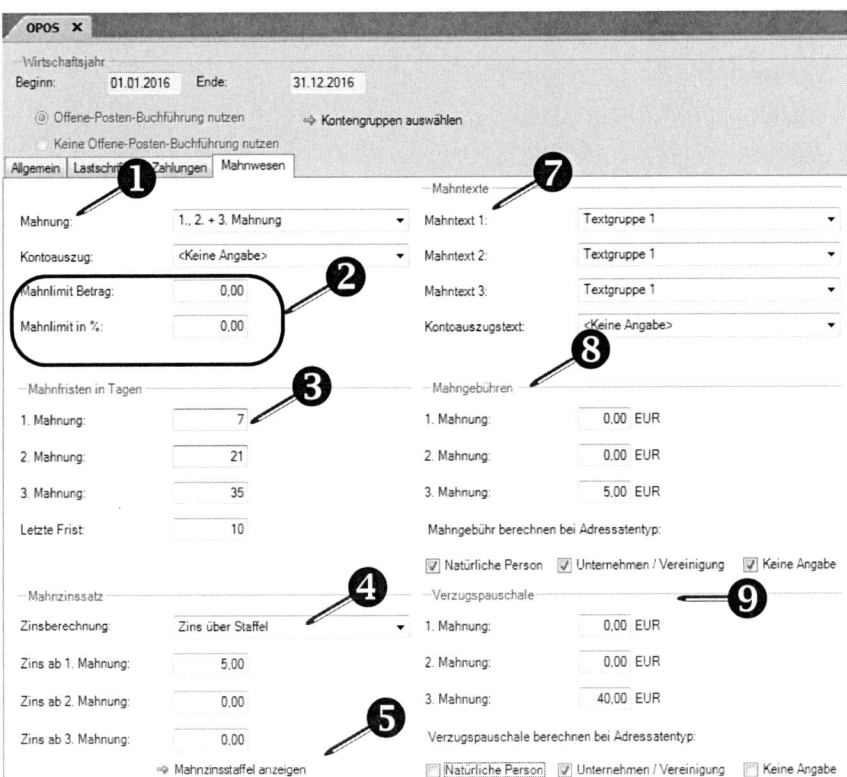

Hinterlegen Sie unter **Mahnung**, mit welchen Mahnstufen Sie arbeiten möchten ❶. Es sind bis zu drei Mahnstufen möglich. Diese Angabe ist Voraussetzung für das Erstellen von Mahnungen.

Legen Sie unter **Mahnlimit Betrag** einen Betrag oder unter **Mahnlimit in %** einen Prozentsatz fest, ab dem eine Mahnung erstellt oder angeben werden soll ❷. Offene Posten, die unterhalb dieser Grenzen liegen, werden nicht angemahnt.

Erfassen Sie im Bereich **Mahnfristen in Tagen** ❸ nach wie vielen Tagen, ausgehend vom Fälligkeitsdatum, die jeweilige Mahnung in den Mahnvorschlag einfließen soll. Die letzte Frist wird in der dritten Mahnung im Mahntext ausgewiesen. Sie bezieht sich auf das Datum dieser Mahnung.

5 Exkurs: Mahnwesen und Zahlungsvorschlag

Entscheiden Sie im Bereich **Mahnzinssatz** unter **Zinsberechnung**, wie der Mahnzins berechnet werden soll. Bei der Zinsberechnung können Sie unter folgenden Varianten wählen ❹:

- **Fester Zinssatz**
  Der für die jeweilige Mahnstufe erfasste Zinssatz wird für die Verzugszinsberechnung ab dem Datum der entsprechenden Mahnung berücksichtigt.

- **Zins über Staffel**
  Der für die jeweilige Mahnstufe erfasste Zinssatz wird mit dem gültigen Basiszinssatz[1] aus der Mahnzinsstaffel addiert. Die Summe beider Zinssätze wird für die Verzugszinsberechnung ab dem Datum der entsprechenden Mahnung berücksichtigt.

- **Keine Zinsberechnung**
  Es erfolgt keine Verzugszinsberechnung

Erfassen Sie unter **Zins ab ...** den gewünschten Prozentsatz[2].

Wenn Sie sich für die Berechnungsvariante **Zins über Staffel** entschieden haben, fahren Sie wie folgt fort:

- Betätigen Sie den Link **Mahnzinsstaffel anzeigen** ❺. Das Dialogfenster **Mahnzinsstaffel** wird angezeigt.

- Klicken Sie in diesem Fenster auf den Link **Mahnzinsstaffel aktualisieren** ❻ und schließen Sie das Hinweisfenster mit **OK**. Die Mahnzinsstaffel wird angezeigt. Bestätigen Sie das Dialogfenster mit **OK**.
  Damit ist die Definition der Mahnzinsberechnung abgeschlossen und die Verzugszinsen werden gemäß Ihren Vorgaben berechnet.

Wählen Sie im Bereich **Mahntexte** ❼ jeweils die **Textgruppe** aus, deren Text Sie für diese Mahnstufe verwenden wollen. Erfassen Sie unter **Mahngebühren** die Beträge, die bei den einzelnen Mahnstufen in Rechnung gestellt werden sollen ❽.
Im Bereich Verzugspauschale ❾ können Sie festlegen, in welcher Höhe, wann und für welchen Adressatentyp die Verzugspauschale berechnet werden soll.

Aktion beenden

Speichern Sie Ihre Eingaben und schließen Sie das Programmfenster **Stammdaten** mit dem Symbol (**Speichern und Schließen**).

---

[1] Der Basiszinssatz wird von der Europäischen Zentralbank festgelegt.
[2] Wenn Sie nur unter **Zins ab 1. Mahnung** einen Wert erfassen, wird dieser Zinssatz auch bei der 2. bzw. 3. Mahnung berücksichtigt.

5 Exkurs: Mahnwesen und Zahlungsvorschlag

Konten für „Diverse Kunden" anlegen

In der Regel ist es sinnvoll, für einen Debitor nur eine Mahnung zu erstellen, in der alle mahnfälligen Posten aufgelistet sind. Dies gilt nicht für Konten, auf denen Rechnungen an verschiedene Kunden gebucht werden. Damit auch für diese Konten sinnvolle Mahnungen erstellt werden können, müssen sie als **Diverse** gekennzeichnet werden.

Voraussetzung

Der gewünschte Mandant ist geöffnet.

Funktion aktivieren

Doppelklicken Sie in „(Kanzlei-) Rechnungswesen pro" in den Übersichten **Stammdaten** oder **Buchführung** im Ordner **Debitoren** auf **Debitorenstammdaten**.

Dialog & Interaktion

Doppelklicken Sie im Arbeitsbereich auf das Konto, das Sie als diverses Konto kennzeichnen wollen und aktivieren Sie die Registerkarte **OPOS-Allgemein**.

Wählen Sie im Bereich **Sonstige** unter **Diverse-Konto** den Listenfeldeintrag **Ja** ❶.

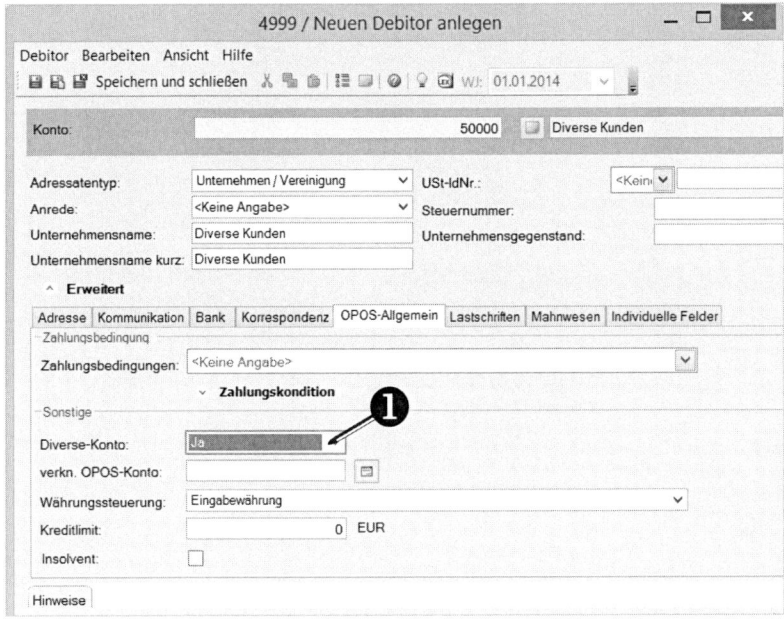

Aktion beenden

Schließen Sie das Fenster **Debitor ... bearbeiten** mit dem Symbol (**Speichern und Schließen**). Aufgrund dieser Änderung wird in den künftigen Mahnvorschlägen bei diesem Konto für jeden mahnfälligen Posten eine gesonderte Mahnung erstellt.

5 Exkurs: Mahnwesen und Zahlungsvorschlag

Stammdaten einzelner Debitoren anpassen

Wenn für einen Kunden im Rahmen des Mahnverfahrens spezielle Bedingungen gelten, können Sie diese Werte in den Debitorenstammdaten hinterlegen.

Voraussetzung

Der gewünschte Mandant ist geöffnet.

Funktion aktivieren

Doppelklicken Sie dazu im Programmteil **Buchführung** in den Übersichten **Stammdaten** oder **Buchführung** im Ordner **Debitoren** auf **Debitorenstammdaten**.

Dialog & Interaktion

Doppelklicken Sie im Arbeitsbereich auf den Debitor, dessen Stammdaten Sie anpassen wollen und aktivieren Sie die Registerkarte **Mahnwesen**.

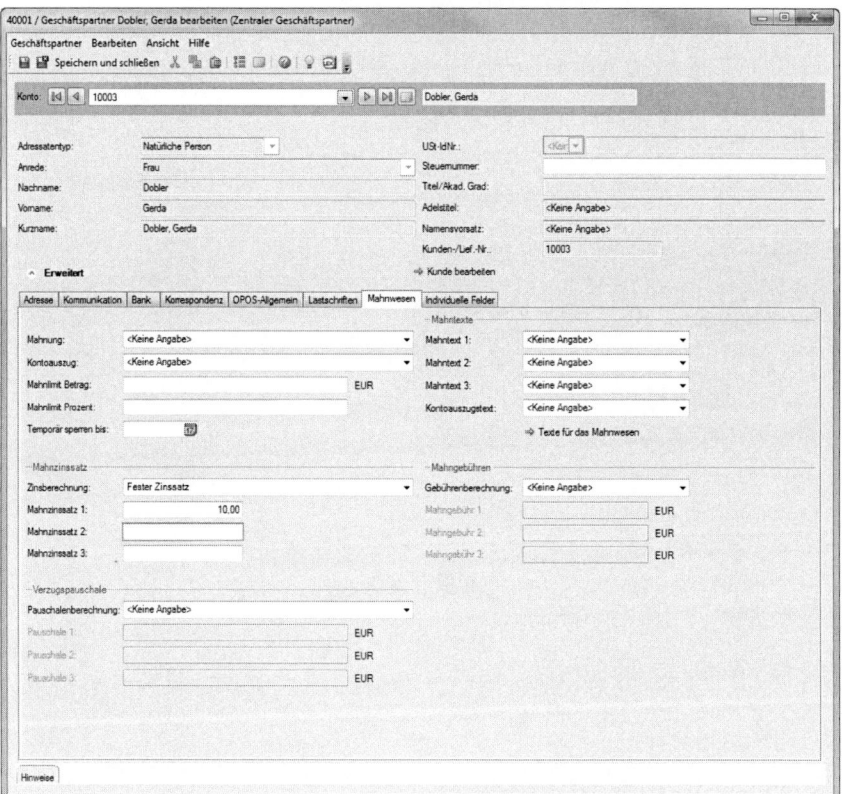

Erfassen Sie die individuellen Werte, die für diesen Kunden gelten sollen.

Aktion beenden

Schließen Sie das Fenster **Debitor ... bearbeiten** mit dem Symbol (**Speichern und Schließen**).

5.2 Arbeiten mit Mahnvorschlägen

Alle Debitoren, für die je nach Vorgabe eine Mahnung oder ein Kontoauszug erstellt werden sollen, werden in einer Mahnvorschlagsliste aufgeführt. Im Folgenden erfahren Sie, wie Sie Mahnvorschläge erstellen und bearbeiten und wie Sie die Mahnvorschlagsliste handhaben.

Mahnvorschlag erstellen

Das Programm ermittelt anhand der Fälligkeit (aus der Zahlungsbedingung) und den Mahnfristen in Tagen, für welche Rechnung eine Mahnung erstellt werden muss. Um einen Mahnvorschlag zu erstellen, gehen Sie wie folgt vor.

Voraussetzung

Der gewünschte Mandant ist geöffnet.

Funktion aktivieren

Doppelklicken Sie in „(Kanzlei-)Rechnungswesen pro" in der Übersicht **Buchführung** im Ordner **Debitoren** auf **Mahnwesen**. Klicken Sie im Arbeitsblatt **Mahnwesen** auf **Erstellen** und es öffnet sich das Dialogfenster **Mahnungen erstellen**.

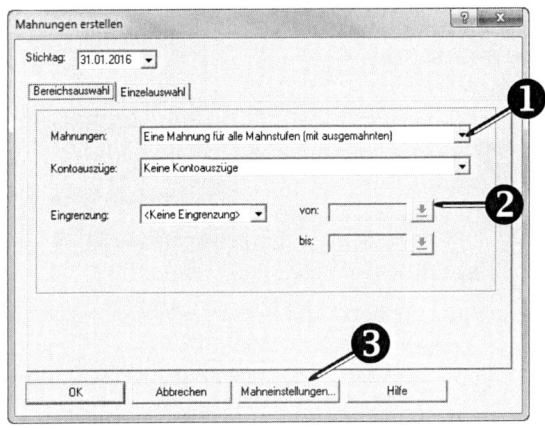

Dialog & Interaktion

Legen Sie bei Bedarf einen anderen Stichtag fest, der für die Berechnung der Mahnfristen ausschlaggebend sein soll. Voreingestellt ist das aktuelle Tagesdatum.

Über das Listenfeld **Mahnungen** ❶ legen Sie fest, welche Mahnungen Sie erstellen möchten, z. B.:

- **Eine Mahnung für alle Mahnstufen (mit ausgemahnten)**
  Es wird pro Konto eine Mahnung erstellt. Diese Mahnung beinhaltet alle mahnfälligen Posten, unabhängig von der jeweiligen Mahnstufe. Es werden auch die Posten aufgeführt, die alle vorgesehenen Mahnstufen bereits durchlaufen haben.

- **Eine Mahnung je Mahnstufe (ohne ausgemahnte)**
  Es werden pro Konto ggf. mehrere Mahnungen erstellt. In den jeweiligen Mahnschreiben sind nur die Posten der gleichen Mahnstufe aufgeführt. Posten, die bereits durch alle Mahnstufe gemahnt worden sind, werden nicht mit aufgeführt.

- **Nur 2. Mahnung**
  Es werden nur Mahnungen für Posten mit der Mahnstufe 2 erstellt.

5 Exkurs: Mahnwesen und Zahlungsvorschlag

Im Bereich **Eingrenzung** können Sie festlegen, ob alle Kunden beim Erstellen des Mahnvorschlags berücksichtigt werden sollen oder nur ein bestimmter Kundenkreis (z. B. nur die Kontonummer 10.000 bis 29.999) ❷.

Hinweis: Über die Registerkarte **Einzelauswahl** können Sie die Mahnung für einen bestimmten Kunden erstellen.

Klicken Sie auf die Schaltfläche **Mahneinstellungen** ❸ und es öffnet sich das Dialogfenster **Einstellungen**:

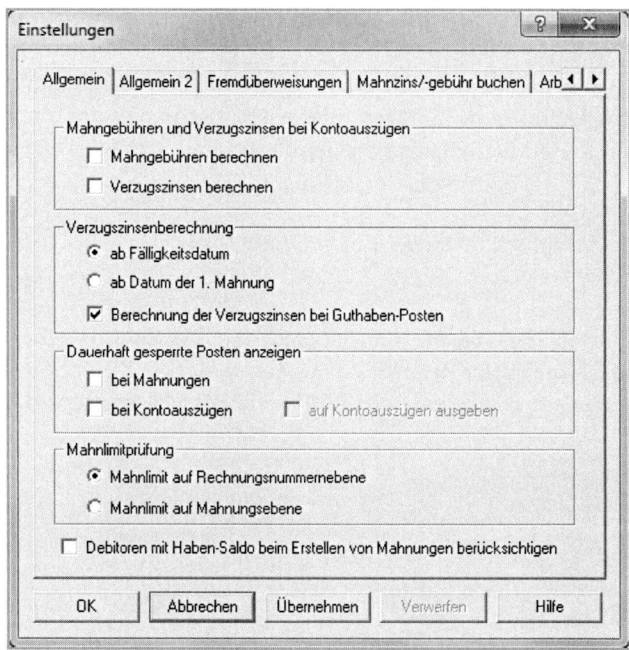

Aktivieren Sie auf den verschiedenen Registerkarten die gewünschten Optionen bzw. Kontrollfelder und erfassen Sie ggf. die entsprechenden Werte.

Auf der Registerkarte **Mahnzins/-gebühr buchen** können Sie veranlassen, dass die entsprechenden Buchungen beim Ausgeben der Mahnungen (siehe Seite 166) automatisch erzeugt werden und als Buchungsstapel in der Stapelverarbeitung bereitstehen (siehe Kapitel 5.3).

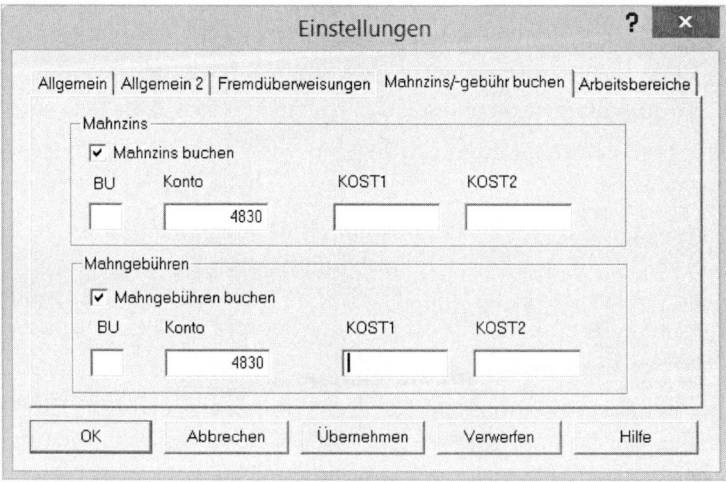

Exkurs: Mahnwesen und Zahlungsvorschlag 5

Aktion beenden

Bestätigen Sie Ihre Eingaben mit **OK**, um sie zu speichern. Das Fenster **Einstellungen** wird geschlossen. Klicken Sie im Fenster **Mahnungen erstellen** auf **OK**, um das Erstellen des Mahnvorschlags zu starten. Die Mahnvorschlagsliste wird im Arbeitsbereich auf der Registerkarte **Mahnungen** angezeigt.

Mahnvorschlag bearbeiten

Die in der Mahnvorschlagsliste aufgeführten Positionen werden vom Programm mit unterschiedlichen Statushinweisen gekennzeichnet. Anhand dieser können Sie ablesen, ob und warum eine Mahnung an den jeweiligen Debitor notwendig ist oder nicht.

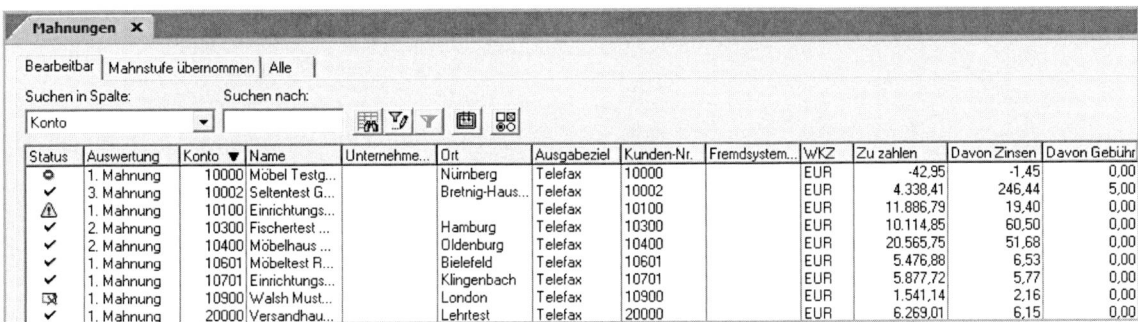

- **Mahnung nicht sinnvoll**
  mögliche Ursache: durch eine Überzahlung ist ein Guthaben auf dem Debitorkonto entstanden

- **Mahnung muss noch bearbeitet werden**
  mögliche Ursache: die Adresse des Geschäftspartners ist nicht vollständig erfasst

- **Mahnung muss bearbeitet werden**
  Ursache: die Angaben zum gewählten Ausgabeziel sind unvollständig (z. B. fehlende E-Mail-Adresse)

- **Mahnung muss nicht bearbeitet werden**
  Änderungen sind möglich, aber vom Programm nicht gefordert

Mit einem Doppelklick auf einen Listeneintrag öffnen Sie die Mahnung zur Prüfung bzw. Bearbeitung. Mithilfe der Pfeiltasten ▶ und ◀ können Sie zur nächsten bzw. zur vorherigen Mahnung wechseln.

5 Exkurs: Mahnwesen und Zahlungsvorschlag

Mahnvorschlagsliste sortieren

Um einen besseren Überblick zu haben, können Sie die Mahnvorschläge sortieren. Anhand der Symbole ▼ und ▲ im Spaltenkopf erkennen Sie, dass der Mahnvorschlag nach dem Inhalt dieser Spalte auf- bzw. absteigend sortiert wurde. Mit einem Klick in einen Spaltenkopf versetzen Sie die Sortierfunktion auf die entsprechende Spalte. Mit einem weiteren Klick ändern Sie die Sortierrichtung.

Mahnvorschlag überschreiben

Sie können einen bestehenden Eintrag im Mahnvorschlag überschreiben, wenn eine Mahnung im Mahnvorschlag durch eine zwischenzeitliche Buchung falsche Werte enthält oder statt einer Mahnung ein Kontoauszug versendet werden soll.

Voraussetzung

Ein Mahnvorschlag ist geöffnet und wird auf dem Register **Bearbeitbar** angezeigt.

Funktion aktivieren

Klicken Sie auf die Schaltfläche **Erstellen** und das Dialogfenster **Mahnungen erstellen** öffnet sich:

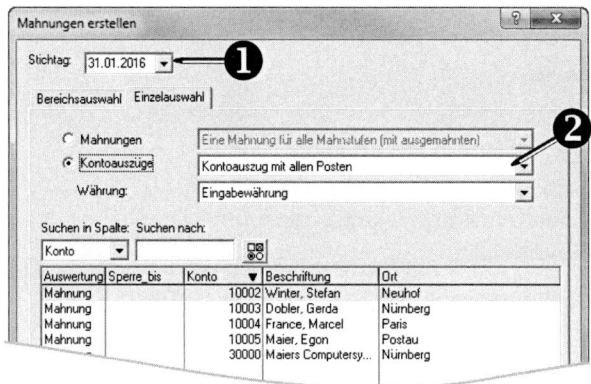

Dialog & Interaktion

Prüfen Sie in diesem Fenster den **Stichtag** und korrigieren Sie ihn, wenn nötig ❶. Wechseln Sie auf die Registerkarte **Einzelauswahl** und aktivieren Sie die Option **Kontoauszüge** und den gewünschten Listenfeldeintrag ❷. Markieren Sie den betreffenden Debitor und passen Sie ggf. die Mahneinstellungen an.

Aktion beenden

Bestätigen Sie Ihre Eingaben mit **OK**.

Hinweis: Obwohl die sich öffnende Hinweismeldung von einer Mahnung spricht, zeigt ein Blick in den Mahnvorschlag, dass tatsächlich ein Kontoauszug generiert wurde.

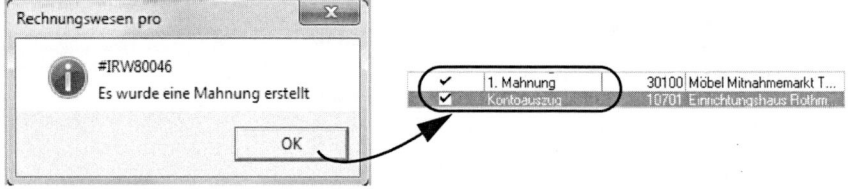

Mahnungen löschen

Sie können Mahnungen oder Kontoauszüge aus einem Mahnvorschlag löschen, z. B. weil der Kunde seine Zahlung angekündigt hat. Sollte der Zahlungseingang nicht eintreffen, wird im nächsten Mahnvorschlag die Mahnung bzw. der Kontoauszug neu erstellt.

Voraussetzung

Ein Mahnvorschlag ist geöffnet und wird auf dem Register **Bearbeitbar** angezeigt.

Funktion aktivieren

Um eine Mahnung aus der Mahnvorschlagsliste zu löschen, klicken Sie mit der rechten Maustaste auf die zu löschende Mahnung.

Dialog & Interaktion

Wählen Sie im Kontextmenü den Eintrag **Mahnungen löschen**.
Betätigen Sie die Kontrollfrage mit **Ja**.
Die Mahnung ist aus dem Mahnvorschlag gelöscht.

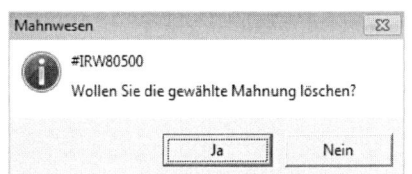

Mahnstufen ändern, Posten sperren

Wenn außerhalb des üblichen Mahnverfahrens manuell gemahnt wurde, kann es erforderlich sein, die Mahnstufen anzupassen.

Doppelklicken Sie dazu in der Mahnvorschlagsliste auf die zu ändernde Mahnung; im Arbeitsbereich wird die Registerkarte **Mahnung bearbeiten** angezeigt.

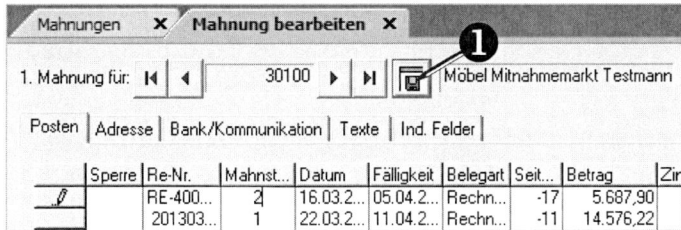

Klicken Sie auf die Mahnstufe, die Sie ändern möchten und überschreiben Sie die Vorgabe mit dem korrekten Wert. Klicken Sie auf das Symbol 📇, um die Änderung zu speichern ❶.

Wenn ein Posten nicht angemahnt werden soll, weil z. B. eine Reklamation vorliegt, können Sie diesen Posten für das Mahnwesen sperren. Ihnen stehen dafür zwei Varianten zur Verfügung:

Posten sperren

- **Posten temporär sperren**
  Bei einer temporären Sperre legen Sie fest, bis wann die Sperre gelten soll. Bis zu diesem Zeitpunkt wird der gesperrte Posten bei Mahnvorschlägen ignoriert.
  Die temporäre Sperre lässt sich vor Ablauf der angegebenen Frist nicht aufheben.

- **Posten dauerhaft sperren**
  Dauerhaft gesperrte Posten werden - entsprechend gekennzeichnet - in der Registerkarte **Mahnung** mit angezeigt, erscheinen aber nicht in den Mahnschreiben. Die Sperre kann jederzeit aufgehoben und der Posten in das Mahnwesen einbezogen werden.

5 Exkurs: Mahnwesen und Zahlungsvorschlag

Voraussetzung

Ein Mahnvorschlag ist geöffnet und wird auf dem Register **Bearbeitbar** angezeigt.

Funktion aktivieren

Um einen Posten dauerhaft zu sperren, doppelklicken Sie in der Mahnvorschlagsliste auf die zu ändernde Mahnung. Im Arbeitsbereich wird die Registerkarte **Mahnung bearbeiten** angezeigt.

Dialog & Interaktion

Klicken Sie dort auf den Zeilenkopf des Postens, den Sie sperren wollen. Öffnen Sie das Kontextmenü mit der rechten Maustaste und wählen Sie den Eintrag **Posten sperren**. Aktivieren Sie die Option **Rechnung dauerhaft sperren**. Bestätigen Sie mit **OK**.

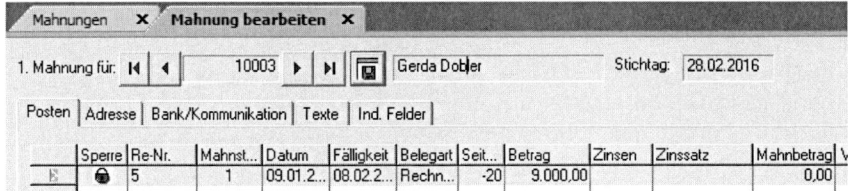

Der Posten erhält das Sperrkennzeichen 🔒 und der Mahnbetrag wird auf 0,00 € gesetzt.

Mahnungen ausgeben

Nachdem Sie die Vorschlagsliste bearbeitet haben, geben Sie die Mahnungen aus. Dabei können Sie das Ausgabeziel ändern und das Mahnformular anpassen.

Voraussetzung

Ein Mahnvorschlag ist geöffnet und wird auf dem Register **Bearbeitbar** angezeigt.

Funktion aktivieren

Klicken Sie auf **Ausgeben**. Es erscheint das Dialogfenster **Mahnungen ausgeben**.

Dialog & Interaktion

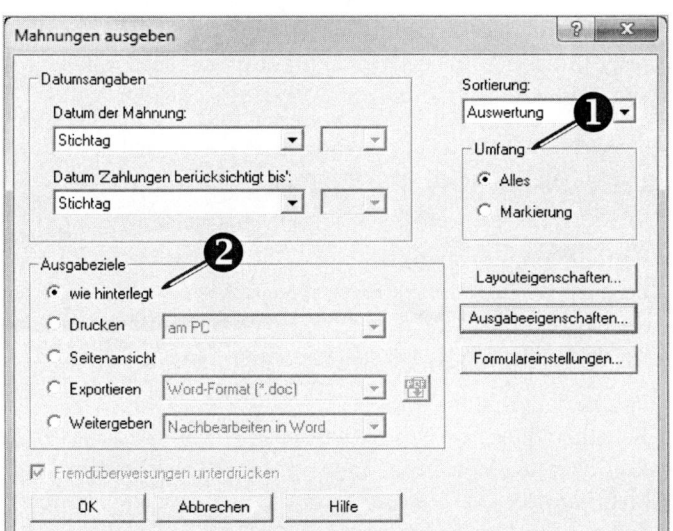

Bestimmen Sie den **Umfang** ❶ der auszugebenden Mahnungen und aktivieren Sie das gewünschte **Ausgabeziel** ❷. Wenn Sie **wie hinterlegt** aktivieren, führen Sie die Ausgabe der Mahnungen so durch, wie es im Bereich **Ausgabeziele der Vorschlagsliste** angezeigt wird (Druck, Telefax oder E-Mail). Wenn Sie z. B. das E-Mail-Ausgabeformat von RTF auf PDF ändern wollen, klicken Sie auf **Ausgabeeigenschaften...**.

Wenn Sie erstmalig mit dem Programm mahnen oder Änderungen an dem Mahnformular vornehmen möchten, klicken Sie auf **Formulareinstellungen...** und es erscheint das folgende Dialogfenster:

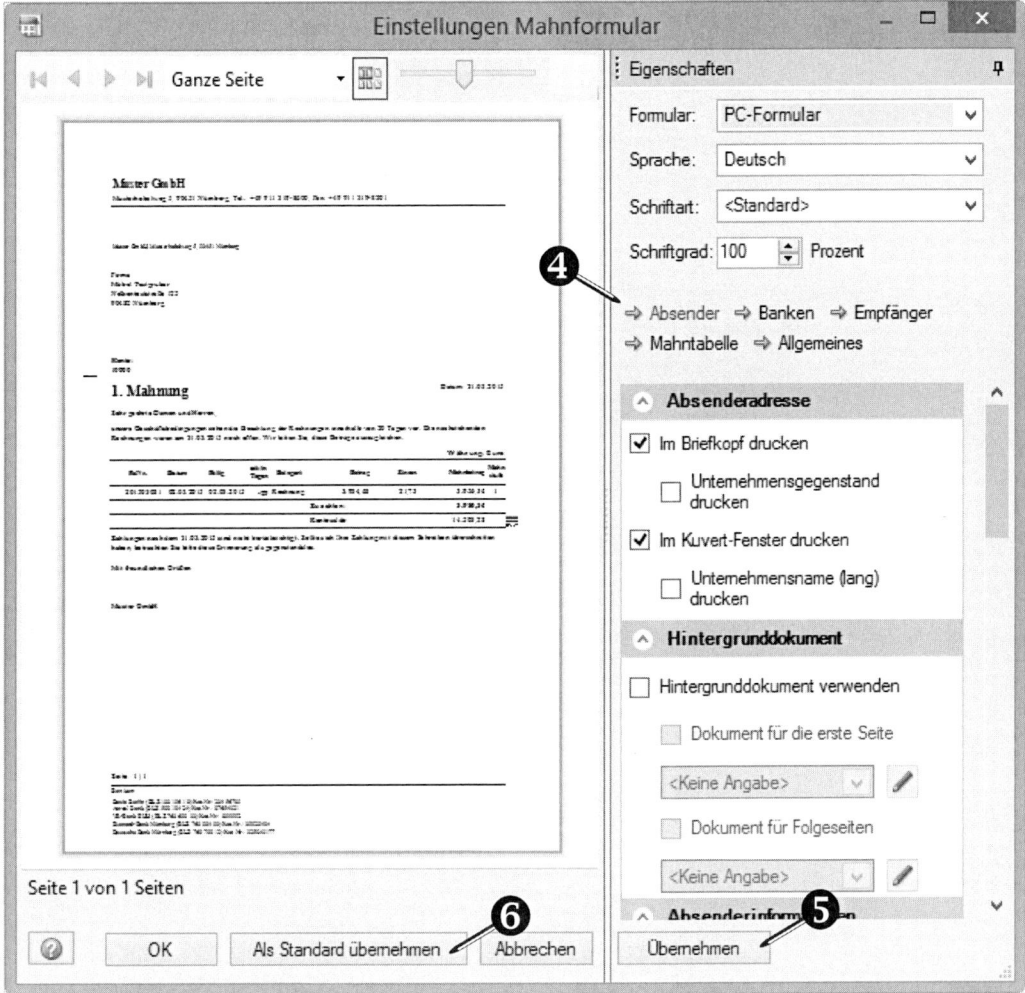

Um die Formulareinstellungen zu ändern, gehen Sie wie folgt vor:

- Klicken Sie auf einen der Links (z. B. **Absender**) ❹, öffnen Sie dann einen Bereich und aktivieren Sie die Kontrollkästchen, deren Inhalte gedruckt werden sollen. Ergänzen Sie ggf. die entsprechenden Texte bzw. deaktivieren Sie die Kontrollkästchen, deren Texte nicht gedruckt werden sollen.
- Klicken Sie auf die Schaltfläche **Übernehmen** ❺, um sich die Änderungen in der Mustermahnung anzeigen zu lassen.
- Klicken Sie auf **Als Standard übernehmen** ❻, wenn die Änderungen auch für künftige Mahnläufe gelten sollen.
- Bestätigen Sie mit **OK**, um das Fenster **Einstellungen Mahnformular** zu schließen.

5 Exkurs: Mahnwesen und Zahlungsvorschlag

Aktion beenden

Bestätigen Sie das Fenster **Mahnungen ausgeben** mit **OK**, um die Mahnungen auszugeben.

Hubert Müller
Mistelweg 90, 92637 Weiden i.d.OPf.

Hubert Müller, Mistelweg 90, 92637 Weiden i.d. OPf.

Herrn
Stefan Winter
Eisstraße 13
90616 Neuhof

Konto: 10002   **Kundennummer:** 10002

1. Mahnung

Datum: 28.02.2016

Sehr geehrte Damen und Herren,

unsere Geschäftsbedingungen sehen die Bezahlung der Rechnungen innerhalb von 30 Tagen vor. Die nachstehenden Rechnungen waren am 28.02.2016 noch offen. Wir bitten Sie, diese Beträge auszugleichen.

← Mahntext

Währung: Euro

ReNr.	Datum	Fällig	seit in Tagen	Belegart	Betrag	Zinsen	Mahnbetrag	Mahnstufe
800	20.01.2016	19.02.2016	-9	Rechnung	11.900,00	12,24		1
800	20.01.2016				-4.760,00	-4,89	7.147,35	
				Zu zahlen:			**7.147,35**	
				Kontosaldo:			7.140,00	

Zahlungen nach dem 28.02.2016 sind nicht berücksichtigt. Sollte sich Ihre Zahlung mit diesem Schreiben überschnitten haben, betrachten Sie bitte diese Erinnerung als gegenstandslos.

← Abschlusstext

Mit freundlichen Grüßen

Hubert Müller   ← Zusatztext

Abb.: Muster einer ersten Mahnung

5.3 Mahnzinsen und -gebühren automatisch buchen

Wenn das automatische Buchen von Mahnzinsen und -gebühren aktiviert ist (siehe Seite 162), legt das Programm einen Buchungsstapel an, in dem die entsprechenden Buchungen verarbeitet werden. So veranlassen Sie, dass dieser Stapel angelegt und verarbeitet wird:

Voraussetzung

Ein Mahnvorschlag, bei dem das automatische Buchen von Mahnzinsen und -gebühren aktiviert war, wurde ausgegeben.

Funktion aktivieren

Nachdem Sie die Mahnungen ausgegeben haben, beantworten Sie die Frage, ob die Mahnstufen in die Rechnungsposten übernommen werden sollen, mit **Ja**. Die Buchungen werden automatisch generiert.

Dialog & Interaktion

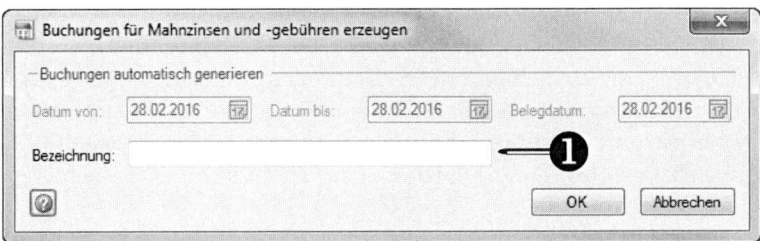

Die Datumsfelder für das Anfangs- und Enddatum des Stapels werden automatisch mit dem Datum der Mahnung vorbelegt, die Sie ausgegeben haben.

Erfassen Sie eine Stapelbezeichnung ❶ und bestätigen Sie Ihre Eingabe mit **OK**.

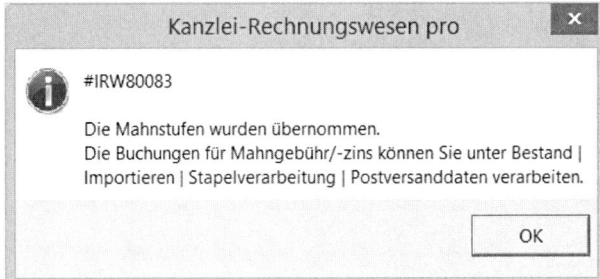

Die Mahnstufen werden übernommen und der Stapel mit den Buchungen für Mahnzinsen und -gebühren wird in die Stapelverarbeitung gestellt.

Öffnen Sie die Stapelverarbeitung über den Menüpunkt **Bestand → Importieren → Stapelverarbeitung** oder doppelklicken Sie auf den Eintrag **Stapelverarbeitung** in der Übersicht des Navigationsbereiches.

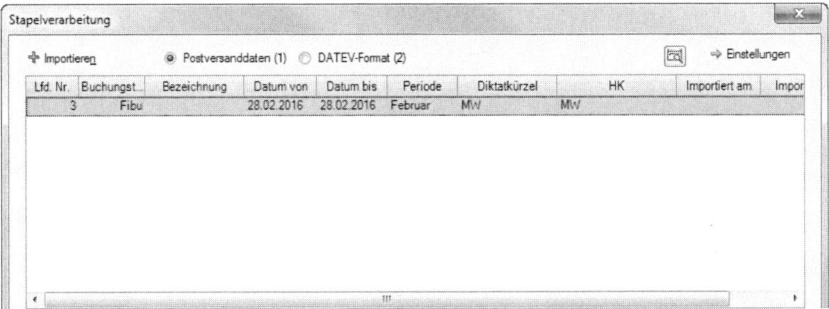

5 Exkurs: Mahnwesen und Zahlungsvorschlag

Es öffnet sich die Stapelverarbeitung und der Stapel mit den Buchungen der Mahnzinsen und -gebühren wird automatisch angezeigt und ist bereits markiert. Betätigen Sie die Schaltfläche **Verarbeiten** oder klicken Sie doppelt auf den Stapel, um die Buchungen zu verarbeiten. Im sich öffnenden Dialogfenster können Sie die Stapelbezeichnung noch einmal ändern.

Aktion beenden

Bestätigen Sie mit **OK**. Die Buchungen sind verarbeitet. Sie können diese Buchungen im **Belege buchen** ansehen und ggf. korrigieren.

5.4 Der Zahlungsvorschlag in „(Kanzlei-)Rechnungswesen pro"

Mit dem Zahlungsvorschlag unterstützt Sie „(Kanzlei-)Rechnungswesen pro" bei der termingerechten Abwicklung Ihrer Zahlungen und des Lastschrifteneinzuges. Die Zahlungsvorschläge werden in „(Kanzlei-)Rechnungswesen pro" erstellt und anschließend an das Programm-Modul Zahlungsverkehr abgegeben. Dort können die Zahlungen online an die Bank oder an das DATEV-Rechenzentrum übermittelt werden. Alternativ kann ein Zahlungsträger (Datei oder Formular) für die Bank erzeugt werden. Grundlegende Einstellungen zum Zahlungsvorschlag nehmen Sie im Stammdatendienst vor. Sollen für einzelne Geschäftspartner abweichende Festlegungen gelten, können Sie diese zusätzlich in den Debitoren- und Kreditorenstammdaten hinterlegen.

Den Zahlungsvorschlag in Mandantendaten einrichten

Die grundlegenden Festlegungen zum Zahlungsvorschlag legen Sie im Stammdatendienst an. Diese gelten immer dann, wenn in den Debitoren- und Kreditorenstammdaten keine abweichenden Festlegungen getroffen wurden.

Voraussetzung

Der Stammdatendienst wurde über den Menüpunkt **Stammdaten → Mandantendaten** aktiviert.

Funktion aktivieren

Wählen Sie den Eintrag **OPOS** im Navigationsbereich und öffnen Sie im Arbeitsblatt **OPOS** das Register **Lastschriften / Zahlungen**.

Exkurs: Mahnwesen und Zahlungsvorschlag 5

Dialog & Interaktion

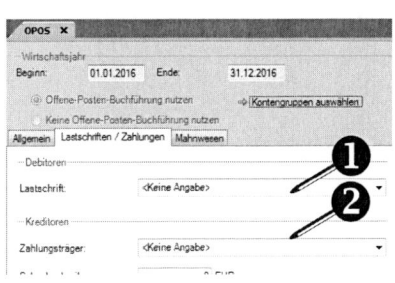

Unter dem Punkt **Lastschrift** können Sie für alle Debitoren festlegen, welche Art von Lastschriften Sie nutzen möchten. Eine Eingabe ist hier nur dann sinnvoll, wenn der überwiegende Teil der Debitoren am Lastschriftverfahren teilnimmt. Wenn Sie in der Liste den Eintrag Keine Angabe wählen ❶, werden Lastschriften für die Debitoren erstellt, bei denen eine entsprechende Auswahl in den zugehörigen Debitorenstammdaten vorgenommen wurde.

Legen Sie über das Auswahlfeld die Art des **Zahlungsträgers** fest ❷, die Sie für Zahlungen in der Regel verwenden möchten. Bei der Verwendung von Einzelzahlungsträgern (Einzelüberweisung und Einzelscheck) wird jeweils ein Zahlungsträger für einen Kreditor erstellt. Bei den Sammelzahlungsträgern (Sammelüberweisung und Sammelscheck) werden die Zahlungen mehrerer Kreditoren auf einen Zahlungsträger geschrieben.

Bei Zahlungsträgern mit einer Rechnung wird pro Kreditorenrechnung ein Zahlungsträger erstellt. Bei Zahlungsträgern mit mehreren Rechnungen werden alle offenen Rechnungen eines Lieferanten auf dem Zahlungsträger zusammengefasst.

Hinterlegen einer Bank für den Zahlungsvorschlag

Eine weitere Voraussetzung zum Erstellen von Zahlungsvorschlägen ist das Hinterlegen einer Bank, von der die Zahlungen geleistet werden sollen.

Voraussetzung

Der gewünschte Mandant ist in (Kanzlei-)Rechnungswesen geöffnet.

Funktion aktivieren

Öffnen Sie das Register **Banken** über den Menüpunkt Stammdaten → Banken oder doppelklicken Sie auf den Eintrag Banken in der Übersicht unter der Navigationsschaltfläche Stammdaten. Klicken Sie im Register **Banken** auf den Link Neue Bank anlegen und es öffnet sich im Programmfenster **Stammdaten - Unternehmen** das Register **Unternehmen / Vereinigung**. Im Vordergrund ist das Unterregister **Bank** dargestellt.

Dialog & Interaktion

Erfassen Sie die IBAN ❶. Sollte sie Ihnen nicht bekannt sein, können Sie auch Bankleitzahl und Kontonummer erfassen. Das Programm generiert die IBAN, wenn Sie auf ◀ klicken.

5 Exkurs: Mahnwesen und Zahlungsvorschlag

Wechseln Sie auf das Register **Zusatzangaben Rechnungswesen** und aktivieren Sie in diesem Register das Optionsfeld **Rechnungswesen Bank**.

Legen Sie ein Transitkonto **Kreditor/Debitor** fest. Dieses wird für die Erzeugung von Ausgleichsbuchungen benötigt.

Aktion beenden

Speichern Sie Ihre Eingaben und verlassen Sie den Stammdatendienst.

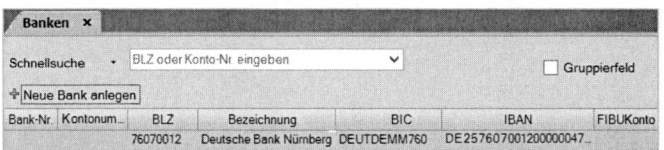

Die Bank wird nun in der Bankenliste angezeigt. Um die Daten einer Bank nachträglich zu ändern, klicken Sie die gewünschte Bank in der Liste doppelt an.

Eingabe der abweichenden Zahlungsstammdaten im Kreditorensatz

Die hinterlegten Daten im Stammdatendienst gelten für alle Kreditoren. Sollen bei einzelnen Lieferanten abweichende oder ergänzende Zahlungsstammdaten gelten, können diese in den Kreditorenstammdaten eingegeben werden.

Funktion aktivieren

Aktivieren Sie die Kreditorenstammdaten über den Menüpunkt **Stammdaten → Kreditoren → Kreditorenstammdaten** oder über den Eintrag **Kreditorenstammdaten** in der Übersicht im Navigationsbereich **Buchführung**. Doppelklicken Sie auf den **Kreditor**, den Sie bearbeiten möchten. Das Dialogfenster **Kreditor bearbeiten** wird geöffnet.

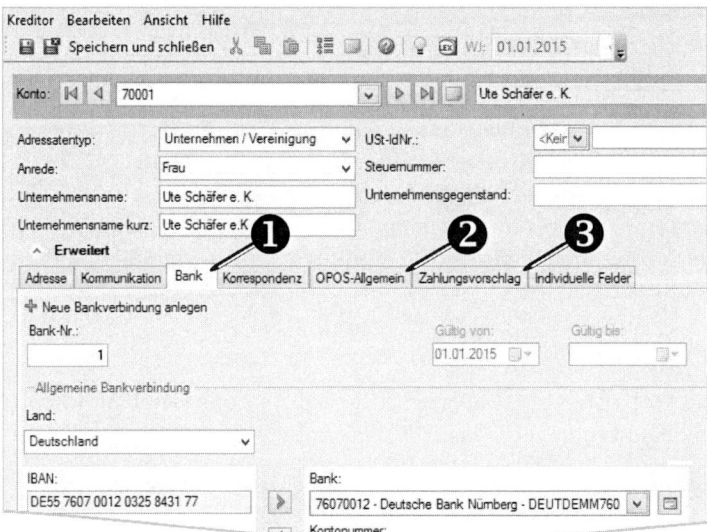

Dialog & Interaktion

Aktivieren Sie folgende Registerkarten:

- **Bank** ❶. Geben Sie hier die Bankverbindungen des Lieferanten ein.
- **OPOS-Allgemein** ❷. Legen Sie für den Kreditor die Zahlungskonditionen und die Zahlungswährung fest.
- **Zahlungsvorschlag** ❸. Geben Sie ggf. einen abweichenden Zahlungsträger und die Mandantenbank ein.

5 Exkurs: Mahnwesen und Zahlungsvorschlag

Aktion beenden

Schließen Sie das Dialogfenster mit **Speichern und schließen**.
Die für diesen Kreditor geltenden Bedingungen sind hinterlegt.

Zahlungsvorschlag erstellen

Der Zahlungsvorschlag listet alle bis zu diesem Zeitpunkt fälligen Rechnungen auf. Voraussetzung zur Erstellung eines Zahlungsvorschlags ist, dass die entsprechenden Stammdaten eingerichtet wurden.

Voraussetzung

Der gewünschte Mandant ist in (Kanzlei-)Rechnungswesen geöffnet.

Funktion aktivieren

Aktivieren Sie den Zahlungsvorschlag über den Menüpunkt **Auswertungen → Kreditoren → Zahlungen** oder über den Eintrag **Zahlungen** in der Übersicht im Navigationsbereich Buchführung. Klicken Sie im Register **Zahlungsvorschlag** auf die Schaltfläche **Erstellen**, um das Dialogfenster **Zahlungen erstellen** zu öffnen.

Dialog & Interaktion

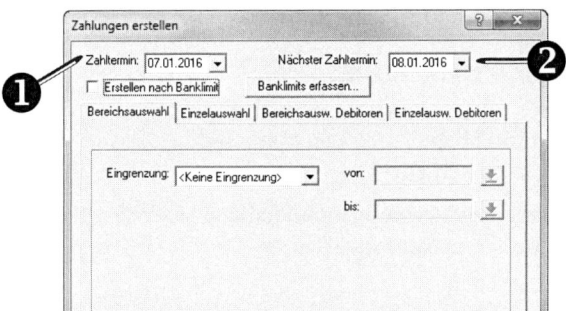

Geben Sie unter **Zahltermin** ❶ das Datum ein, auf dessen Grundlage die Fälligkeit und der Skontoabzug der offenen Rechnung geprüft werden sollen.

Hinterlegen Sie unter **Nächster Zahltermin** ❷ den geplanten nächsten Zahltermin. Diese Angabe sorgt für das fristgerechte Skontieren der offenen Rechnungen. Kann für einen offenen Posten der Skonto auch zum nächsten Zahltermin in Abzug gebracht werden, wird der Posten erst bei der nächsten Erstellung des Zahlungsvorschlages berücksichtigt.

Grenzen Sie ggf. den Zahlungsvorschlag auf einen bestimmten Kreditorenkreis ein und bestätigen Sie Ihre Eingaben mit **OK**. Der Zahlungsvorschlag wird erstellt und in Form einer Liste angezeigt. Das Programm meldet Ihnen, wie viele Zahlungen vorgeschlagen werden.

Aktion beenden

Bestätigen Sie diese Meldung mit **OK** und die Vorschlagsliste wird angezeigt.

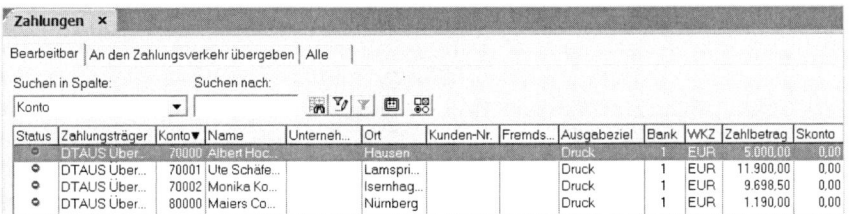

Zahlungsvorschlag ansehen und prüfen

Nachdem Sie einen Zahlungsvorschlag erzeugt haben, werden in der Registerkarte **Bearbeitbar** alle Zahlungen angezeigt, die noch nicht an das Programm-Modul Zahlungsverkehr zur Zahlung weitergegeben wurden. Diese Zahlungen können nun von Ihnen bearbeitet werden.

Auf der Registerkarte **An den Zahlungsverkehr übergeben** befinden sich die Zahlungen, die bereits an den Zahlungsverkehr zur Zahlung übergeben wurden. Ein Ändern dieser Zahlungsvorschläge ist nicht mehr möglich.

Das Programm prüft, ob die Angaben der einzelnen Zahlungen vollständig sind und zeigt in der Spalte Status ein entsprechendes Symbol an:

- Die Angaben sind unvollständig, die Zahlungen können nicht an den Zahlungsverkehr übergeben werden.
- Zu dieser Zahlung gibt es Informationen.
- Die Angaben zur Zahlung sind unvollständig.
- Die Angaben sind vollständig.

Für unvollständige Zahlungen können Sie sich Hinweise anzeigen lassen, indem Sie mit dem Mauszeiger auf die entsprechende Zahlung zeigen. Der Hinweistext wird dann in einer kleinen Textbox angezeigt.

Zahlungsvorschlag bearbeiten

Fehlerhafte oder unvollständige Zahlungen können durch das Bearbeiten des Zahlungsvorschlags berichtigt werden.

Markieren Sie die zu ändernde Zahlung und betätigen Sie die Schaltfläche **Ändern** oder Doppelklicken Sie auf die Zahlung.

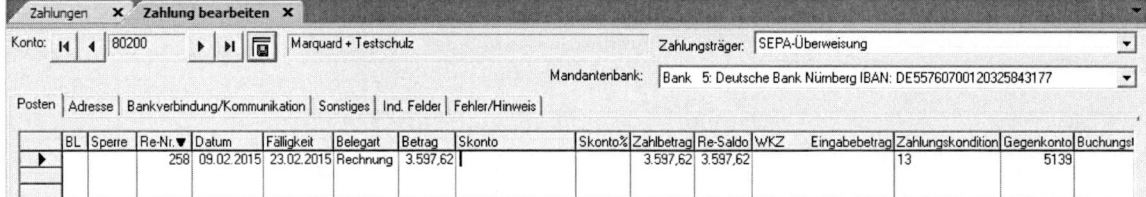

Nehmen Sie im Register **Zahlungen bearbeiten** die gewünschten Änderungen vor. Sie können z. B. einen anderen Zahlungsträger auswählen, Änderungen der Zahlungsposten, der Adresse, der Bankverbindung sowie von individuellen Feldern vornehmen.

Exkurs: Mahnwesen und Zahlungsvorschlag 5

Zahlungsvorschlag löschen

Zahlungen können aus dem Zahlungsvorschlag gelöscht werden, indem Sie folgende Punkte berücksichtigen:

1. Markieren Sie die zu löschende Zahlung.
2. Betätigen Sie die **Entf**-Taste.
3. Bestätigen Sie die Hinweismeldung mit **Ja**.

Der Zahlungsvorschlag ist aus der Vorschlagsliste gelöscht.

Die Übergabe des Zahlungsvorschlags an das Modul Zahlungsverkehr

Im Programm „(Kanzlei-)Rechnungswesen pro" kann der Zahlungsvorschlag erstellt und bearbeitet werden. Die Ausgabe der Zahlungsträger erfolgt im Programm-Modul Zahlungsverkehr. Dazu können entweder alle Vorschläge oder einzelne Vorschläge an das Modul übergeben werden.

Voraussetzung

Der gewünschte Mandant ist in (Kanzlei-)Rechnungswesen geöffnet und ein Zahlungsvorschlag ist erstellt und bearbeitet.

Funktion aktivieren

Klicken Sie im Register **Zahlungen** auf die Schaltfläche **Alles übergeben** und das Dialogfenster **Zahlungen an den Zahlungsverkehr übergeben** öffnet sich.

Dialog & Interaktion

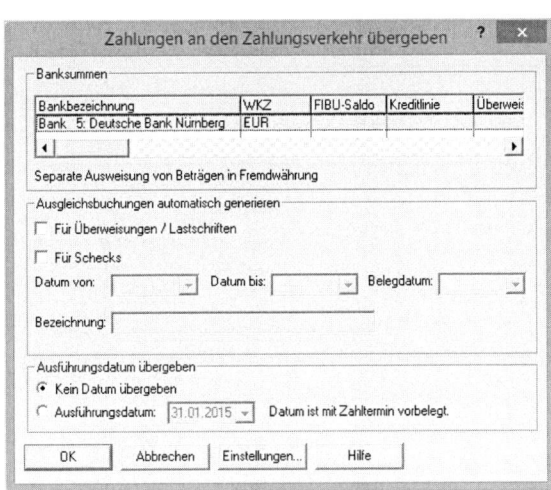

Aktivieren Sie die Kontrollkästchen, wenn Sie möchten, dass Ihre offenen Posten aufgrund der erstellten Zahlungen automatisch ausgeglichen werden. Das Programm erzeugt dann einen Buchungsstapel, in dem die Kreditorenzahlungen gegen das angelegte Transitkonto gebucht werden (siehe Seite 171). Geben Sie ggf. die Daten für den Buchungsstapel ein, den das Programm für die Ausgleichsbuchungen der Zahlungen erstellen soll.

Aktion beenden

Bestätigen Sie Ihre Eingaben und die folgende Hinweismeldung mit **OK**.
Die erzeugten Ausgleichsbuchungen stehen Ihnen in der Stapelverarbeitung zur Verfügung (siehe Kapitel 5.3).

5 Exkurs: Mahnwesen und Zahlungsvorschlag

Die Zahlungsbelege im Modul Zahlungsverkehr ausgeben

Im Modul Zahlungsverkehr können die Zahlungen entsprechend der Übergabebedingungen ausgegeben werden.

Voraussetzung

Ein Zahlungsvorschlag ist an das Programmmodul Zahlungsverkehr übergeben worden.

Funktion aktivieren

Öffnen Sie dazu den Zahlungsverkehr für das Inland über den Menüpunkt **Bestand → Zahlungsverkehr → Zahlungsaufträge Inland**.

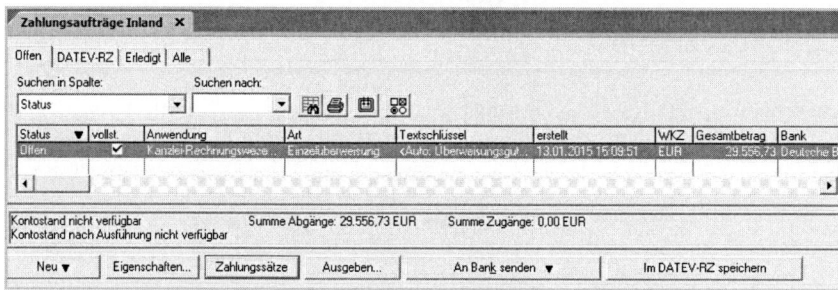

Die aus „(Kanzlei-)Rechnungswesen pro" übergebenen Zahlungen werden in der Registerkarte **Offen** angezeigt. Um den Zahlungsauftrag auszugeben, betätigen Sie die Schaltfläche Ausgeben und das Dialogfenster **Zahlungen ausgeben** öffnet sich.

Dialog & Interaktion

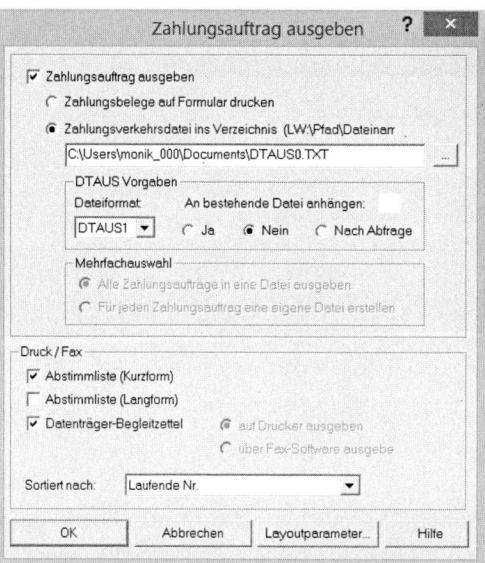

Starten Sie die Ausgabe des Zahlungsauftrages über die Schaltfläche OK und bestätigen Sie die anschließende Hinweismeldung mit OK.
Beachten Sie, dass beim Drucken bestimmter Zahlungsaufträge besondere Formulare (z. B. ein Scheckformular) im Drucker eingelegt werden müssen.

Hinweis: Sollten Aufträge nicht ausgeführt werden, wird dies in einer Hinweismeldung vermerkt. Nach dem Schließen der Meldung sind die nicht ausgeführten Aufträge noch in der Registerkarte **Offen** vorhanden. Dort können die Fehler beseitigt und der Auftrag erneut ausgegeben werden.

Der Periodenabschluss

In diesem Kapitel lernen Sie, wie Sie das Programm „(Kanzlei-)Rechnungswesen pro" bei den Arbeiten am Ende einer Buchungsperiode unterstützt.

Inhalt

- Buchungsstapel festschreiben
- Die Ausgabe der amtlichen Formulare
- Ausgabe von Auswertungen, die dem Nachweis der GoB dienen

6 Der Periodenabschluss

6.1 Buchungsstapel festschreiben

Durch das Festschreiben der Buchungsstapel bewirken Sie, dass Buchungen, auf deren Basis amtliche Auswertungen ausgegeben wurden, nicht mehr geändert werden können.

Voraussetzung

Der gewünschte Mandant ist geöffnet.

Funktion aktivieren

Aktivieren Sie das Dialogfenster **Stapel festschreiben/verwalten** über:

- den Menüpunkt Erfassen → Stapel festschreiben/verwalten
- Doppelklick auf den Eintrag Stapel festschreiben/verwalten in der Übersicht im Navigationsbereich unter dem Punkt Abschließende Tätigkeiten

Dialog & Interaktion

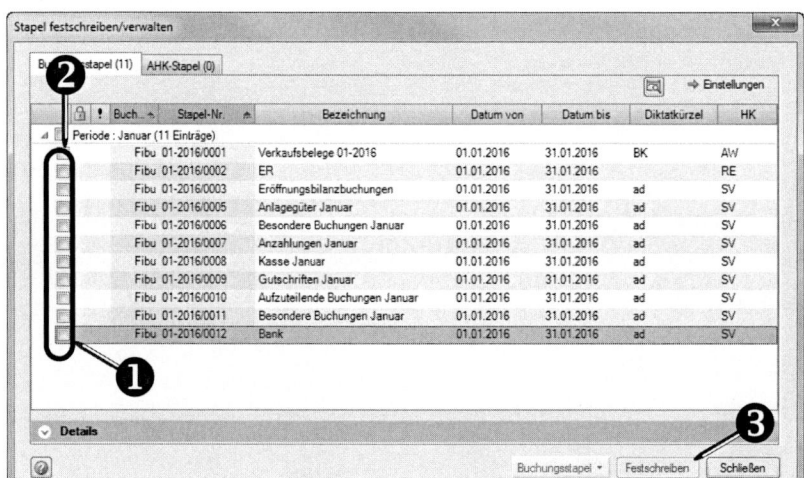

Das Dialogfenster zeigt eine Liste aller Buchungsstapel, die im geöffneten Bestand noch nicht festgeschrieben sind.

Buchungsstapel wählen ❶. Markieren Sie die Buchungsstapel, die festgeschrieben werden sollen. Wenn Sie alle Buchungsstapel einer Periode festschreiben wollen, aktivieren Sie das Kontrollkästchen vor **Periode** ❷.

Aktion beenden

Bestätigen Sie Ihre Auswahl mit der Schaltfläche Festschreiben.

Bestätigen Sie die darauffolgende Abfrage, ob die Buchungsstapel festgeschrieben werden sollen, mit Ja. Die Buchungsstapel werden nun festgeschrieben und können im Buchungsmodus nicht mehr aufgerufen werden.

6 Der Periodenabschluss

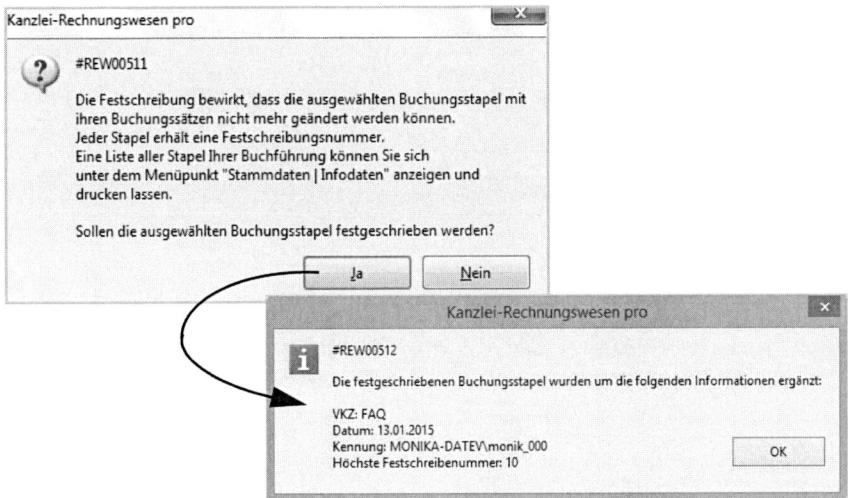

Abschließend erhalten Sie ein Hinweisfenster mit folgenden Informationen:

- Verarbeitungskennzeichen (VKZ) der Festschreibung
- Datum der Festschreibung
- Kennung des Mitarbeiters
- Höchste Festschreibungsnummer; diese wird vom Programm automatisch in aufsteigender Reihenfolge vergeben

Für Hubert Müller ist die Buchungsperiode Januar abgeschlossen. Schreiben Sie alle Buchungsstapel des Monats Januar fest.

Übung zum Kapitel 6.1
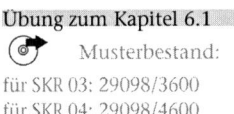 Musterbestand:
für SKR 03: 29098/3600
für SKR 04: 29098/4600

6.2 Die Ausgabe der amtlichen Formulare

Die UStVA und die Zusammenfassende Meldung können zum Periodenabschluss als amtliche Formulare an die Finanzbehörden übermittelt werden. Wenn Sie die Daten nicht durch das DATEV-Rechenzentrum automatisch an die jeweils zuständigen Behörden übermitteln lassen, können Sie dies auch direkt aus „(Kanzlei-)Rechnungswesen pro" heraus via Internet tun.

Umsatzsteuervoranmeldung an die Finanzverwaltung senden

Voraussetzung

Der gewünschte Mandant ist geöffnet und die Umsatzsteuervoranmeldung wurde erstellt und wird am Bildschirm angezeigt (zur Erstellung der UStVA siehe Kapitel 4.7 ab Seite 143).

6 Der Periodenabschluss

Dialog & Interaktion

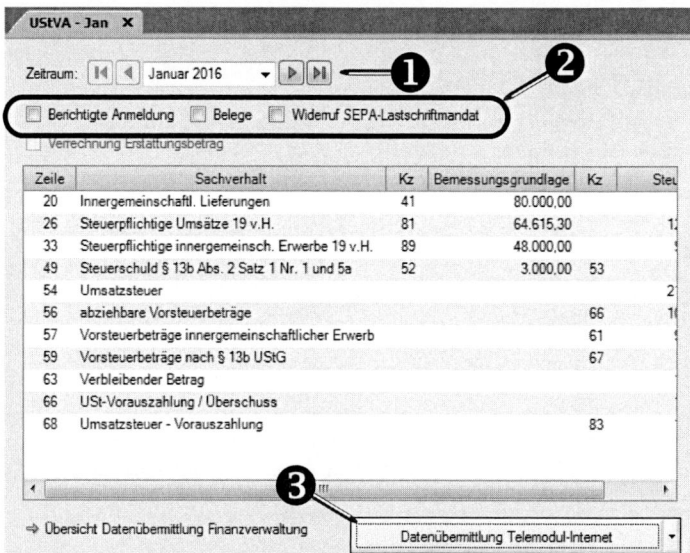

Zeitraum auswählen ❶. Wählen Sie den Zeitraum, für den Sie die Umsatzsteuer-Voranmeldung an die Finanzverwaltung übermitteln wollen.

Weitere Angaben ❷. Über die Kontrollkästchen können Sie weitere Angaben zur Umsatzsteuervoranmeldung tätigen, die ebenfalls an die Finanzverwaltung übermittelt werden.

Betätigen Sie die Schaltfläche **Datenübermittlung Telemodul-Internet** ❸.

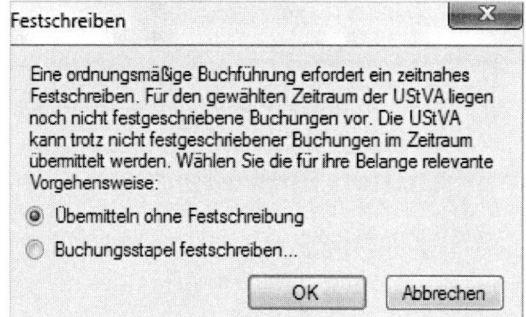

Sofern die Buchungsstapel für den zu übermittelnden Zeitraum noch nicht festgeschrieben sind (siehe Seite 178), öffnet sich das Dialogfenster **Festschreiben** mit einer Abfrage zur weiteren Vorgehensweise. Wählen Sie die gewünschte Aktion und bestätigen mit **OK**.

Der Periodenabschluss 6

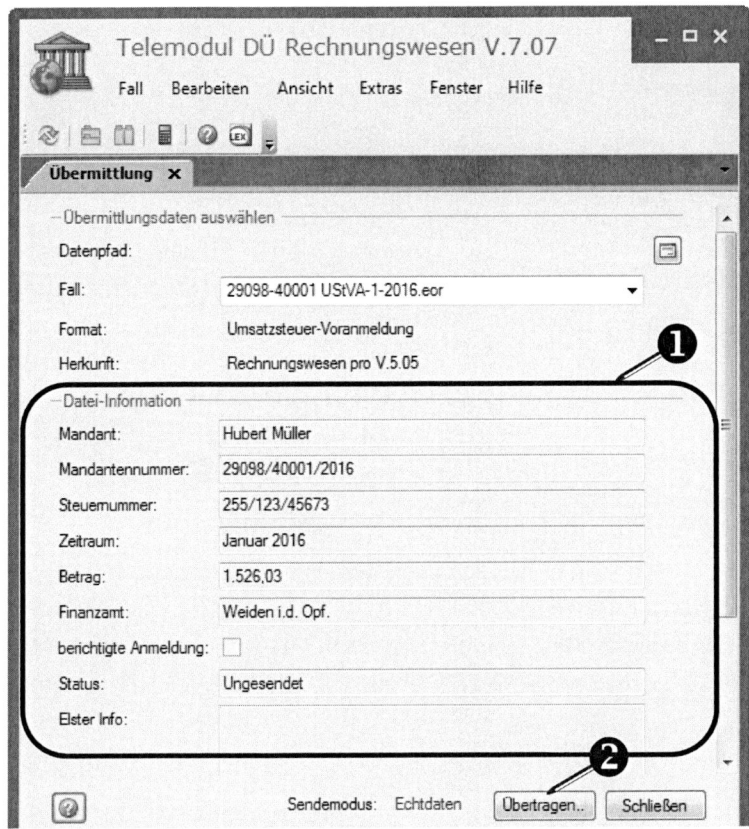

Das Dialogfenster **Telemodul DÜ Rechnungswesen** zeigt Ihnen noch einmal die wesentlichen Informationen ❶ der ausgewählten Umsatzsteuer-Voranmeldung an.

Aktion beenden

Stellen Sie sicher, dass Ihr Drucker angeschlossen und das Internet aktiv ist. Starten Sie die Datenübertragung über die Schaltfläche **Übertragen** ❷.

Die Daten werden an die Finanzbehörden übermittelt und gleichzeitig wird das Übertragungsprotokoll auf Ihrem Drucker ausgegeben.

Zusammenfassende Meldung erstellen

In der Zusammenfassenden Meldung (ZM) müssen unter anderem die steuerfreien Lieferungen an Abnehmer mit USt-IdNr. ausgewiesen werden. Seit dem 01.01.2007 muss auch diese Meldung elektronisch an die Finanzbehörden übermittelt werden.

Voraussetzung

Der gewünschte Mandant ist geöffnet.

Funktion aktivieren

Aktivieren Sie das Arbeitsblatt **Zusammenfassende Meldung** über den Menüpunkt **Auswertungen → Finanzbuchführung → Zusammenfassende Meldung**.

6 Der Periodenabschluss

Dialog & Interaktion

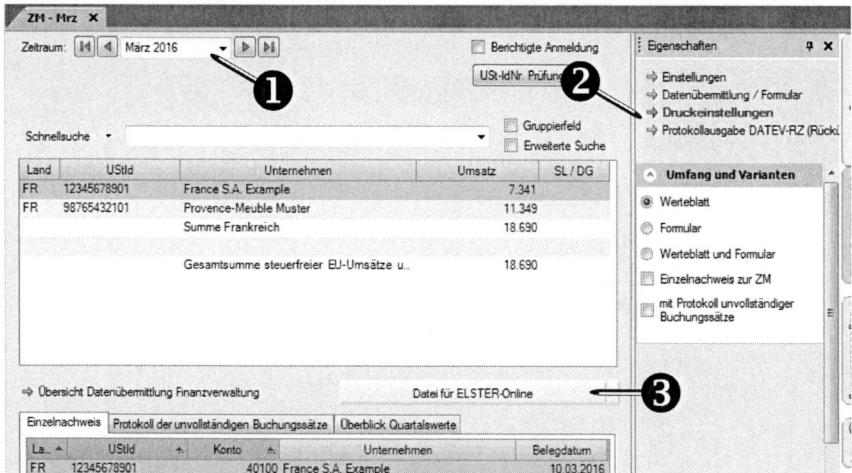

Zeitraum ❶. Wählen Sie hier den Zeitraum, für den die Auswertung erstellt werden soll.

Druckvoreinstellung ❷. Hier legen Sie fest, ob Sie die Zusammenfassende Meldung als amtliches Formular oder als Protokoll der Werte über den Drucker ausgeben möchten.

Datei für ELSTER-Online erzeugen

Zur elektronischen Übermittlung der Zusammenfassenden Meldung nutzen Sie entweder das DATEV-Rechenzentrum oder das ELSTER-Verfahren. Um sich diese Arbeit zu erleichtern, können Sie eine csv-Datei mit den zu meldenden Daten direkt aus dem Programm „(Kanzlei-)Rechnungswesen pro" heraus erzeugen und abspeichern.

Für die Übermittlung ist die Registrierung am ElsterOnline-Portal zwingend notwendig.

Voraussetzung

Der gewünschte Mandant ist geöffnet und Sie haben eine Zusammenfassende Meldung erzeugt, die auf dem Bildschirm angezeigt wird (siehe Seite 181).

Funktion aktivieren

Aktivieren Sie das Dialogfenster **Datei für ZM-Online-Formular erzeugen** über:

- die Schaltfläche **Datei für ELSTER-Online** ❸
- den Menüpunkt **Datei für ELSTER-Online** im Kontextmenü der rechten Maustaste

Der Periodenabschluss 6

Dialog & Interaktion

Pfadname ❶. Hier legen Sie den Speicherort für die XML-Datei fest. Es empfiehlt sich, den voreingestellten Pfad beizubehalten, weil damit eine einheitliche Datenabgabe gewährleistet ist.

Datei ❷. Auch der Name der Datei wird bereits vom Programm vorgeschlagen. Bei Bedarf können Sie diesen beliebig ändern. Die Dateiendung csv. wird an den gewählten Dateinamen angehangen.

Aktion beenden

Bestätigen Sie mit **OK**, um die csv-Datei zu erzeugen und zu speichern.

Übung zum Kapitel 6.2

Für Hubert Müller soll nach Beendigung der Januarbuchhaltung die Umsatzsteuervoranmeldung Januar an die Finanzbehörden per Internetverbindung übermittelt werden.

Erzeugen Sie eine Datei für Datenübermittlung Telemodul-Internet.

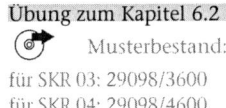 Musterbestand:
für SKR 03: 29098/3600
für SKR 04: 29098/4600

6.3 Ausgabe von Auswertungen, die dem Nachweis der GoB dienen

Buchungsjournale ausgeben

Neben den amtlichen Auswertungen können Sie auch die Journale der einzelnen Buchungsstapel ausdrucken, um sie z.B. zusammen mit den jeweiligen Buchungsbelegen aufzubewahren.

Das Journal weist neben der eingegebenen Buchung auch die abgeleiteten Buchungen aus. Beispiele hierfür sind die automatisch generierten Umsatzsteuerbuchungen oder z.B. der abgeleitete Buchungssatz bei den Bewirtungskosten.

Voraussetzung

Der gewünschte Mandant ist geöffnet.

Funktion aktivieren

Aktivieren Sie das Dialogfenster **Stapel auswählen** über den Menüpunkt **Auswertungen → Finanzbuchführung → Journal**.

6 Der Periodenabschluss

Dialog & Interaktion

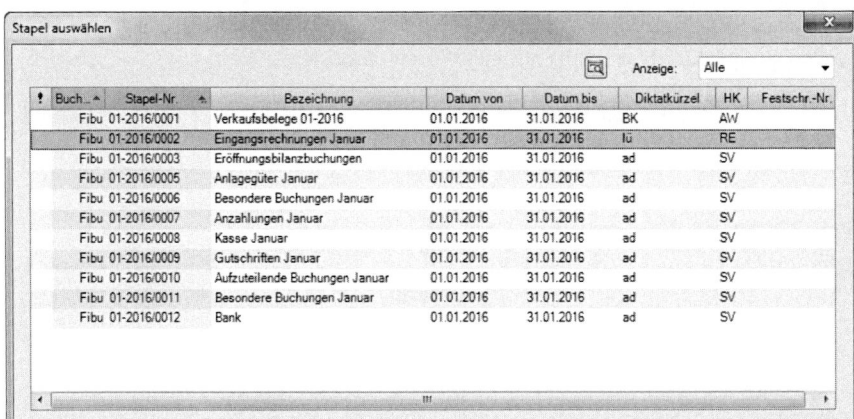

Markieren Sie in der Liste den Buchungsstapel, dessen Journal Sie ausdrucken möchten.

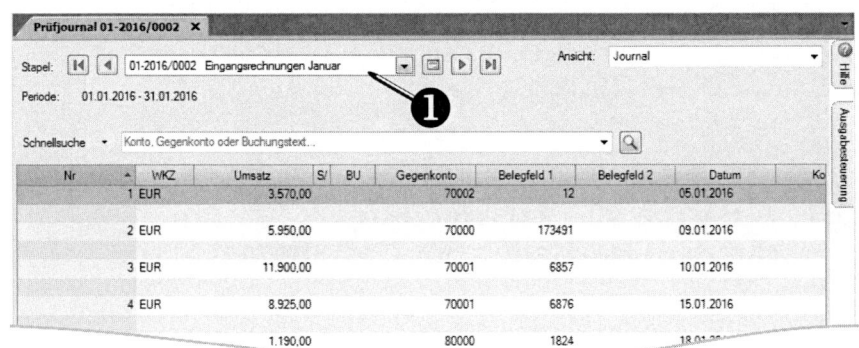

Stapelauswahl ❶. Hier haben Sie die Möglichkeiten, zwischen den angelegten Buchungsstapeln zu wechseln und sich die entsprechenden Journale anzeigen zu lassen.

Um das Journal auf Ihrem Drucker auszugeben, starten Sie den Druck über:

- den Menüpunkt **Liste drucken** im Kontextmenü der rechten Maustaste
- die Tastenkombination Strg + P
- das Symbol

Infodaten ausgeben

Die Infodaten geben Ihnen einen Überblick über den aktuellen Verarbeitungsstand der Buchführung.

Voraussetzung

Der gewünschte Mandant ist geöffnet.

Funktion aktivieren

Aktivieren Sie das Dialogfenster **Infodaten** über den Menüpunkt **Stammdaten → Infodaten**.

Der Periodenabschluss **6**

Dialog & Interaktion

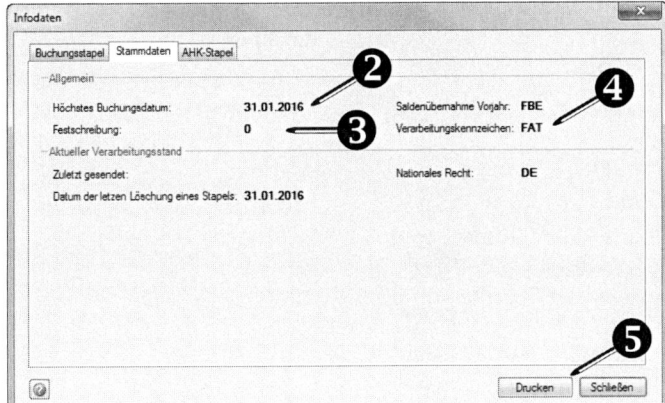

Im Register **Buchungsstapel** des Dialogfensters sehen Sie die einzelnen gebuchten Stapel ❶.

Im Register **Stammdaten** des Dialogfensters sehen Sie den aktuellen Verarbeitungsstand der Buchführung: das höchste Buchungsdatum ❷, die aktuelle Festschreibungsnummer ❸ und das Verarbeitungskennzeichen (VKZ) ❹. Dieses Kennzeichen zeigt die Häufigkeit der Bearbeitung von Stapeln auf. Pro Öffnung eines Stapels wird das Verarbeitungskennzeichen „hochgezählt". Das erste Öffnen eines Stapels bewirkt das VKZ „FAB", das zweite Öffnen das VKZ „FAC" usw.

Aktion beenden

Drucken Sie die Infodaten über die Schalfläche Drucken ❺ aus.

185

Xpert Business Finanzbuchführung (4) DATEV

Von A wie Auftragsabwicklung bis Z wie Zahlungsverkehr: Im Kurs Xpert Business Finanzbuchführung (4) DATEV wird die komplette Bearbeitung der Buchhaltung abgedeckt. Die ideale Zusatzqualifikation also für Absolventen des Kurses Xpert Business Finanzbuchführung (3) DATEV. Sprechen Sie Ihren Kursbetreuer an.

Überblick

Vom Angebot bis zur Rechnung inklusive automatischer Buchführung: Passgenau aufbauend auf Finanzbuchführung (3) DATE" vermittelt dieser Kurs praxisnah die Kompetenzen zur selbstständigen Nutzung der kaufmännischen Komplettlösung DATEV Mittelstand Faktura pro. Sie erlernen neben der EDV-gestützten Abwicklung administrativer Prozesse die einfache und effiziente Abwicklung einzelner Buchführungsschritte durch intelligente Softwarefunktionen.

Das dabei erworbene Zertifikat können Sie als Teil des Abschlusses Geprüfte Fachkraft Finanzbuchführung (XB/DATEV) verwenden.

Kursinhalte

- Komponenten von DATEV Mittelstand Faktura pro
- Aufbau des DATEV Arbeitsplatzes pro für Unternehmen
- Artikel und Produkte verwalten
- Angebote, Auftragsbestätigungen, Rechnungen sowie Lieferscheine erzeugen und verwalten
- Automatisches Buchen von Ausgangsrechnungen
- Dokumente in der digitalen Ablage speichern und verwalten
- Buchen von digitalen Eingangsrechnungen
- Zahlungsvorschlag erstellen
- Zahlungen, Banküberweisungen und Kontoauszüge managen
- Buchen elektronischer Bankkontoumsätze
- Verwalten und Erstellen von Mahnungen

Übungsfälle zur Vorbereitung des Jahresabschlusses

In diesem Kapitel üben Sie anhand verschiedener Geschäftsfälle das Buchen mit „(Kanzlei-)Rechnungswesen pro". Dabei trainieren Sie insbesondere die Anwendung der DATEV-Buchungslogik und der Schleppfunktion des Kontofeldes.

Inhalt

- 1. Übung: Das Buchen von zeitlichen Abgrenzungsposten
- 2. Übung: Das Buchen von Wertberichtigung auf Forderungen
- 3. Übung: Das Buchen von Abschreibungen
- 4. Übung: Das Buchen von Rückstellungen

7 1. Übung: Das Buchen von zeitlichen Abgrenzungsposten

Durch die folgenden Übungsaufgaben trainieren Sie, die vor dem Erfassen einer Buchung notwendigen Überlegungen in strukturierter Weise anzustellen, um möglichst effizient und fehlerfrei buchen zu können. Dabei beantworten Sie jeweils folgende Fragen:

1) Wie lautet der Buchungssatz?

2) In welchem Buchungsstapel buche ich den Geschäftsvorfall am sinnvollsten?

3) In welchem Buchungsmodus erfasse ich die Buchungen am sinnvollsten?

4) Welches Konto stelle ich in das Kontofeld der Buchungszeile, um ggf. die Schleppfunktion zu nutzen und welches Konto stelle ich in das Gegenkontofeld?

5) Mit welcher Taste muss ich demnach das Umsatzfeld auslösen?

1. Übung: Das Buchen von zeitlichen Abgrenzungsposten

Musterbestand:
für SKR 03: 29098/3700
für SKR 04: 29098/4700

Aufgabe 1:

Laut Kontoauszug wurde die Miete für die Geschäftsräume für Januar 2017 am 28.12.2016 überwiesen. Die Miete betrug 2.500,00 €.

1) Wie lautet der Buchungssatz für die Buchung im alten Jahr?

Soll	an	Haben

2) In welchem Stapel buche ich den Geschäftsvorfall am sinnvollsten?

----

3) In welchem Buchungsmodus erfasse ich die Buchungen am sinnvollsten?

----

4) Welches Konto stelle ich in das Kontofeld der Buchungszeile und welches in das Gegenkontofeld?

Kontofeld	Gegenkontofeld

5) Das Umsatzfeld muss mit der _____-Taste ausgelöst werden.

6) Erfassen Sie den entsprechenden Buchungssatz in „(Kanzlei-)Rechnungswesen pro".

1. Übung: Das Buchen von zeitlichen Abgrenzungsposten

7) Wie lautet die Buchung zu Beginn des Jahres 2017?

Soll	an	Haben

Anmerkung: Diese Buchung kann erst in „(Kanzlei-)Rechnungswesen pro" eingeben werden, wenn die Jahresübernahme nach 2017 in das neue Jahr durchgeführt wurde. Aus diesem Grund geben Sie diese Buchung bitte nicht in das Programm ein.

Aufgabe 2:

Die Wartungsgebühren für das Kopiergerät in Höhe von 476,00 € inkl. 19% USt für den Zeitraum 01.12.2016 bis 31.03.2017 werden am 26.12.2016 vom Konto der Musterfirma abgebucht. Die Aufwendungen sind aufzuteilen:

- Dezember: 119,00 € inkl. 19% USt
- Januar bis März: 357,00 € inkl. 19% USt

1) Wie lautet der Buchungssatz für die Buchung im alten Jahr?

Soll	an	Haben

2) In welchem Stapel buche ich den Geschäftsvorfall am sinnvollsten?

------

3) In welchem Buchungsmodus erfasse ich die Buchungen am sinnvollsten?

------

4) Welches Konto stelle ich in das Kontofeld der Buchungszeile und welches in das Gegenkontofeld?

Kontofeld	Gegenkontofeld

5) Das Umsatzfeld muss mit der _____-Taste ausgelöst werden.

6) Erfassen Sie den entsprechenden Buchungssatz in „(Kanzlei-)Rechnungswesen pro".

7) Wie lösen Sie den Rechnungsabgrenzungposten zum Beginn des Jahres 2017 auf?

Soll	an	Haben

7 1. Übung: Das Buchen von zeitlichen Abgrenzungsposten

Anmerkung: Diese Buchung kann erst in „(Kanzlei-)Rechnungswesen pro" eingeben werden, wenn die Jahresübernahme nach 2017 durchgeführt wurde. Aus diesem Grund geben Sie diese Buchung bitte nicht in das Programm ein.

Aufgabe 3:

Bereits am 23.12.2016 ist auf dem Konto der Musterfirma die Miete für ein verpachtetes Grundstück für den Monat Januar gutgeschrieben worden. Der Einzahlungsbetrag lautet auf 2.000,00 € (Dieser Umsatz ist steuerfrei nach § 4 Nr. 12 a UStG).

1) Wie lautet der Buchungssatz für die Buchung im alten Jahr?

Soll	an	Haben

2) In welchem Stapel buche ich den Geschäftsvorfall am sinnvollsten?

----

3) In welchem Buchungsmodus erfasse ich die Buchungen am sinnvollsten?

----

4) Welches Konto stelle ich in das Kontofeld der Buchungszeile und welches in das Gegenkontofeld?

Kontofeld	Gegenkontofeld

5) Das Umsatzfeld muss mit der _____ -Taste ausgelöst werden.

6) Erfassen Sie den entsprechenden Buchungssatz in „(Kanzlei-)Rechnungswesen pro".

7) Wie lösen Sie diese Rechnungsabgrenzung zum Beginn des Jahres 2017?

Soll	an	Haben

Anmerkung: Diese Buchung kann erst in „(Kanzlei-)Rechnungswesen pro" eingeben werden, wenn die Jahresübernahme nach 2017 durchgeführt wurde. Aus diesem Grund geben Sie diese Buchung bitte nicht in das Programm ein.

2. Übung: Das Buchen von Wertberichtigung auf Forderungen

👉 Musterbestand:
für SKR 03: 29098/3700
für SKR 04: 29098/4700

Aufgabe:

Die Musterfirma hat zum Jahresende Forderungen in Höhe von 46.400,00 €. Wie im letzten Jahr sollen wieder 1% der Forderungen pauschal wertberichtigt werden. Vom letzten Jahr wurden 300,00 € auf dem Konto 996 / 1248 „Pauschalwertberichtigung auf Forderungen" vorgetragen. In diesem Jahr dürfen als Erhöhung der Pauschalwertberichtigung 100,00 € gebucht werden.

1) Wie lautet der Buchungssatz für die Buchung im alten Jahr?

Soll	an	Haben

2) In welchem Stapel buche ich den Geschäftsvorfall am sinnvollsten?

----

3) In welchem Buchungsmodus erfasse ich die Buchungen am sinnvollsten?

----

4) Welches Konto stelle ich in das Kontofeld der Buchungszeile und welches in das Gegenkontofeld?

Kontofeld	Gegenkontofeld

5) Das Umsatzfeld muss mit der _____-Taste ausgelöst werden.

6) Erfassen Sie den entsprechenden Buchungssatz in „(Kanzlei-)Rechnungswesen pro".

3. Übung: Das Buchen von Abschreibungen

☞ Musterbestand:
für SKR 03: 29098/3700
für SKR 04: 29098/4700

Aufgabe:

Die Musterfirma schreibt ihren PC zum Jahresende mit 947,00 € ab.

1) Wie lautet der Buchungssatz für die Buchung in 2016?

Soll	an	Haben

2) In welchem Stapel buche ich den Geschäftsvorfall am sinnvollsten?

- -

3) In welchem Buchungsmodus erfasse ich die Buchungen am sinnvollsten?

- -

4) Welches Konto stelle ich in das Kontofeld der Buchungszeile und welches in das Gegenkontofeld?

Kontofeld	Gegenkontofeld

5) Das Umsatzfeld muss mit der _____-Taste ausgelöst werden.

6) Erfassen Sie den entsprechenden Buchungssatz in „(Kanzlei-)Rechnungswesen pro".

4. Übung: Das Buchen von Rückstellungen

➮ Musterbestand:
für SKR 03: 29098/3700
für SKR 04: 29098/4700

Aufgabe:

Das Musterunternehmen erwartet eine Nachzahlung der Gewerbesteuer für das Kalenderjahr 2016 in Höhe von 5.000,00 €. Dafür soll eine Rückstellung gebucht werden.

1) Wie lautet der Buchungssatz für die Buchung in 2016?

Soll	an	Haben

2) In welchem Buchungsstapel buche ich den Geschäftsvorfall am sinnvollsten?

----

3) In welchem Buchungsmodus erfasse ich die Buchungen am sinnvollsten?

----

4) Welches Konto stelle ich in das Kontofeld der Buchungszeile und welches in das Gegenkontofeld?

Kontofeld	**Gegenkontofeld**

5) Das Umsatzfeld muss mit der _____-Taste ausgelöst werden.

6) Erfassen Sie den entsprechenden Buchungssatz in „(Kanzlei-)Rechnungswesen pro".

7 4. Übung: Das Buchen von Rückstellungen

Musterprüfungen

Im folgenden Abschnitt findet der Leser drei Musterprüfungen. Diese zu bearbeiten wird zum einen zusätzliches Übungsmaterial bieten, zum anderen auch ein erstes Gefühl für den Schwierigkeitsgrad und den sich aus den zeitlichen Limitierungen einer jeden Prüfung ergebenden Besonderheiten geben.

Inhalt

- 1. Musterprüfung
  „Carina Hilebrandt Möbelhandlung"
- 2. Musterprüfung
  „EDV Meier e.K."
- 3. Musterprüfung
  „Klaus Falter Spiel & Spaß Versand"

Hinweis

Aus rechtlichen Gründen dürfen wir in den Musterprüfungen keine real existierenden Umsatzsteueridentifikations- und Steuernummern verwenden. Da das DATEV-Progamm aber Musternummern aufgrund der Plausibilitätsprüfung z.T. nicht akzeptiert, verzichten Sie bitte bei der Anlage der Stammdaten auf die Eingabe der Umsatzsteueridentifikations- und Steuernummern. Auf den Rechnungsbelegen haben wir der Vollständigkeit halber Nummern im Musterformat „111111111" verwendet.

1. Musterprüfung

Grundlage für diese Prüfung ist die Einzelfirma

Carina Hilebrandt
Möbelhandlung
Talfeldstraße 18
88316 Isny

Hinweise:

- Das Unternehmen Carina Hilebrandt ermittelt den Gewinn durch Betriebsvermögensvergleich.
- Das Wirtschaftsjahr entspricht dem Kalenderjahr.
- Die Buchungen sind für das Jahr 2016 einzugeben.
- Die Umsatzsteuer wird nach vereinbarten Entgelten berechnet; der Regelsteuersatz beträgt 19%.
- Das Unternehmen ist steuerlich geführt beim Finanzamt Wangen, Lindauer Str. 4, 88239 Wangen/Baden-Württemberg.

Aufgaben:

- Anlegen der Firma „Carina Hilebrandt" im PC (Kontenrahmen SKR03 oder SKR04).
- Kontenbeschriftungen ändern und neue Konten anlegen nach Vorgabe:
  Für die Ein- und Ausgangsrechnungen legen Sie entsprechende Kreditoren- und Debitorenkonten an. Die zum Anlegen relevanten Daten entnehmen Sie den Belegen.
- Buchen der Eröffnungsbilanzwerte.
- Beigefügte Belege buchen.

Weitere wichtige Hinweise:

- Abgrenzungen sind sofort vorzunehmen.
- Es sind neu angelegte bzw. neu beschriftete Konten zu verwenden.
- Auf die richtige Eingabe von Buchungsdatum, Belegnummern und Buchungstext ist zu achten! Bei den Eingangsrechnungen ist als Belegnummer die Rechnungsnummer einzugeben; auf interne Eingangsrechnungsnummern wird verzichtet.
- Für geringwertige Wirtschaftsgüter sollen keine Sammelposten gebildet werden.

Für falsche/unvollständige Eingaben werden bis zu 5 Punkte abgezogen.

Nachstehende Konten sind zu ändern ggf. neu anzulegen:

Eventuell fehlende Konten sind entsprechend den Standardkontenrahmen anzulegen.

SKR03	SKR04	Kontenbezeichnung
1200	1800	Volksbank Allgäu West
1210	1810	Volksbank Allgäu West (Festgeldkonto)
3748	5748	Erhaltene Skonti innergem. Lieferungen 19% VorSt / 19% USt
4176	6091	Pauschale Lohnsteuer auf Fahrtkostenerstattung
4601	6601	Aufwand Inserate
4940	6820	Fachliteratur / Software
8400	4400	Erlöse Möbelhandel
8401	4401	Erlöse weiterber. Transport-/Montagekosten
8410	4410	Erlöse Verkauf Gardinen / Zubehör
8405	4405	Erlöse Arbeitslohn Gardinen
70100	70100	Austria Möbelwerke
70400	70400	Möbelwerke A. Decker
70500	70500	Eriksen & Scheide KG
17223	17223	Dimmler, Georg und Elisabeth
18956	18956	Gross, Ingeborg

Die Eröffnungsbilanzwerte zum 01. Januar 2016 sind zu buchen:

Kontenbezeichnung	Soll	Haben	Kontierung
Kasse	2.855,00 €		
Volksbank Allgäu West		19.834,67 €	
Volksbank Allgäu West (Festgeld)	50.000,00 €		
Sonstige Vermögensgegenstände	1.130,00 €		
Umsatzsteuer Vorjahr		11.800,00 €	
Eigenkapital		22.350,33 €	

1. Musterprüfung

Nachfolgende Belege sind zu buchen:

Möbelgroßhandlung
Carina Hilebrandt

Möbel - Carina Hilebrandt, Talfeldstr. 18, 88316 Isny

Frau
Ingeborg Gross
Schwanenstr. 4

88299 Leutkirch

Talfeldstr. 18

88316 Isny

Rechnung

Nr. 2687

KD-Nr. 18956

11.01.2016

Gemäß Ihrem Auftrag vom 15. Dezember 2015 lieferten wir Ihnen am 10.01.2016 frei Haus:

Artikelbezeichnung	Menge	Einzelpreis	Gesamtpreis
Gardinen für Wohnzimmer	18 mtr.	45,90 €	826,20 €
Zubehör - Gardinenstange	1 Stck.	128,00 €	128,00 €
Arbeitslohn für das Nähen der Gardinen	18 mtr.	3,70 €	66,60 €
		Nettowert	1.020,80 €
		19 % USt	193,95 €
		Rechnungsbetrag	1.214,75 €

Vielen Dank für Ihren Auftrag.
Die Rechnung ist fällig innerhalb 30 Tagen rein netto. Bei Zahlung innerhalb von 8 Tagen gewähren wir Skonto in Höhe von 2% auf Gardinen und Zubehör.
Die Ware bleibt unser Eigentum bis zur vollständigen Zahlung. Ein Umtausch ist ausgeschlossen.

Bankverbindung: Volksbank Allgäu West, BLZ 650 920 10, Konto Nr. 11 111

Hinweis: Gemäß UStG ist diese Rechnung von Privatpersonen mindestens 2 Jahre aufzubewahren.

Für alle Lieferungen gelten unsere Verkaufs- und Lieferbedingungen. Erfüllungsort und Gerichtsstand ist Isny. Unsere Umsatzsteueridentifikationsnummer lautet: DE111111111

Möbelgroßhandlung Carina Hilebrandt

Möbel - Carina Hilebrandt, Talfeldstr. 18, 88316 Isny

Familie
Georg und Elisabeth Dimmler
Bahnhofstr. 10

88316 Isny

Talfeldstr. 18

88316 Isny

Rechnung

Nr. 2688

KD-Nr. 17223

12.01.2016

Gemäß Ihrem Auftrag vom 10. Januar 2016 lieferten wir Ihnen heute:

Artikelbezeichnung	Menge	Einzelpreis	Gesamtpreis
Schlafzimmer „Träum Gut" komplett - Sonderangebot	1 Stck.	10.125,00 €	10.125,00 €
Latexmatrazen Marke „Liegefit"	2 Stck.	450,00 €	900,00 €
Transportkosten, Montagegebühr	pauschal	150,00 €	150,00 €
		Nettowert	11.175,00 €
		19 % USt	2.123,25 €
		Rechnungsbetrag	13.298,25 €

Vielen Dank für Ihren Auftrag.
Die Rechnung ist fällig innerhalb 30 Tagen rein netto. Bei Zahlung innerhalb von 8 Tagen gewähren wir Skonto von 2%.
Die Ware bleibt unser Eigentum bis zur vollständigen Zahlung. Ein Umtausch ist ausgeschlossen.

Bankverbindung: Volksbank Allgäu West, BLZ 650 920 10, Konto Nr. 11 111

Für alle Lieferungen gelten unsere Verkaufs- und Lieferbedingungen. Erfüllungsort und Gerichtsstand ist Isny. Unsere Umsatzsteueridentifikationsnummer lautet: DE111111111

MÖBELWERKE A. DECKER

Möbelwerke A. Decker, Mainstr. 19, 64297 Darmstadt

Möbelhandel
Carina Hilebrandt
Talfeldstr. 18
88316 Isny

Rechnung Nr.	Kunden-Nr.	Lieferdatum	Rechnungsdatum
6640	17223	14.01.2016	14.01.2016

Artikelbezeichnung	Menge	Einzelpreis	Gesamtpreis
Wohnzimmerschrank „Toscana"	1	4.780,00 €	4.780,00 €
Essgarnitur „Voigtland"	1	2.795,00 €	2.795,00 €
Esstisch – Stühle	4	285,00 €	1.140,00 €
			8.715,00 €
Abzüglich Messerabatt	15%		1.307,25 €
			7.407,75 €
Transportkosten			125,00 €
			7.532,75 €
Zuzüglich Umsatzsteuer	19%		1.431,22 €
Rechnungsbetrag			8.963,97 €

Zahlbar innerhalb 14 Tagen mit 2% Skonti; innerhalb 30 Tagen rein netto.

Geschäftsräume: Mainstr. 19, D-64297 Darmstadt, Bank: Darmstädter Volksbank, BLZ 508 900 00, Konto-Nr. 11111. Für alle unsere Lieferungen gelten unsere Verkaufs- und Lieferbedingungen. Die gelieferte Ware bleibt bis zur vollständigen Bezahlung unser Eigentum. Gerichtsstand ist Darmstadt. Unsere Umsatzsteueridentifikationsnummer lautet: DE111111111

Austria – Möbelwerke
10 Jahre - Familienbesitz

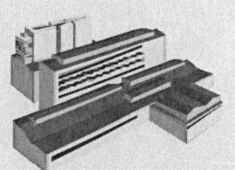

Fußacher - Allee
A - 9878 Bregenz

Austria-Möbelwerke, A-98780 Bregenz

Möbelhandel
Carina Hilebrandt
Talfeldstr. 18
88316 Isny

Rechnungs-Nr. 5096
Kunden-Nr. 15856
DE- 111 111 111

Rechnungsdatum
2016-01-15

Vielen Dank für Ihren Auftrag. Wir lieferten Ihnen am 13.01.2016.

Artikelbezeichnung	Menge	Einzelpreis	Gesamtpreis
Wohnzimmerschrank " Alt- Österreich"	2	2.700,00 €	5.400,00 €
Eichen – Vitrine	1	1.735,00 €	1.735,00 €
Netto			7.135,00 €
Umsatzsteuer		0 %	0,00 €
Rechnungsbetrag			7.135,00 €

Die Lieferung wurde in Österreich umsatzsteuerfrei behandelt.

Zahlbar bis zum 14.02.2016 rein netto.
Bei Zahlung bis zum 22.01.2016 gewähren wir Ihnen Skonti in Höhe von 2%.

Trudi und Hansi Stankl
Fußacher - Allee
A-98780 Bregenz

Deutsche Bank Ravensburg
BLZ   650 700 84
Konto-Nr. 1111111

UID-Nr. AT-U 111 111 11

Eriksen & Scheide KG

Grootkoppel 45a

D - 23858 Reinfeld

Grootkoppel 45a - 23858 ReinfeldEriksen & Scheide KG

Möbelhandel Carina Hilebrandt
Talfeldstr. 18
88316 Isny

	Rechnung Nr. 46548	Kunden-Nr. 17223		Rechnungsdatum 16.01.2016
Artikelbezeichnung	Menge	Einzelpreis		Gesamtpreis
Regalsystem zur Gardinen-präsentation	1	3.788,00 €		3.788,00 €
Mahagonitisch – Sonderanfertigung für ihren Konferenzraum	1	2.850,00 €		2.850,00 €
Stühle für Besprechungs- / Konferenzraum	10	315,00 €		3.150,00 €
	Netto			9.788,00 €
	zzgl. Umsatzsteuer		19%	1.859,72 €
	Rechnungsbetrag			11.647,72 €

Zahlbar innerhalb 14 Tagen mit 2 % Skonto; innerhalb 30 Tagen rein netto

Bankverbindung: BLZ 650 920 10

Volksbank Allgäu West   Konto-Nr. 11111

USt-IdNr. 111 111 111

Volksbank Allgäu West		€	€	
Buchungstext	Buchg.Datum	Soll	Haben	Kontierung
1 Gutschrift Ingeborg Gross Re.Nr. 2687	17.01.		1.192,04	
2 Gutschrift Georg und Elisabeth Dimmler Re.Nr. 2688 abzüglich 2% Skto.	18.01.		13.032,28	
3 Lastschrift Umsatzsteuer lt. Voranmeldung 12/2015	18.01.	11.800,00		
4 Lastschrift Möbelwerke A.Decker Re.Nr. 6640 abzüglich 2% Skto.	21.01.	8.784,70		
5 Lastschrift Austria-Möbelwerke Re.Nr. 5096 abzüglich 2% Skto.	21.01.	6.992,30		
6 Lastschrift Eriksen & Scheide Re.Nr. 46548 abzüglich 2% Skto.	22.01.	11.414,76		
7 Gutschrift des beantragten Darlehens 120.000,00 € abzüglich Disagio Laufzeit 01.02.2016-31.01.2019	23.01.		116.400,00	
8 Miete für Lagerraum	23.01.	900,00		
9 Zinsgutschrift aus Festgeldkonto für die Zeit vom 01.11.2015-31.01.2016	24.01.		750,00	
10 Gutschrift Gewerbesteuer 2014 (Abgrenzung erfolgte mit 630,00 €)	25.01.		635,00	
11 Bankeinzahlung	26.01.		5.000,00	
		39.891,76	137.009,32	
Kontoauszug Nr. 1 vom 31.1.2016				
Konto-Nr. 33 697		Kontostand alt	- 19.834,67	
BLZ 650 920 10		Kontostand neu	77.282,89	

Kassenbericht 2016 / Januar

Text	Datum	Beleg	Einnahme	Ausgabe	Steuer	Kontierung
Betriebsferien bis einschl. 24. Januar 2016						
Barverkauf Möbel	25.01.	1001	4.996,00		19%	
Bankeinzahlung	26.01.	1002		5.000,00		
Fachbuchhandel Gondrom CD-ROM "Möbellexikon"	26.01.	1003		45,00	19%	
Bayern-Verlag Anzeige wg. Sonderangebote	26.01.	1004		560,00	19%	
Privateinlage	26.01.	1005	1.500,00			
Blumenhaus Rosenduft Blumenstrauß für Kundin Klein zum Geburtstag	27.01.	1006		28,00	7%	

Summen:	6.496,00	5.633,00
Anfangsbestand	2.855,00	
Endbestand		3.718,00
Kontrollsummen	9.351,00	9.351,00

Bitte gehen Sie davon aus, dass sämtliche Rechnungsformalitäten erfüllt sind!

Buchungsbeleg - Gehaltsabrechnung zum 31.01.2016

Bruttogehälter	14.115,00 €
Fahrtkostenerstattung	360,00 €
Geldwerter Vorteil Pkw	370,40 €
AG-Anteil zur Sozialversicherung einschließlich Insolvenzgeldumlage 14,85 €	2.008,95 €
pauschale Lohnsteuer / Fahrtkostenerstattung	60,75 €
	16.915,10 €
Steuerabzugsbeträge	4.780,24 €
Sozialversicherungsbeiträge	3.962,00 €
Geldwerter Vorteil Pkw	370,40 €
Auszahlungsbetrag	7.802,46 €
	16.915,10 €

2. Musterprüfung

Grundlage für diese Prüfung ist die Einzelfirma

EDV Meier e.K.
Hardware - Software - Installation
Bastlerweg 3
70173 Stuttgart

Hinweise:

- Das Unternehmen ermittelt den Gewinn durch Betriebsvermögensvergleich.
- Das Wirtschaftsjahr entspricht dem Kalenderjahr.
- Die Buchungen sind für das Jahr 2016 einzugeben.
- Die Umsatzsteuer wird nach vereinbarten Entgelten berechnet.
  Der Regelsteuersatz beträgt 19%.
- Das Unternehmen ist steuerlich geführt beim Finanzamt Stuttgart I, Rotebühlplatz 30, 70173 Stuttgart.

Aufgaben:

- Anlegen der Firma „EDV Meier e.K." im PC (Kontenrahmen SKR03 oder SKR04).
- Kontenbeschriftungen ändern und neue Konten anlegen nach Vorgabe.
- Für die Ein- und Ausgangsrechnungen legen sie entsprechende Kreditoren- und Debitorenkonten an.
  Die zum Anlegen relevanten Daten entnehmen Sie den Belegen.
- Buchen der Eröffnungsbilanzwerte.
- Beigefügte Belege buchen.

Weitere wichtige Hinweise:

- Abgrenzungen sind sofort vorzunehmen.
- Bei den Bewirtungskosten ist der nicht abzugsfähige Anteil sofort zu korrigieren.
- Es sind neu angelegte bzw. neu beschriftete Konten zu verwenden.
- Auf die richtige Eingabe von Buchungsdatum, Belegnummern und Buchungstext ist zu achten. Bei den Eingangsrechnungen ist als Belegnummer die Rechnungsnummer einzugeben; auf interne Eingangsrechnungsnummern wird verzichtet.
- Für geringwertige Wirtschaftsgüter sollen keine Sammelposten gebildet werden.

Für falsche oder fehlende Eingaben werden bis zu 5 Punkte abgezogen.

Ausdruck zur Bewertung:

- Umsatzsteuervoranmeldung Januar 2016
- Journale Januar 2016

Nachstehende Konten sind zu ändern ggf. neu anzulegen:

Eventuell fehlende Konten sind entsprechend den Standardkontenrahmen anzulegen.

SKR03	SKR04	Kontenbezeichnung
1200	1800	Landesbank Stuttgart
8305	4305	Erlöse Bücher 7% USt
8405	4405	Erlöse Hardware und Zubehör 19% USt
8409	4409	Erlöse Dienstleistungen 19% USt
4601	6601	Inserate
8743	4743	Gewährte Skonti aus steuerfreien innergem. Lieferungen
71101	71101	Albatros Software
71102	71102	WAKI Möbelmarkt GmbH
10201	10201	Gurt, Sigismund
10499	10499	Schleuder, Fritz
10501	10501	Schauer, Hans
10502	10502	Städele & Partner

Eröffnungsbilanzwerte zum 01. Januar 2016:

Kontenbezeichnung	Soll	Haben	Kontierung
Betriebs- und Geschäftsausstattung	13.570,00 €		
Kasse	1.637,50 €		
Landesbank Stuttgart	125,41 €		
Verbindlichkeiten aus Betriebssteuern (Gewerbesteuer 2015)		1.810,00 €	
Sonstige Verbindlichkeiten (Abrechnung Stromversorgung)		232,05 €	
Vorsteuer im Folgejahr abzugsfähig (aus Abrechnung Stromversorgung)	37,05 €		
Eigenkapital		13.639,91 €	
Debitor: Schleuder, Fritz, Säumer Weg 1a, 70734 Fellbach Re.Nr. 699 aus 2015	952,00 €		
Einzelwertberichtigung zu Schleuder, F.		640,00 €	

Nachfolgende Belege sind zu buchen:

EDV Meier e. K.
Hardware - Software - Installation

Rechnungskopie

Bastlerweg 3 * 70173 Stuttgart
Tel. 0711 11111-0; Fax 0711 11111-14

EDV Meier e. K. * Bastlerweg 3 * 70173 Stuttgart
Firma
Hans Schauer
Rathenaustraße 12

70661 Gschaftlhausen

Rechnung und Lieferschein
Nr.: 2001 vom 02.01.2016
Steuer-Nr. 11 111 11111
Kd.Nr.: 10501

Ihre Bestellung Nr. 5 vom 14.12.2015

Pos	Artikelnummer / -bezeichnung	LW	Menge	EK-Preis	Nettowert	S
1	40001000 Drucker HP Laserjet 1200	1	1	389,00 €	389,00 €	1
2	30002000 Tonerpatrone HP C7115A	1	2	79,00 €	158,00 €	1
3	10003000 Druckerinstallation im Netzwerk	1	3	39,20 €	117,60 €	1

Netto USt 1	664,60 €
USt 1 (19%)	126,27 €
Netto USt 2	0,00 €
USt 2 (7%)	0,00 €
Brutto	**790,87 €**

Skontofähiger Betrag: 634,52 € (Hardware und Zubehör)
Zahlungskonditionen: 10 Tage 2,5 % Skonto, 30 Tage netto.
Bankverbindung: Landesbank Baden-Württemberg - BLZ 600 500 00 - Konto 1111111

2. Musterprüfung

EDV Meier e. K.
Hardware - Software - Installation

Rechnungskopie

Bastlerweg 3 * 70173 Stuttgart
Tel. 0711 11111-0; Fax 0711 11111-14

EDV Meier e. K. * Bastlerweg 3 * 70173 Stuttgart
Firma
Städele & Partner
Königsallee 25

70771 Leinfelden-Echterdingen

Rechnung und Lieferschein
Nr.: 2002 vom 03.01.2016
Steuer-Nr. 11 111 11111
Kd.Nr.: 10502

Ihre telefonische Bestellung vom 02.01.2016

Pos	Artikelnummerr / -bezeichnung	LW	Menge	EK-Preis	Nettowert	S
1	40002000 CD-Brenner Ricoh MP 7320A	1	1	79,00 €	79,00 €	1
2	30002005 CD-Rohlinge 700 MB 40f 10 St.	1	3	8,90 €	26,70 €	1
3	5000001 Buch „Windows XP easy"	1	1	45,79 €	45,79 €	2

Netto USt 1	105,70 €
USt 1 (19%)	20,08 €
Netto USt 2	45,79 €
USt 2 (7%)	3,21 €
Brutto	**174,78 €**

Zahlungskonditionen: 10 Tage 2 % Skonto, 30 Tage netto.
Bankverbindung: Landesbank Baden-Württemberg - BLZ 600 500 00 - Konto 1111111

2. Musterprüfung

EDV Meier e. K.
Hardware - Software - Installation

Rechnungskopie

Bastlerweg 3 * 70173 Stuttgart
Tel. 0711 11111-0; Fax 0711 11111-14

EDV Meier e. K. * Bastlerweg 3 * 70173 Stuttgart
Firma
Sigismund Gurt
Dreipfennigsgasse 10

A-6900 Bregenz

Rechnung und Lieferschein
Nr.: 2003 vom 03.01.2016
Steuer-Nr. 11 111 11111
Kd.Nr.: 10201

Ihre telefonische Bestellung vom 02.01.2016
Ihre USt-IDNr. AT U25368945

Pos	Artikelnummer / -bezeichnung	LW	Menge	EK-Preis	Nettowert	S
1	40001000 Drucker HP Laserjet 1200	1	1	389,00 €	389,00 €	0
2	30002005 CD-Rohlinge 700 MB 40f 10 St.	1	3	8,90 €	26,70 €	0
3	30002000 Tonerpatrone HP C7115A	1	1	79,00 €	79,00 €	0

Netto USt 1
USt 1 (19%)
Netto USt 2
USt 2 (7%)

Brutto   **494,70 €**

Zahlungskonditionen: 10 Tage 2,5 % Skonto, 30 Tage netto.
Bankverbindung: Landesbank Baden-Württemberg - BLZ 600 500 00 - Konto 1111111

Die Lieferung wurde in Deutschland umsatzsteuerfrei behandelt.
Unsere USt-IDNr. lautet: DE 111 111 111

2. Musterprüfung

Bahnhofstr. 76   70174 Stuttgart   Tel.: (07 11) 11 11 11   Fax (07 11) 11 11 12

EDV Meier e. K.
Bastlerweg 3

70173 Stuttgart

**RECHNUNG und
LIEFERSCHEIN**
Nr. 112 vom 04.01.2016

Ihre Bestellung Nr. 20001 vom 20.12.2015

Artikel	LW	Menge	Rab.	Netto/St EUR	Nettowert EUR
Drucker HP Laserjet 1200	1	2	10%	379,00	682,20
Toner HP C7115A	1	6	5%	75,00	427,50
Verpackungspauschale	1	1		20,00	20,00

Netto USt.19%	USt.19%	Netto USt. 7%	USt. 7%	Endbetrag
1.129,70 EUR	214.64 EUR	0,00 EUR	0,00 EUR	1.344,34 EUR

Lieferbedingung: frei Haus
Zahlungskonditionen: 7 Tage 2% Skonto; 21 Tage netto Kasse

Inhaber Kurt Felix - HRA 35 13 - Geschäftsräume Bahnhofstr. 76, 70174 Stuttgart – UStIdNr. DE 111 111 111 -
Bankverbindung: Commerzbank Stuttgart Konto-Nr. 11111111 BLZ 600 400 71

WAKI Möbelmarkt GmbH

Paulinenstraße 51
70178 Stuttgart
Tel.: 0711/11111-0
Fax: 0711/11111-11

Firma
EDV Meier e. K.
Bastlerweg 3

RECHNUNG
Nr.: RE0314 vom 04.01.2016

70173 Stuttgart

Wir lieferten Ihnen heute aufgrund Ihrer Bestellung Nr. 20003 vom 02.01.2016.

Pos	Artikelnummer	Menge	Rabatt	EK-Preis	Best.-Wert	USt
1	Schreibtisch Chef	1		1.446,50	1.446,50	19%
2	Garderobenständer Utopia	1	5%	420,00	399,00	19%
3	Reparatur Rollcontainer mit Auswechslung Rollen	1	0%	39,00	39,00	19%

Netto USt. 19 %	USt 19%	Netto USt. 7 %	USt 7%	Bruttobetrag
1.884,50 €	358,05 €	0,00 €	0,00 €	2.242,55 €

Zahlungskonditionen:
Skontotage: 14
Skonto-%: 3
Zahlungsziel netto (Tage): 30
Skontobasisbetrag: 2.242,55
Skontobetrag: 67,28

Die Ware bleibt bis zur vollständigen Bezahlung unser Eigentum. Unsere Bankverbindung lautet:
Bankverbindung: Commerzbank Stuttgart   Kontonummer 1111111   BLZ 600 400 71.
Unsere Umsatzsteueridentifikationsnummer lautet: DE 111111111

Kontoauszug 1/2016
Landesbank Stuttgart

Konto-Nr. 2065397
Blatt-Nr. 1 von 1
EUR-Konto

EDV Meier, Bastlerweg 3, 70173 Stuttgart

Buchungs-datum	Vorgang	Soll	Haben	Kontierung
	Alter Kontostand vom 30.12.2015		125,41	
08.01.	Bareinzahlung		1.500,00	
08.01.	Frau Huber Miete Geschäftsräume Jan 2016	460,00		
09.01.	Städele RG-Nr. 2002 abzüglich Skonto 3,50 €		171,28	
09.01.	Gurt RG-Nr. 2003 abzüglich 2,5% Skonto		482,33	
10.01.	Albatros RG-Nr. 112 abzüglich 2% Skonto	1.317,45		
10.01.	Gewerbesteuer Nachzahlung 2015 einschließlich 10,00 EUR Säumniszuschläge	1.820,00		
10.01.	Stromversorgung Abrechnung 2015 Rechnungsdatum 08.01.2016	232,05		
13.01.	WAKI Möbelmarkt RG RE0314 abzüglich 3 % Skonto 67,28 €	2.175,27		
13.01.	Keller, Günther Teilzahlung zu RG 768 aus 2015 (Rechnung wurde in 2015 als Forderungsverlust mit 19% USt ausgebucht.)		500,00	
14.01.	Grundsteuer B für Flur-Nr. 234561 (Betriebsgrundstück)	160,00		
15.01.	Computerwoche Verlag GMBH ABO Computerwoche Feb.2016 - Jan.2017 inkl. 7% USt	154,08		
15.01.	Anzeige "Stuttgarter Nachrichten" für Computerwerbung inkl. 19 % USt	170,00		
	Neuer Kontostand:		-3.709,83	

Bitte gehen Sie davon aus, dass alle Rechnungsformalitäten erfüllt sind!

2. Musterprüfung

Kassen-Bericht
Blatt-Nr. 1
Monat 01/2016

Datum	Text	Beleg-Nr.	Eingang	Ausgang	USt %	Kontierung
07.01.	Einzahlung auf Konto Landesbank	1001		1.500,00		
07.01.	Schlüsseldienst wegen abgebrochenem Schlüssel Ladentüre	1002		120,00	19%	
08.01.	Buch für angestellten EDV-Techniker zum Geburtstag	1003		12,50	7%	
08.01.	Tageskasse Hardware	1004	1.960,00		19%	
08.01.	Tageskasse Bücher	1005	270,00		7%	
08.01.	Verkauf gebrauchte Büroschreibmaschine Restbuchwert 1,00 EUR	1006	50,00		19%	
	Summen:		2.280,00	1.632,50		
	Bestand alt:		1.637,50			
	Bestand neu:		2.285,00			

Bitte gehen Sie davon aus, dass sämtliche Rechnungsformalitäten erfüllt sind!

BUCHUNGSBELEG # 1 31.01.2016

Mitteilung durch Insolvenzbeauftragten der Firma Schleuder, Fritz
Mit einem Geldeingang zur ausstehenden Rechnung # 699 vom 15.01.2015 ist nicht mehr zu rechnen.

BUCHUNGSBELEG # 2 31.01.2016

Der Abgrenzungsposten für die Vorsteuer (Stromversorgung 2015) ist aufzulösen.

3. Musterprüfung

Grundlage für diese Prüfung ist die Einzelfirma

Spiel & Spaß Versand
Inh. Klaus Falter
Modelleisenbahnen und Spielwaren
Hobbystr. 37
74613 Öhringen

Hinweise:

- Das Unternehmen ermittelt den Gewinn durch Betriebsvermögensvergleich.
- Das Wirtschaftsjahr entspricht dem Kalenderjahr.
- Die Buchungen sind für das Jahr 2016 einzugeben.
- Die Umsatzsteuer wird nach vereinbarten Entgelten berechnet; der Regelsteuersatz beträgt 19%.
- Das Unternehmen ist steuerlich geführt beim Finanzamt Öhringen, Haagweg 39, 74613 Öhringen (Baden-Württemberg).

Aufgaben:

- Anlegen der Firma „Spiel & Spaß Versand" im PC (Kontenrahmen SKR03 oder SKR04).
- Kontenbeschriftungen ändern und neue Konten anlegen nach Vorgabe.
- Für die Ein- und Ausgangsrechnungen legen Sie entsprechende Kreditoren- und Debitorenkonten an. Die zum Anlegen relevanten Daten entnehmen Sie den Belegen.
- Buchen der Eröffnungsbilanzwerte.
- Beigefügte Belege buchen.

Weitere wichtige Hinweise:

- Abgrenzungen sind sofort vorzunehmen.
- Bei den Bewirtungskosten ist der nicht abzugsfähige Anteil sofort zu korrigieren.
- Es sind neu angelegte bzw. neu beschriftete Konten zu verwenden.
- Auf die richtige Eingabe von Buchungsdatum, Belegnummern und Buchungstext ist zu achten. Bei den Eingangsrechnungen ist als Belegnummer die Rechnungsnummer einzugeben; auf interne Eingangsrechnungsnummern wird verzichtet.
- Für geringwertige Wirtschaftsgüter sollen keine Sammelposten gebildet werden.

Für falsche oder fehlende Eingaben werden bis zu 5 Punkte abgezogen.

Ausdruck zur Bewertung:

- Umsatzsteuervoranmeldung
- Journal

Nachstehende Konten sind zu ändern ggf. neu anzulegen:

Eventuell fehlende Konten sind entsprechend den Standardkontenrahmen anzulegen.

SKR03	SKR04	Kontenbezeichnung
0027	0135	Software Verwaltung
0401	0691	Hardware Verwaltung
0880	2010	Eigenkapital
1200	1800	Sparkasse Hohenlohekreis
3748	5748	Erhaltene Skonti innergem. Erwerbe 19% VorSt / 19% USt
4285	6355	Kaminreinigung
8400	4400	Erlöse Modellspielwaren
8401	4401	Weiterberechnete Versandspesen
8405	4405	Erlöse Kataloge
8406	4406	Erlöse sonstige Spielwaren
8640	4836	Miete Lagerhalle 19% USt
13400	13400	Kindergarten Sonnenschein
19007	19007	Zweig, Stefan
72561	72561	NoXoN GmbH
73891	73891	Bit & Byte
74102	74102	Reiber & Sohn

Eröffnungsbilanzwerte zum 01. Januar 2016:

Kontenbezeichnung	Soll	Haben	Kontierung
Hardware Verwaltung	2,00 €		
Eigenkapital		16.974,39 €	
Kasse	26,35 €		
Sparkasse Hohenlohekreis	27.973,04 €		
Sonstige Vermögensgegenstände	2.618,00 €		
Verbindlichkeiten aus Betriebssteuern (Gewerbesteuer 2015)		6.000,00 €	
Sonstige Verbindlichkeiten (Stromabrechnung)		172,55 €	
Vorsteuer im Folgejahr abzugsfähig	27,55 €		
Umsatzsteuer Vorjahr		7.500,00 €	

3. Musterprüfung

Nachfolgende Belege sind zu buchen:

SPIEL & SPAß – VERSAND

Inh.: Klaus Falter

Spiel & Spaß Versand – Hobbystr. 37 – 74613 Öhringen

Stefan Zweig
Streitfeld 55

74638 Waldenburg   7. Januar 2016

RECHNUNG Nr. 01-2016
Kunden-Nr. 19007

Gemäß Ihrer Bestellung vom 30. Dezember 2015 lieferten wir Ihnen am 7.01.2016:

Menge	Artikelbezeichnung	Einzelpreis	Gesamtpreis
1	ROCO H0 DB AG S-Bahn-Triebzug 420 „Flughafen München"	177,80 €	177,80 €
1	ROCO H0 DR Dampflok BR041 Epoche IV	153,27 €	153,27 €
1	ROCO Gesamtkatalog	5,10 €	5,10 €
	Versandkostenpauschale	2,59 €	2,59 €
	Netto		338,76 €
	zzgl. 19% MwSt.		64,36 €
	Rechnungsbetrag		403,12 €

Vielen Dank für Ihren Auftrag.
Die Rechnung ist fällig innerhalb 30 Tagen rein netto.
Bei Zahlung innerhalb von 8 Tagen gewähren wir 2% Skonto.

Firmenanschrift	Tel. 07941 6666	Bankverbindung:	USt-IDNr.
Hobbystr. 37	Fax 07941 6677	Sparkasse Hohenlohekreis	DE 111111111
74613 Öhringen		BLZ 622 515 50	
	www.falterspiel.de	Konto 111111	

SPIEL & SPAß – VERSAND

Inh.: Klaus Falter

Spiel & Spaß Versand – Hobbystr. 37 – 74613 Öhringen

Kindergarten Sonnenschein
Frau Wagner
Schulstr. 7

74635 Kupferzell

8. Januar 2016

RECHNUNG Nr. 02-2016

Kunden-Nr. 13400

Gemäß Ihrer Bestellung vom 20. Dezember 2015

lieferten wir Ihnen heute:

Menge	Artikelbezeichnung	Einzelpreis	Gesamtpreis
1	Baufix Basic Set	21,40 €	21,40 €
2	Baufix Trommel	18,90 €	37,80 €
1	Quips Farblernspiel	12,30 €	12,30 €
20	Sandkastenschaufeln farblich sortiert	2,80 €	56,00 €
	Netto		127,50 €
	abzgl. 10 % Kindergartenrabatt		12,75 €
	Versandkostenpauschale		2,59 €
			117,34 €
	zzgl. 19% MwSt.		22,29 €
	Rechnungsbetrag		139,63 €

Vielen Dank für Ihren Auftrag.
Die Rechnung ist fällig innerhalb 30 Tagen rein netto.
Bei Zahlung innerhalb von 8 Tagen gewähren wir 2% Skonto.

Firmenanschrift	Tel. 07941 6666	Bankverbindung:	USt-IDNr.
Hobbystr. 37	Fax 07941 6677	Sparkasse Hohenlohekreis	DE 111111111
74613 Öhringen		BLZ 622 515 50	
	www.falterspiel.de	Konto 111111	

3. Musterprüfung

NoXoN Modellspielwaren GmbH

Jakob-Auer-Str. 8

A-5033 Salzburg

<u>NoXoN GmbH - Jakob-Auer-Str.8 - A-5033 Salzburg</u>

Spiel & Spaß Versand
Inh. Klaus Falter
Hobbystr. 37

D-74613 Öhringen

Rechnung Nr. 05003
Kunden Nr. 13400

6. Januar 2016

USt-IDNr. DE 111111111

Gemäß Ihrer Bestellung vom 20. Dezember 2015 lieferten wir Ihnen heute:

Artikelbezeichnung	Menge	Einzelpreis in EUR	Gesamtpreis in EUR
63210 H0 DB Dampflok BR01 Epoche 3	2	120,25	240,50
44143 H0 DB Set Diebels 2-tlg.	5	13,90	69,50
47195 H0 DB Rungenwagen mit Röhrenbeladung	5	15,20	76,00
Modelleisenbahn Gesamtkatalog 2016	30	5,00	150,00
Warenwert			536,00
In Österreich wurde die Lieferung umsatzsteuerfrei behandelt.			0,00
Rechnungsbetrag			536,00

Vielen Dank für Ihren Auftrag.

Zahlbar innerhalb 15 Tagen mit 2,5% Skonto; innerhalb 30 Tagen rein netto.

Bankverbindung: BLZ   700 700 10   USt-IDNr.
Deutsche Bank München   Konto 111 111   AT U11111111

Bit & Byte
Computersysteme und Software
Holerith-Str. 7 - D-74673 Mulfingen

Bit & Byte, Holerith-Str. 7, 74673 Mulfingen

Firma
Spiel & Spaß Versand
Klaus Falter
Hobbystr. 27

D 74613 Öhringen

Rechnungs-Nr.	Kunden-Nr.	Lieferdatum	Rechnungsdatum
13406	55788	2016-01-14	2016-01-15

Wir lieferten und installierten für Ihre Verwaltung:

Artikel	Anzahl	Einzelpreis	Gesamtpreis
Hardware:			
Compaq Evo Desktop P4 1,7 GHz als Arbeitsstationen	2	951,30 €	1.902,60 €
Monitor TFT 19'	2	432,00 €	864,00 €
Siemens-Fujitsu Primergy P4 1,8GHz/256 KB als Server	1	3.115,21 €	3.115,21 €
Hub OfficeConnect Dual Speed Hub 8	1	120,00 €	120,00 €
Installation	Pauschal	300,00 €	300,00 €
Software:			
Antivirus Server + 5 Clients	1	1.010,00 €	1.010,00 €
Netto			7.311,81 €
Umsatzsteuer		19%	1.389,24 €
Rechnungsbetrag			8.701,05 €

Zahlbar innerhalb 30 Tagen rein netto. Bankverbindung: Volksbank Hohenlohekreis BLZ 620 91 800
Kto. 111 111 111

Für alle unsere Lieferungen gelten unsere Verkaufs- und Lieferbedingungen. Die gelieferte Ware bleibt, auch im bearbeiteten Zustand, bis zu völligen Bezahlung unser Eigentum. Gerichtsstand ist, unabhängig von der Höhe der Forderung, München.
Unsere UStIDNr. lautet: DE 111 111 111

Bürobedarf - Büroeinrichtungen - Ladenausstattung

Reiber & Sohn
Feuergasse 7
74653 Ingelfingen

Rechnung-Nr. 10012
Rechnungsdatum 17.01.2016

Reiber & Sohn, Feuergase 7, 74653 Ingelfingen

Lieferschein-Nr. 20012
Lieferdatum 15.01.2016

Firma
Spiel & Spaß Versand
Klaus Falter
Hobbystr. 27

UStID-Nr. DE 456831597

Bankverbindung:
Deutsche Bank 24
BLZ 62070024
Konto: 1111111

D 74613 Öhringen

Vielen Dank für Ihren Auftrag

Artikelbeschreibung:	Anzahl	Einzelpreis EUR	Gesamtpreis EUR
Schreibtisch mit PC-Aufsatz, Kabelkanälen und Druckerfach	1	1.696,00	1.696,00
Bürodrehstuhl Ergo 021	2	311,50	623,00
Master-Slave-Steckdosenleiste	2	56,50	113,00
Warenwert			2.432,00
Umsatzsteuer		19%	462,08
Rechnungsbetrag			2.894,08

Zahlbar innerhalb 10 Tagen mit 2% Skonto; innerhalb 30 Tagen rein netto.

Es gelten die allgemeinen Geschäftsbedingungen. Wir sind eingetragen beim Amtsgericht Ingelfingen unter HRA 11111. Sollten wir Probleme mit Ihnen bekommen gilt als Gerichtsstand Stuttgart.

3. Musterprüfung 8

Sparkasse Hohenlohekreis		BLZ 622 515 50 Konto 556431		
Buchungs-datum	Buchungstext	Soll €	Haben €	Kontierung
03.01.	Württembergische Versicherung Kfz KÜN-FG 22 für 2016	246,50		
07.01.	Barabhebung	250,00		
10.01.	Miete Lagerhalle einschl. 19% USt 11/2015 – 12/2015 2.618,00 € Miete Lagerhalle einschl. 19% USt 01/2016 1.309,00 €		3.927,00	
15.01.	Lastschrift Umsatzsteuer lt. Voranmeldung 11/2015	4.250,00		
15.01.	Lastschrift Weltverlag Abo „Der sichere Buchhalter" vom 01.02.2016-31.01.2017 einschl. 7% USt	192,60		
15.01.	Gutschrift Stefan Zweig Re.Nr.1-2016 abzüglich 2% Skonto		395,05	
16.01.	Lastschrift Stadt Öhringen für Gewerbesteuer 2015	6.000,00		
21.01.	Lastschrift NoXoN GmbH Re.Nr.05003 abzüglich 2,5% Skonto	522,60		
27.01.	Lastschrift Reiber & Sohn Re.Nr. 10012 abzüglich 2% Skonto	2.836,20		
27.01.	Lastschrift Post AG für Freiumschläge einschl. 19% USt	256,80		
27.01.	Lastschrift EVÖ für Stromabrechnung 2015 vom 06.01.2016 einschl. 19% USt	172,55		
Auszug Nr. 1		14.727,25 Kontostand alt Kontostand neu	4.322,05 27.973,04 17.567,84	

Bitte gehen Sie davon aus, dass sämtliche Rechnungsformalitäten erfüllt sind!

Kassenbericht vom 07.01.-17.01.2016

Datum	Text	Beleg	Einnahme	Ausgabe	Steuer	Kontierung
07.01.	Auffüllen Kassenbestand	1001	250,00			
08.01.	Fa. Horten (Ordner, Kugelschreibermine)	1002		62,18	19%	
08.01.	Nachporto	1003		1,24		
09.01.	Zeitschrift „Modelleisenbahnen"	1004		6,90	7%	
10.01.	Kundenbewirtung Restaurant „Zum Löwen"	1005		95,00	19%	
16.01.	Barverkauf der beiden Alt-PC's an die Angestellten Frau Tamer und Frau Heck *	1006	300,00		19%	
17.01.	Schornsteinfeger	1007		51,34	19%	
	Summen		550,00	216,66		
	Anfangsbestand		26,35			
	Endbestand			359,69		
	Kontrollsummen		576,35	576,35		

Bitte gehen Sie davon aus, dass sämtliche Rechnungsformalitäten erfüllt sind!

* Die PCs sind auszubuchen; Restbuchwert je PC 1,00 €.

Sachwortverzeichnis

A
Anwendung anlegen 29
Arbeitsbereich 16
Ausgangsrechnungen buchen 84
Automatikkonten 65

B
Belege an Finanzbuchführung 84
Belege buchen 50
Belege verarbeiten 85
Belege, aufzuteilend 93
Bestands-Manager 19
Bestands-Manager Kanzlei 23
Bestands-Manager Mandant 21
Bestands-Manager Standard 20
Betriebswirtschaftliche Auswertung (BWA) 148
Betriebswirtschaftlicher Kurzbericht der BWA 153
Bewirtungskosten 114
Branchenschlüssel 30
Branchenschlüssel festlegen 30
Buchungen, wiederkehrende 50
Buchungsstapel 50
Buchungsstapel festschreiben 178

D
Direkthilfe, kontextbezogen 19
Dokumente indizieren 77
Drei-Jahresvergleich 152

E
Enter-Taste, Auslösen Umsatz 55
Entwicklungsübersicht 140
Erwerb, innergemeinschaftlich 116

F
FIBU-Konten, abstimmen 132
Fibu-Konto-Ansicht 53
Funktion "Buchführung abstimmen" 140

G
Generalumkehrbuchung 112
Grunddaten Rechnungswesen hinterlegen 31

I
Infodaten 184

K
Kassen-/Bankbericht 137
Kassenminusprüfung 62
Kontenabstimmliste 141
Kontenplan 41
kurzfristige Erfolgsrechnung 151

L
Lieferung, innergemeinschaftlich 116

M
Mandant 26
Mandantendaten Rechnungswesen 26
Mandantentyp 28
Mandat anlegen 27, 28
Menüleiste 15
Modus Rechnungen buchen 88
Modus Zahlungen buchen 104

N
Navigationsbereich 16

O
offener Posten, Ausgleich 70
OPOS einrichten 33
OPOS, Offene-Posten-Buchführung 33, 70
OPOS-Konto-Ansicht 53
Optionale Erfassungsfelder 54

P
Plus-Taste, Auslösen Umsatz 55
Primanotaansicht 53
Programmhilfe 18

R
Rechnungsfälligkeit 70

S
Saldenanzeige 63
Sammelzahlungen 109
Soll-Ist-Vergleich 152
Stapelerfassen 50
Stapelverarbeitung 50
Steuerschuldnerschaft, § 13b UStG 117
Summen und Salden (pro Monat) 139
Summen und Salden einer Buchung 58
Summen- und Saldenliste 139
SUSA-Jahresübersicht 139
Symbolleisten 15

T
Titelleiste 15

U
Umsatzsteuer-Verprobung 144
Umsatzsteuer-Voranmeldung, Auswertung 143
Umsatzsteuer-Voranmeldung, Kontennachweis 144

V
Vorjahresvergleich 152
Vorsteuer-Verprobung 144

Z
Zeitreihen der BWA 153
zentrale Mandantendaten 26
zentrale Mandantendaten anlegen 29
zentrale Mandantennummer 28
zusammenfassende Meldung 181
Zusatzbereich 16

Ebenfalls im Verlag erschienen.

Up-To-Date FiBu und Lohn

Bleiben Sie auch weiterhin auf dem Laufenden. Die Up-To-Date-Broschüren Finanzbuchhaltung und Lohn und Gehalt informieren Sie jährlich über aktuelle Gesetzesänderungen. Alle wichtigen Rechtsstandsänderungen sind übersichtlich zusammengestellt und anhand von Beispielen erklärt.

Xpert Business

	Titel	Preis*	ISBN/Bestellnr.
	Finanzbuchführung 1	22,95 €	978-3-86718-**500**-4
	Finanzbuchführung 1 - Übungen und Musterklausuren,	24,95 €	978-3-86718-**550**-9
	Finanzbuchführung 2	22,95 €	978-3-86718-**501**-1
	Finanzbuchführung 2 - Übungen und Musterklausuren,	24,95 €	978-3-86718-**551**-6
	Finanzbuchführung mit Lexware	22,95 €	978-3-86718-**502**-8
	Finanzbuchführung mit DATEV	22,95 €	978-3-86718-**592**-9
	DATEV für den Mittelstand	22,95 €	978-3-86718-**599**-8
	Intensivkurs Finanzbuchführung - Betriebl. Übungsfallstudie	16,95 €	978-3-86718-**594**-3
Neu	Up-To-Date 2016 - Finanzbuchhaltung	9,95 €	978-3-86718-**014**-6
	Einnahmen-Überschussrechnung	22,95 €	978-3-86718-**598**-1
	Kommunales Rechnungswesen - Doppik Doppelte Buchführung in der öffentlichen Verwaltung	36,95 €	978-3-86718-**516**-5
	Lohn und Gehalt 1	22,95 €	978-3-86718-**503**-5
	Lohn und Gehalt 1 - Übungen und Musterklausuren,	24,95 €	978-3-86718-**553**-0
	Lohn und Gehalt 2	22,95 €	978-3-86718-**504**-2
	Lohn und Gehalt 2 - Übungen und Musterklausuren,	24,95 €	978-3-86718-**554**-7
	Lohn und Gehalt mit Lexware	22,95 €	978-3-86718-**505**-9
	Lohn und Gehalt mit DATEV	22,95 €	978-3-86718-**595**-0
Neu	Up-To-Date 2016 - Lohn und Gehalt	9,95 €	978-3-86718-**015**-3

* Preise inkl. USt., Änderungen vorbehalten. Aktuelle Preise finden Sie auf www.edumedia.de

Xpert Business

Titel	Preis*	ISBN/Bestellnr.
Personalwirtschaft	22,95 €	978-3-86718-**512**-7
Personalwirtschaft - Übungen und Musterklausur	22,95 €	978-3-86718-**562**-2
Kosten- und Leistungsrechnung	22,95 €	978-3-86718-**511**-0
Kosten- und Leistungsrechnung - Übungen und Musterklausuren	16,95 €	978-3-86718-**561**-5
Controlling	22,95 €	978-3-86718-**508**-0
Controlling - Übungen und Musterklausuren	22,95 €	978-3-86718-**558**-5
Bilanzierung	24,95 €	978-3-86718-**507**-3
Bilanzierung - Übungen und Musterklausuren	22,95 €	978-3-86718-**557**-8
Betriebliche Steuerpraxis	26,95 €	978-3-86718-**515**-8
Finanzwirtschaft	22,95 €	978-3-86718-**510**-3
Finanzwirtschaft - Übungen und Musterklausuren	22,95 €	978-3-86718-**560**-8

* Preise inkl. USt., Änderungen vorbehalten. Aktuelle Preise finden Sie auf www.edumedia.de

Xpert Business
WirtschaftsWissen

Titel	Preis*	ISBN/Bestellnr.
Systeme und Funktionen der Wirtschaft	11,95 €	978-3-86718-**600**-1
Wirtschafts- und Vertragsrecht	11,95 €	978-3-86718-**601**-8
Unternehmensorganisation und -führung	11,95 €	978-3-86718-**602**-5
Produktion, Materialwirtschaft und Qualitätsmanagement	11,95 €	978-3-86718-**603**-2
Finanzen und Steuern	11,95 €	978-3-86718-**604**-9
Marketing und Vertrieb	11,95 €	978-3-86718-**605**-6
Personal- und Arbeitsrecht	11,95 €	978-3-86718-**606**-3
Rechnungswesen und Kostenrechnung	11,95 €	978-3-86718-**607**-0
WirtschaftsWissen kompakt	22,95 €	978-3-86718-**611**-7
WirtschaftsWissen für Existenzgründer	29,95 €	978-3-86718-**612**-4

* Preise inkl. USt., Änderungen vorbehalten. Aktuelle Preise finden Sie auf www.edumedia.de

Xpert Personal Business Skills

Titel	Preis*	ISBN/Bestellnr.
Wirksam vortragen - Rhetorik 1	15,95 €	978-3-86718-**080**-1
Erfolgreich verhandeln - Rhetorik 2	15,95 €	978-3-86718-**081**-8
Zeit optimal nutzen - Zeitmanagement	15,95 €	978-3-86718-**082**-5
Erfolgreich verkaufen - Verkaufstraining	15,95 €	978-3-86718-**083**-2
Projekte realisieren - Projektmanagement	15,95 €	978-3-86718-**084**-9
Konflikte lösen - Konfliktmanagement	15,95 €	978-3-86718-**085**-6
Erfolgreich moderieren - Moderationstraining	15,95 €	978-3-86718-**086**-3
Probleme lösen und Ideen entwickeln	15,95 €	978-3-86718-**087**-0
Kompetent entscheiden und verantwortungsbewusst handeln	15,95 €	978-3-86718-**088**-7
Teams erfolgreich entwickeln und leiten	15,95 €	978-3-86718-**089**-4
Overhead-Folien und Bildschirmshows	15,95 €	978-3-86718-**090**-0
Präsentationen gekonnt durchführen	15,95 €	978-3-86718-**091**-7

* Preise inkl. USt., Änderungen vorbehalten. Aktuelle Preise finden Sie auf www.edumedia.de

Wissenstrainer
interaktive Lernsoftware

Programmversion		Preis ab*	ISBN/Bestellnr.
Wissenstrainer Finanzbuchführung			
Xpert Business - Finanzbuchführung 1	580 Wissenskontrollfragen	24,95 €	978-3-86718-**970**-5
Xpert Business - Finanzbuchführung 2	582 Wissenskontrollfragen	24,95 €	978-3-86718-**971**-2
Starter - Buchhaltung für Einsteiger	580 Wissenskontrollfragen	24,95 €	978-3-86718-**972**-9
Advanced - Buchhaltung für Fortgeschrittene	582 Wissenskontrollfragen	24,95 €	978-3-86718-**973**-6
Wissenstrainer Lohn und Gehalt			
Xpert Business - Lohn und Gehalt 1	1167 Wissenskontrollfragen	24,95 €	978-3-86718-**978**-1
Xpert Business - Lohn und Gehalt 2	960 Wissenskontrollfragen	24,95 €	978-3-86718-**979**-8
Starter - Lohnabrechnung für Einsteiger	1167 Wissenskontrollfragen	24,95 €	978-3-86718-**980**-4
Advanced - Lohnabrechnung für Fortgeschrittene	960 Wissenskontrollfragen	24,95 €	978-3-86718-**981**-1

* Preise inkl. USt. gelten für Edu-Version (für berechtigte Kunden wie Schüler, Studenten, Lehrkräfte, Kursteilnehmer, Bildungseinrichtungen); Änderungen vorbehalten; aktuelle Preise und Bedingungen finden Sie auf www.edumedia.de

Buchungstrainer
interaktive Lernsoftware

Programmversion		Preis*	ISBN/Bestellnr.
Buchungstrainer Xpert Business Finanzbuchführung 1	mit 250 Belegen mit 500 Belegen	24,95 € 39,95 €	978-3-86718-**930**-9
Buchungstrainer Xpert Business Finanzbuchführung 2	mit 250 Belegen mit 500 Belegen	24,95 € 39,95 €	978-3-86718-**931**-6
Buchungstrainer Starter Finanzbuchhaltung für Einsteiger	mit 250 Belegen mit 500 Belegen	24,95 € 39,95 €	978-3-86718-**932**-3
Buchungstrainer Advanced Finanzbuchhaltung für Fortgeschrittene	mit 250 Belegen mit 500 Belegen	24,95 € 39,95 €	978-3-86718-**933**-0

* Preise inkl. USt., Änderungen vorbehalten. Aktuelle Preise finden Sie auf www.edumedia.de

EDV

Titel	Preis*	ISBN/Bestellnr.
PC-Starter - Version für Windows 7	13,95 €	978-3-86718-**340**-6
Textverarbeitung 2010	13,95 €	978-3-86718-**345**-1
Tabellenkalkulation 2010	13,95 €	978-3-86718-**346**-8
Datenbanken 2010	13,95 €	978-3-86718-**347**-5

* Preise inkl. USt., Änderungen vorbehalten. Aktuelle Preise finden Sie auf www.edumedia.de

Xpert Culture Communication Skills

Titel	Preis*	ISBN/Bestellnr.
Interkulturelle Kompetenz	19,95 €	978-3-86718-**200**-3
Cross-cultural competence (englischsprachige Ausgabe)	19,95 €	978-3-86718-**201**-0
Interkulturelle Kompetenz in Gesundheit und Pflege	11,95 €	978-3-86718-**203**-4
Leben und Arbeiten in Deutschland	11,95 €	978-3-86718-**202**-7

* Preise inkl. USt., Änderungen vorbehalten. Aktuelle Preise finden Sie auf www.edumedia.de

Büroorganisation

Titel	Preis*	ISBN/Bestellnr.
Büroorganisation, Chefassistenz und Arbeitsoptimierung	29,95 €	978-3-86718-**404**-5
LOTUS NOTES- und IT-Anwendungen	9,95 €	978-3-86718-**401**-4

* Preise inkl. USt., Änderungen vorbehalten. Aktuelle Preise finden Sie auf www.edumedia.de

Fachprofil Lernbegleitung

Titel	Preis* Farb-Version	ISBN/Bestellnr. Farb-Version	Preis* Schwarz-Weiß-Version	ISBN/Bestellnr. Schwarz-Weiß-Version
Fachprofil Lernbegleitung Fachbuch	49,90 €	978-3-86718-**753**-4	37,90 €	978-3-86718-**750**-3
Fachprofil Lernbegleitung Arbeitsblätter	49,90 €	978-3-86718-**754**-1	37,90 €	978-3-86718-**751**-0
Fachprofil Lernbegleitung Set (Fachbuch und Arbeitsblätter)	79,90 €	978-3-86718-**755**-8	59,90 €	978-3-86718-**752**-7

* Preise inkl. USt., Änderungen vorbehalten. Aktuelle Preise finden Sie auf www.edumedia.de

Bestell- und Kundenservice

Ob es um Fragen zu unseren Produkten, zu einer Lieferung oder um aktuelle Informationen geht, unser Kundenservice ist gern für Sie da. Sie werden von Ihrem persönlichen Kundenbetreuer individuell beraten oder mit dem Experten für die jeweiligen inhaltlichen Fragen verbunden.

- ☑ **Online:** www.edumedia.de
  Bestellen Sie zu jeder Tages- und Nachtzeit. Zeitunabhängig und zuverlässig.
- ☑ **Telefon-Hotline:** 05031 - 909800, **E-Mail:** info@edumedia.de
  Treffen Sie individuelle Absprachen mit Ihrem persönlichen Kundenbetreuer. Wir sind flexibel.